智能设计领袖
以无可辩驳的生化论据
向达尔文进化论发起了强力挑战

《达尔文的黑匣子》率先发起了智能设计运动，它认为大自然具有设计的迹象，远远超出了达尔文的随机性范畴。今天，随着智能设计运动比以往任何时候都更加强劲，迈克尔·贝希更新了他的书，在全新的第二版里加进了一个全新的重要后记，以跟踪和讨论目前智能设计运动的辩论状态。这是他首次对这个主题所做的新的重大声明，将会受到成千上万希望继续这种激烈辩论的人的欢迎。

美国国家评论将《达尔文的黑匣子》一书列入了20世纪100本最重要的非虚构类图书的名单，评委乔治·吉尔德写道："就像量子理论在20世纪初推翻牛顿学说一样，这本书在20世纪末推翻了达尔文学说。"H.艾伦·奥尔在2005年的《纽约客》上讨论此书时说："他是研究智能设计的科学家小圈子中最突出的一位，他的论点是迄今为止最有名的。"

《达尔文的黑匣子》已广为人知，成为智能设计运动的开创性经典著作，一本能够确定众所周知的达尔文进化论是否足以解释生命现象所必需阅读的书。

贝希认为，生命复杂的生物化学基础不可能通过渐进进化方式突变产生形成，因为有太多的相互依赖的变数不得不同时改变。通过对眼睛、血液凝结功能和免疫系统的解释，他发起了反对达尔文的进化论作为生命存在的唯一解释的争论。他从不求助于宗教支持他的论点。相反，他探讨了一些不赞同生物进化的科学文献，包括在本书末尾他自己提出的支持生命由设计产生的论点。这个有争议的工作的重要性是它提出了进化是否能作为生命的唯一创造者的问题。纵观本书，应该推荐给所有与进化有关的图书馆和关注生命现象及生物进化的读者。

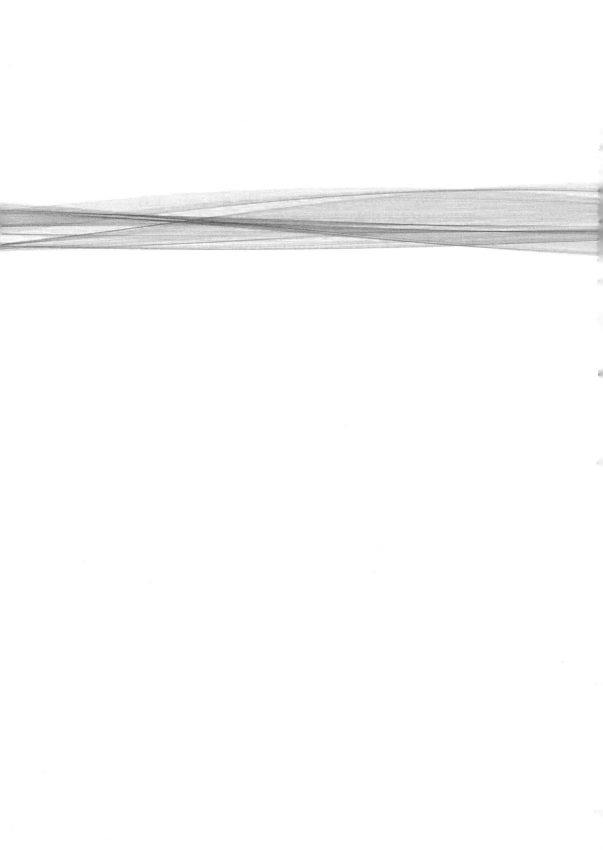

科学可以这样看丛书

Darwin's Black Box

达尔文的黑匣子

生物化学对进化论的挑战

〔美〕迈克尔·贝希(Michael J. Behe) 著

余 瑾 邓 辰 伍义生 译

智能设计领袖。
美国国家评论审定列入：
20世纪100本最重要的非虚构类图书。

重庆出版集团 重庆出版社
果壳文化传播公司

版贸核渝字(2014)第 42 号

图书在版编目(CIP)数据

达尔文的黑匣子:生物化学对进化论的挑战 /(美)贝希著;余瑾,
邓辰,伍义生译. —重庆:重庆出版社,2014.9(2018.4 重印)
(科学可以这样看丛书 / 冯建华主编)
书名原文:Darwin's Black Box
ISBN 978-7-229-08380-9

Ⅰ.①达… Ⅱ.①贝… ②余… ③邓… ④伍… Ⅲ.①达尔文
学说—研究 Ⅳ.①Q111.2

中国版本图书馆 CIP 数据核字(2014)第 153821 号

达尔文的黑匣子

Darwin's Black Box

〔美〕迈克尔·贝希(Michael J. Behe) 著　余　瑾　邓　辰　伍义生 译

出　版　人:罗小卫
责任编辑:冯建华
责任校对:夏　宇
封面设计:何华成

重庆出版集团　　　出版　　果壳文化传播公司　出品
重庆出版社

重庆市南岸区南滨路 162 号 1 幢　邮编:400061　http://www.cqph.com
重庆出版集团艺术设计有限公司制版
重庆市国丰印务有限责任公司印刷
重庆出版集团图书发行有限公司发行
E-MAIL:fxchu@cqph.com　邮购电话:023-61520646
全国新华书店经销

开本:720mm×1 000mm　1/16　印张:18.75　字数:270 千
2014 年 9 月第 1 版　2018 年 4 月第 1 版第 8 次印刷
ISBN 978-7-229-08380-9
定价:42.80 元

如有印装质量问题,请向本集团图书发行有限公司调换:023-61520678

Advance Praise for Darwin's Black Box
《达尔文的黑匣子》一书的发行评语

"一本有说服力的书。它适合外行的读者甚至专业的进化论者,如果他们能花点时间自己判断生物的起源,读一读最终的黑匣子是有益的。"

——《华盛顿时报》(*The Washington Times*)

"独具匠心,拥有优雅的论点和知识的力量……没有人能够为达尔文的理论提出辩护而不碰到这本出色的、引人注目的图书的挑战。"

——戴维·伯林斯基(David Berlinski),《微积分之旅》
(*A Tour of the Calculus*)的作者

"如同量子理论在 20 世纪初推翻牛顿学说一样,这本书在 20 世纪末推翻了达尔文学说。"

——乔治·吉尔德(George Gilder),《国家评论》
(*National Review*)

"他是研究智能设计的科学家小圈子中最突出的一位,他的论点是迄今为止最有名的。"

——H.艾伦·奥尔(H. Allen Orr),《纽约客》
(*The New Yorker*)

"贝希说:'用现代生物学的强大工具,但不带有现代的偏见进行考察,可以说生物化学级别的生命只能是智能设计的产物。'这个想法来自一位执业的生物学家,这个命题是一个接近异端的学说。"

——《纽约时报书评》(*The New York Times Book Review*)

"迈克尔·J.贝希,美国里海大学的生物化学家,在这本书中提出一种关于'上帝'存在的科学论证。他研究了生命起源的进化理论,他部分同意达尔文的观点——物种是从一个共同的祖先通过自然选择机制分化而来的。但他认为这一过程的随机性只能解释宏观层面上的进化发展,而不能解释在

1

他专长的微观层面上的情况。他认为,在活细胞的生物化学范围内,生命具有'不可简化的复杂性'。细胞是最后一个要打开的黑匣子,即科学道路的终点。面对这一级别的复杂性,他认为生物化学范围的复杂性只能是'智能设计'的产物。"

——《亚马逊评论》(Amazon.com Review)

"迈克尔·J.贝希认为,查尔斯·达尔文通过自然选择和随机突变的生物进化理论,没有考虑到非常复杂的生物分子系统的起源。在这种对新达尔文主义的批判性的新思维中,他专注于五个现象:动物体的凝血系统,细菌纤毛和像桨一样的纤维束,人类的免疫系统,细胞内的物质运输,核苷酸的合成和DNA链的构建。在每一种情况下,他发现不可简化的复杂性系统不是循序渐进的、一步一步的、按照达尔文的进化路径产生的。作为另一种解释,他认为,复杂的生物化学系统(即生命)是由一个智能体设计的,是上帝、外星人或宇宙力。他指出,DNA双螺旋结构的共同发现者弗朗西斯·克里克曾说, 当另一个星球的外星人发送含有孢子种子的火箭船将种子撒播在地球上时,地球的生命就开始了。也许贝希呼吁将'智能设计理论'包含在主流生物学中,将会激发人们的兴趣。"

——《出版人周刊》(*Publishers Weekly*)

"贝希坚信,生命的复杂的生物化学基础不可能通过渐进的进化改变产生,因为有太多的相互依赖的变数不得不同时改变。通过对眼睛、凝血功能和免疫系统的解释,他发起了反对进化论作为生命存在的唯一解释的争论。他不求助宗教支持他的论点。相反,他探讨了一些不赞同进化论的科学文献,包括在本书末尾他自己提出的支持生命由设计产生的论点。这个颇有争议的工作的重要性是它提出了进化是否能作为生命的唯一创造者的问题。推荐给所有与进化有关的图书馆。"

——埃里克·奥尔布赖特(Eric D. Albright),
芝加哥西北大学,加尔泰健康科学图书馆

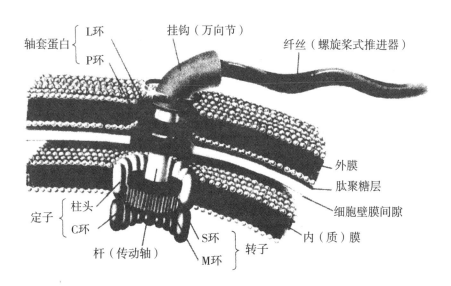

细菌鞭毛的结构

TO CELESTE

献给
西莱斯特

目录

序　言

子黑匣 **分子现象**

科学在认识大自然方面已经取得了伟大的进步，这种说法已是老生常谈，甚至算得上陈腐无比。人们现在对物理定律的认识是如此深刻，空间探测器可以飞越在地球上空数十亿英里远的地方准确无误地对太空进行拍照。计算机、电话、电灯和其他众多事例已经证明了科学和技术对大自然力量的掌握。疫苗的发明和农作物的高产量击溃了人类自古以来的最大敌人——疾病和饥饿，至少在世界的某些地区是这样。差不多每周都会有科学家宣告在分子生物学领域取得了新发现，这些都增强了人类对治愈遗传性疾病等难题所抱有的期望。

然而，了解某些事物是如何工作的并不代表了解了它是如何形成的。例如，人类在预测行星在太阳系的运动方面可以达到惊人的精确性；然而太阳系的起源（太阳、行星和它们的卫星最初是如何产生的这一问题）仍然充满了争论。科学可能最终会揭示谜底。可是，了解事物的根源不同于了解它日常的工作方式，这个观点仍然是正确的。

科学对大自然的掌握已经让许多人以为它可以——实际上是必须——对自然和生命的起源也做出解释。达尔文认为，生命的产生可以通过自然选择对不同物种施加的作用来得到解释。一百多年来，这一观点在教育界已经获得了全面接受，尽管生命的基本机制直到几十年前仍然是一个难解之谜。

现代科学已经发现，生命从根本上而言是一种由分子组成的现象：所有的生物体都是由分子组成的。在生物系统中，分子发挥着螺母和螺栓、齿轮和滑轮的作用。毫无疑问，在一个较高的层面上，生物系统具有一些复杂的生物学特性（比如血液循环），但是生命的本质就是生物分子。因

1

此，专门开展分子研究的生物化学这一科学领域的任务就是探索生命的基础。

自20世纪50年代中期以来，生物化学家们经过艰苦卓绝的努力，已经阐明了生命在分子水平上的工作机制。达尔文理论无法对物种（达尔文理论的必备条件之一）内部的变异做出解释，但是生物化学的研究已经发现构成这一变化的基础正是分子。在19世纪，科学甚至无法解释视觉、免疫以及运动的内在机制，但现代生物化学已经确定，正是分子使得这些功能以及其他的一些功能成为可能。

曾经有人预想，生命的基础可能极其简单。这种预想已被证实是错误的。视觉、运动及其他生物机能在复杂性方面丝毫不亚于电视摄像机和汽车，这已经得到了证明。科学在了解生命的化学是如何工作的这一点上已经取得了巨大成就，但是生物系统在分子水平上的精巧和复杂性使得科学在解释这一系统的起源上无能为力。事实上，还从未有人能够解释某个复杂的生物分子系统的具体起源，更不用说取得任何进展了。许多科学家已经勇敢地对外宣称，他们手上已经掌握了某些东西，或者迟早会掌握，但是在所有的专业科学文献中还没有发现能支持这一论断的证据。更重要的是，还有一些让人不得不相信的原因——基于系统自身的构造——让我们相信，达尔文主义将永远无法对生命的机制做出清晰的解释。

进化（*Evolution*）是一个有弹性的字眼。它可以被用来指代某个像"随时间的变化"一样简单的事情，或是被用来指代来源于某个共同祖先的所有生命形式都具备的血统，而不用具体说明导致这种变化的机制。然而，从它完全的生物学意义上来说，**进化**意味着一个过程。在这个过程当中，生命起源于无生命的物质，随后完全通过自然的方式获得发展。这就是达尔文赋予这个词的含义，也是科学界普遍认可的意义。同样，我在全书中使用"进化"这个词的时候也是这个意思。

关于细节问题的解释

几年前，在一个圣诞节的时候，"圣诞老人"给我的大儿子送来了一辆塑料三轮车。不幸的是，这位圣诞老人是个大忙人，没时间把自行车的包装拆掉并组装好后再送到我们家。这个任务就落到了我这个老爸头上。

我把所有的零部件从包装箱里取出来，打开安装说明书后，长叹一口气。说明书一共有 6 页纸，内容非常详细：将 8 种不同类型的螺钉排列起来，将两个 $1\frac{1}{2}$ 英寸（3.81 厘米）长的螺钉通过手柄插入轴里，穿过车身的方孔将轴固定起来，等等。我甚至连说明书都不想看，因为我知道我不能像看报纸一样迅速地将它们看完。重点都在细节里了。于是我卷起袖筒，打开一罐啤酒，开始工作。几个小时后，三轮车组装完毕。在此期间，我实际上已经将小册子中的每一条说明都读过好几遍了（将它们深深地刻在脑海里），并且完成了说明书中规定的每个动作。

很多人似乎像我一样反感阅读说明书。虽然大多数家庭都拥有磁带录像录音机（VCR），但大部分人都不会操作它们。这些高科技电器都配有完整的操作说明，但是一想到要逐字逐句地看完这些冗长乏味的小册子，大多数人就会将这项作业交给十来岁的孩子。

遗憾的是，生物化学领域的大部分内容就像是一本说明书小册子，两者的相同点在于重要的内容都体现在细节上。如果一名生物化学专业的学生只是匆匆地看完一本生物化学课本，他在下一次考试的时候，一定是大部分的时间里只能两眼瞪着天花板冥思苦想，额头上冒出细细的汗珠。如果这名学生只是匆匆地看完课本，他一定不知道该如何回答类似"具体概述胰蛋白酶对肽键进行水解的机制，特别注意过渡态结合能所发挥的作用"这样的问题。尽管生物化学中有一些一般性的原理可以帮助我们理解生命的化学作用的总体概貌，这些原理也只能发挥这点作用了。工程学位证书不能替代三轮车的说明书小册子，也不能直接帮助你使用磁带录像录音机（VCR）。

不幸的是，很多人对生物化学的细枝末节是再清楚不过了。那些患有镰刀形红细胞贫血病的人十分清楚，就是某一个重要的细节导致他们体内的 146 种氨基酸残基中的某一种变成了数以万计的蛋白质中的某一种，而正是这种变化使得他们短暂的一生承受了如此之多的痛楚。对自己的孩子死于泰萨氏综合征（Tay-Sachs）或囊肿性纤维症（cystic fibrosis）的父母，或者忍受糖尿病和血友病折磨的患者，不得不被动地了解到某些生物化学细节的重要性。

因此，作为一名希望自己的著作能够被人们阅读的作者，我面临着一个窘境：人们讨厌阅读细节。然而，涉及到生物化学对进化论带来冲击的故事是完全建立在细节的基础之上。因此，我不得不写下人们所不喜欢阅读的这类图书，以便说服他们接受那些推动我写作的思想。无论如何，只有首先体验到复杂性，才能对它加以认识。因此，高雅的读者们，我期盼你有耐心阅读下去。这本书中将会出现许多的细节。

本书分为3部分。在第一部分，我会给出一些背景知识，并告诉你现在为什么必须在分子水平，即在生物化学科学的领域上来讨论进化。除了在关于眼睛的讨论中会有一些细节外，这个部分基本上不涉及技术细节。在第二部分的有一章里有很多例子，其中你会碰到许多复杂的内容。在第三部分，我会就某些生物化学领域的发现所带来的蕴意做一些非技术性的探讨。

所以，最难啃的硬骨头基本上都集中在第二部分。然而，在这部分中，我大量地使用了一些我们十分熟悉的日常物体的类比，以便读者能穿越我所讲述的理念，甚至在该部分中我尽可能地不对生物化学系统做过于详细的说明。这部分包含了最多细节的段落，充满了令人眼花缭乱的专业术语，我已经用修饰符号"□"同正文区分开来，以便给读者一些提示。一些读者可能会从头到尾地吞下第二部分的内容。然而，另外一些读者可能希望跳过其中的某一段落，甚至整个修饰符号部分，等到想要了解更多细节的时候再回过头来阅读。如果读者想更深入地了解生物化学，我已经在附录里大致介绍了一些基本的生物化学原理。如果读者想做全面的了解，我鼓励你到图书馆去借一本入门级的生物化学教科书。

PART I

THE BOX IS OPENED

第一部分

黑匣子是打开的

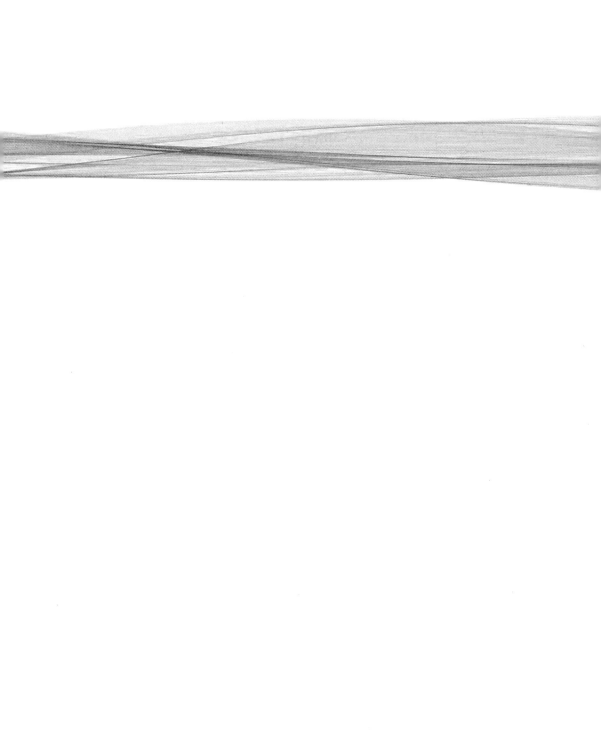

第1章　小人国的生物学

子黑匣　一个理论的极限

　　这本书讲述的是达尔文进化论，生物化学领域取得的新发现已经将这个理论逼至极限。生物化学是研究生命的基础——分子——的一门学科。分子构成了细胞和组织，分子还促进了消化、光合作用和免疫等等化学反应。[1]自20世纪50年代中期以来，生物化学已经取得了令人惊叹的进步，对科学的力量更好地了解世界作出了巨大的贡献。它给医学和农业带来了许多现实的恩泽。然而，我们也许要为知识的获得付出代价。当地基被挖掘开后，建于其上的建筑会动摇，有时甚至会坍塌。当物理学等科学的基础最终被揭示出来时，我们必须抛弃认识世界的老方法，或是对它们进行很大的修改，或者只将它们用于自然界的有限范围内。自然选择进化论会不会也出现这种情况呢？

　　就像许多伟大的思想一样，达尔文的理论是非常优雅简单的。他观察到，所有的物种都存在变异：有的个体变异大一些，有的小一些，有的速度更快，有的颜色更浅，诸如此类。他经过周密思考，既然有限的食物无法满足所有生物的生存需要，那些由于随机变异而在这场生死搏斗中占据优势的个体将击败那些处于劣势的，从而得以生存繁衍。如果这种变异得到遗传，那么该物种的特征将随着时间的流逝而渐进地发生变化。经过一个漫长的时期，将会发生巨大的变化。

　　一个多世纪以来，大部分科学家认为事实上所有生命，至少是它们的最重要特性，都源于影响随机变异的自然选择的结果。达尔文的理论被用于解释鸟为什么有喙、马为什么有蹄子、蛾的颜色为什么多种多样、昆虫为什么奴隶般辛劳，以及地球上长久以来存在的生命的分布状态。这个理论甚至被一些科学家沿用来解释人类的行为：为什么陷入绝望的人们会自杀，为什么青少年会未婚生子，为什么某类人群在智力测试上比其他人群表现得好，以及为什么宗教传教士放弃结婚和生育。所有的器官或想法，所有的感觉或思考，都成为进化论研究的主题。

在达尔文提出他的理论几乎一个半世纪之后，进化生物学在记述我们周围见到的生命模式方面已经取得了很大的成功。对很多人来说，进化论似乎取得了完全胜利。但是在所有的动物或器官这一层面上，对生命的真正的研究还没有开始。生物体中最为重要的部分太过微小，以至于根本看不到。生命存在于细节之中，操控这些生命细节的就是分子。达尔文的理论也许可以解释马为什么有蹄子，但是它能解释生命的基底吗？

20 世纪 50 年代后不久，科学的发展已经达到可以确定组成生物体的某几个分子的形状和特性的程度。在缓慢的、艰苦的研究过程中，越来越多的生物分子的结构得到解析，它们的运作方式在大量的实验中得到推断。长期地和慢慢地获得的成果十分清楚地表明，生命是建立在一些"机器"的基础之上——由分子构成的机器！分子机器沿着由其他分子构成的"高速公路"，把"货物"从细胞内的一个地方运送到另一个地方，同时，其他分子充当缆线、绳索和滑轮来维持细胞的形态。这些"分子机器"充当着细胞的"开关"，有时会导致细胞死亡，有时则使细胞生长。太阳能"机器"可以捕获光子的能量，并将其储存在化学物质中。电子"机器"允许电流通过神经。制造"机器"建造其他分子机器，同时进行自我建造。细胞使用"机器"来游泳，使用"机器"进行自我复制，使用"机器"摄取食物。总而言之，高度复杂的分子机器控制着每个细胞的进程。于是，生命的细节被精准地测定出来，生命的"分子机器"庞大又复杂。

所有的生命形式都能适用于达尔文的进化论吗？由于大众传媒喜欢登载一些激动人心的故事，也由于一些科学家热衷于推测他们如何可以发现多少东西，因此对于公众来说，要分清哪些是猜测、哪些是真实情况就非常困难。要想发现真相，你必须研究由科学机构自己出版的期刊和书籍。科学文献是对实验的第一手记录，这些记录通常不会掺杂奇思妙想，因而也不会让人误入歧途。但是正如我在下面将会指出的，如果你想在有关进化论的科学文献中探求生命的基础——分子机器是如何形成的这一问题，你会吃惊地发现，关于这个问题根本没有相关解答。生命基础的复杂性使得科学家们无力对其做出解释；迄今为止，广泛适用的达尔文主义还不能对分子机器做出解释。为了找出原因，我将在本书中研究几种十分有趣的分子机器，看看是否能够用随机变异或自然选择来解释它们。

　　进化是一个有争议的话题，因此在本书开始时必须阐明几个根本性的问题。许多人认为，质疑达尔文进化论就相当于赞成创世论。就通常的理解而言，根据至今仍很流行的《圣经》的解释，创世论中的地球形成仅有大约一万年的时间。由于已有确凿的记录，我没有理由怀疑物理学家给出的宇宙的存在已有几十亿年的说法。此外，我发现共同起源学说（即所有生物拥有同一位祖先）相当具有说服力，也没有特殊的理由来怀疑它。我非常尊重我的同行在进化论的框架内研究有机体内的进化和行为方面所做的工作，而且我认为进化生物学家为我们认识这个世界作出了巨大贡献。尽管达尔文的机械论——影响变异的自然选择学说，可以解释许多事情，然而我并不认为它能解释分子的生命。我还坚信，如果研究微观事物的新科学可能改变我们观察宏观世界的方法，这不足为奇。

黑匣子 生物学简史

　　当事情在我们的生活中一切顺利时，大多数人偏向于认为我们生活的社会是"正常的"，而且我们关于这个世界的看法不言而喻是正确的。很难想象别人在其他时间和其他地点是如何生活的，或是为什么他们相信自己所做的事情。然而在动荡时期，当表面上正确的真理遭到质疑时，好像世界上一切都毫无意义了。在那段时期，历史可以提醒我们，探寻可靠的知识是一个长期的、艰难的过程，这一过程还没有走到尽头。为了形成某个我们可用来审视达尔文进化论的视点，在以下几页中，我将非常简要地概述一下生物学的历史。在某种意义上，这段历史就像是一连串的黑匣子；打开一个，就看到了下一个。

　　黑匣子（*Black box*）是一个怪诞的专用名词，指的是一个可以做某些事情的装置，但是它的内部工作方式是非常神秘的。这种神秘有时是因为它们工作的方式看不见，有时是因为它们就是很难以理解。计算机就是一个黑匣子的最好例子。大多数人使用这个了不起的机器，却对它们是如何工作的毫无概念，你可以用它处理文字、绘制图表或玩玩游戏，根本就不需要知道机箱里面是如何运转的。即使我们拆开机箱盖，但是没有几个人能弄清楚里面头与尾混在一起的各种零件。在计算机的部件和它做的事情之间，没有简单的、能观察到的联系。

想象一台装有长效电池的计算机被送回到一千年前亚瑟王（King Arthur）的院子里。那个时代的人们看到一台在运转的计算机会做出何等反应？大部分人将心存敬畏，但幸运的话某个人可能想要把这个事物弄清楚。某个人可能注意到，当他触摸到键盘时，屏幕上会出现字母。一些字母的组合——相当于计算机命令——能够使屏幕发生变化；不久之后，他们就会弄明白许多计算机命令。这些中世纪的英国人可能就会认为他们已经解开了计算机的秘密。但是最后有人会拆开机箱盖，观察计算机内部的工作方式。突然间，他们就会发现之前的"计算机是如何工作的"理论原来无比幼稚。已经被慢慢解密的黑匣子将会使另一个黑匣子显现出来。

在古代，**整个生物学领域都是黑匣子**，因为没有人了解生命是如何运转的，哪怕是泛泛的了解。注视着一株植物或一个动物、想知道它们是如何运转的古人，其实是面对着深不可测的科学。他们真的是身处黑暗之中。

最早的生物学研究中唯一能采用的方法就是用肉眼观察。公元前400年的一些书籍（作者为"医学之父"的希波克拉底［Hippocrates］）描述了一些常见疾病的症状，并将这些疾病归因于饮食及其他身体原因，而不是上帝所造成的。虽然这些著作是一个良好的开端，但在生命的结构这一问题上，古人仍然是迷茫无知的。他们认为所有物质由四种元素组成：土、空气、火和水。身体被认为是由四种"体液"组成：血液、黄胆汁、黑胆汁和黏液，并且所有的疾病都是由一种体液过量所引起的。

希腊最伟大的生物学家和最伟大的哲学家是亚里士多德（Aristotle）。他出生的时候，希波克拉底仍然健在。亚里士多德认识到，要了解自然就需要系统地观察，这与他之前的几乎所有人都不一样。通过仔细的研究，他发现在生物世界内部存在着数量惊人的规则，这是关键的第一步。亚里士多德将动物分为两类：有血液的和没有血液的，这与现代对脊椎动物和无脊椎动物的分类较为吻合。在脊椎动物内，他辨别出哺乳动物、鸟类和鱼类。他将大部分两栖动物和爬行动物归为一类，将蛇单独归为一类。亚里士多德的观察没有借助仪器，尽管在他去世几千年后人们掌握了很多新的知识，但他的大部分推论现在看来仍然是合理的。

在亚里士多德之后的一千年中，仅出现过几位重要的生物学家。其中之一就是盖伦（Galen），他是公元 2 世纪罗马的一名医生。盖伦的研究表明，对植物和动物的外部和内部（通过解剖的方法）进行仔细观察虽然是必要的，但并不足以掌握生物学。例如，盖伦试图了解动物器官的功能。尽管他知道心脏可以将血液泵出，但他仅从观察中无法了解血液经过循环又流回心脏中。盖伦错误地认为血液被泵出是为了"灌溉"身体组织，而且新的血液不断地被制造出来并补充给心脏。他的观点一直被传授了近一千五百年。

直到 17 世纪，才有一个叫威廉·哈维（William Harvey）的英国人提出了一种理论：血液不断向一个方向流动，完成一个完整的循环后又回到心脏中。哈维经过计算得出，如果心脏每次跳动泵出两盎司（56.7 克）血液，那么以每分钟跳动 72 次计算，一小时内心脏将泵出 540 磅（245 千克）血液，是一个人体重的 3 倍！既然在这么短的时间内制造出如此之多的血液显然是不可能的，那么血液毫无疑问是被重新利用了。哈维的这种用于阐明不可观测活动的逻辑推理（采用易于计算的阿拉伯数字来进行推理的新方法）是前所未有的；它为现代生物学思想奠定了基础。

在中世纪，科学研究的步伐加快了。越来越多的博物学家以亚里士多德为榜样开展了研究。早期的植物学家布伦费尔斯（Brunfels）、博克（Bock）、富克斯（Fuchs）和瓦列里乌斯·科尔迪斯（Valerius Cordus）等人描绘了许多植物。随着龙德莱（Rondelet）详细地描绘了动物生命，科学绘画得到了发展。像康拉德·格斯纳（Conrad Gesner）这样的百科全书编纂者出版了大量书籍，对各种生物学知识加以总结。林奈（Linnaeus）极大地拓展了亚里士多德关于分类的研究，发明了门、纲、目、科、属和种等类别。比较生物学的研究表明，在生命的不同分支之间存在许多相似性，共同起源学说开始成为讨论的话题。

由于科学家们将亚里士多德和哈维为榜样的认真观察与巧妙推理结合起来，17 世纪和 18 世纪的生物学研究得以突飞猛进。但是，如果看不到系统的重要部分，那么即便是最认真的观察和最巧妙的推理也只能帮助我们取得有限的发现。尽管人眼能够分辨出十分之一毫米小的物体，但是生命的许多活动是以微米级体现的，这是小人国的度量尺度。因此，生物学研究到了一个瓶颈阶段：生物的整体结构这一黑匣子被打开了，但我们又发现了另一个更精细级别的生命"黑匣子"。要想使生物学得到进一步发展，需要在技术上有一系列的重大突破。第一个突破就是显微镜。

子黑匣 黑匣子内的黑匣子

人们早在古代就已经认识了透镜。到 15 世纪，透镜被用于制作眼镜是常见的事情。然而，直到 17 世纪，凸透镜和凹透镜才被组装在一个圆筒里，做成了第一台原始的显微镜。伽利略（Galileo）使用了最早的显微镜，他惊奇地发现了昆虫的复眼。斯泰卢蒂（Stelluti）用显微镜观察蜜蜂和象鼻虫的眼睛、舌头、触角及其他器官。马尔比基（Malpighi）证实了血液通过毛细血管进行循环，他还描述了小鸡心脏胚胎的早期发育。尼赫迈亚·格鲁（Nehemiah Grew）用显微镜观察植物；斯瓦默丹（Swammerdam）用它解剖蜉蝣；列文虎克（Leeuwenhoek）是有史以来第一个用它来观察细菌细胞的人；罗伯特·虎克（Robert Hooke）描述了软木和树叶中的细胞（尽管他并不了解这些细胞的重要性）。

对一个意想不到的小人国世界的发现就此开始了，颠覆了关于"生物是什么"的已有概念。科学史学家查尔斯·辛格（Charles Singer）注意到，"由此揭示出的生物的极端复杂性与伽利略等前一代人所揭示的天文世界的有序宏伟一样，令人们产生了哲学上的不安，尽管它花了比今天长得多的时间才得到人们的理解和认同。"换句话说，新的黑匣子有时要求我们对已有的理论都进行修改。在这种情况下，人们会有很强的抵触情绪。

19 世纪初，马蒂亚斯·施莱登（Matthias Schleiden）和特奥多尔·施旺（Theodor Schwann）最终提出了生命的细胞学说。施莱登主要是研究植物组织；他的主要论点是所有细胞内的中心都有一个"黑点"——细胞核存在。施旺专注于研究动物组织，在动物组织中很难发现细胞。尽管如此，他仍认识到动物和植物的细胞结构类似。施旺得出结论，细胞或细胞的分泌物组成了动植物的整个身体，而且在某些方面，这些细胞是具有自主生命的单独个体。他写道："整个生物体的基本能力问题可以被分解为单个细胞的能力问题。"就此，施莱登补充道："这样的话，主要问题在于，这种特殊的微小生物体的根源是什么，是细胞吗？"

施莱登和施旺的研究工作是在 19 世纪的早期到中期进行的。在此期间，达尔文外出游历并撰写了《物种起源》（*The Origin of Species*）。对于达尔文和当时其他所有科学家来说，细胞是一个黑匣子。尽管如此，他仍然能够在高于细胞的层面上对许多生物学现象做出解释。生命进化的思想并不是源自达尔文，但是他的生命进化理论最系统，并且他关于生命进化方式的理论——即通过影响变异的自然选择进行进化——是独创的。

当时，对细胞黑匣子的研究正在稳步进行。因受制于可见光的波长，对细胞的研究使光学显微镜发展到了极限。由于物理原因，显微镜无法解析间隔距离小于照射光线波长二分之一的两个点。既然可见光的波长大约是细菌细胞直径的十分之一（可见光波长 400～700 纳米），那么使用光学显微镜根本无法观察到细胞结构中的许多微小而重要的部分。如果没有科学技术的进一步发展，细胞的黑匣子是无法打开的。

19 世纪后期，随着物理学的迅猛发展，J. J. 汤姆孙（J. J. Thomson）发现了电子；几十年后，发明了电子显微镜。由于电子的波长比可见光的波长更短，因此如果是用电子来"照射"，可以分辨出小得多的物体。电子显微技术遇到了一些现实的困难，特别是电子束容易破坏样本。但是人们找到了解决这个问题的办法。第二次世界大战之后，电子显微技术开始盛行。新的亚细胞结构得到发现：细胞核中有孔隙，线粒体（细胞的"发电厂"）周围有双层膜。在光学显微镜下看上去非常简单的同一种细胞，现在看上去却有许多的不同之处。20 世纪的科学家看到细胞的复杂性时所感受到的惊奇，与早期的光学显微镜学家看到昆虫的详细结构时是一样的。

科学技术发展到这个程度时，生物学家们开始有条件来对最大的黑匣子开展研究。"生命是如何工作的？"这一问题不是达尔文或者与他同时代的人能够回答的。他们知道眼睛是用来看东西的，但是眼睛究竟是怎么看到东西的？血液是如何凝结成块的？身体是如何抵御疾病的？电子显微镜揭示出的复杂结构本身是由许多更微小的部分组成。那些微小部分又是什么呢？它们看上去像什么？它们是如何工作的？要回答这些问题，我们要从生物学领域进入化学领域。它们还要带领我们回到 19 世纪去。

子黑匣 生命的化学

每个人都很容易发现，有生命的东西与无生命的东西看起来是不同的。它们的行为不同。它们的感觉不同，有太多的不同：皮革和毛发能够很容易地从石头和泥沙中分辨出来。在 19 世纪开始之前，大多数人都很自然地认为生命是由一种特殊的物质组成，一种与构成无生命物体的材料不同的物质。但是在 1828 年，弗里德里希·韦勒（Friedrich Wöhler）在加热氰酸铵的时候，他惊奇地发现，它生成了一种生物废料——尿素。通过非活性物质来合成尿素打破了生命和非生命之间的界限，于是无机化学家尤斯图斯·冯·李比希（Justus von Liebig）开始研究生命的化学现象（即生物化学）。李比希证明，动物的身体产生热量是由于食物的燃烧；它不仅仅是生命与生俱来的特性。他根据自己的成功研究提出了新陈代谢的概念，身体积累物质并通过化学进程将其分解。德国医生恩斯特·霍佩-赛勒（Ernst Hoppe-Seyler）从血液中提取了红色物质（血红蛋白），并且证明了它附着在氧离子上以便将氧气运送到全身。德国有机化学家埃米尔·费歇尔（Emil Fischer）证明了一种叫做蛋白质的大级别物质全部都是由区区 20 种不同类型的基础物质（叫做氨基酸）链构成的。

蛋白质看上去像什么？尽管埃米尔·费歇尔证明蛋白质是由氨基酸组成的，但是它们的详细结构还不为人知。它们小得甚至连电子显微镜都看不见，然而显而易见的是，蛋白质是生命的基本机器，促进了细胞结构的化学作用和构建。因此，要研究蛋白质结构需要借助新的技术。

20 世纪上半叶，科学家们利用 X 射线结晶学来确定小分子的结构。结晶学是指，用一束 X 射线照射一种化学晶体；这些射线由于衍射作用而散射出去。如果将感光胶片置于晶体之后，那么通过检验曝光的胶片就可以探测到衍射后的 X 射线。经过大量数学计算后，衍射的模式可以指示出分子中每个原子的位置。将 X 射线结晶学用在蛋白质的研究上就能发现它们的结构，但是却有一个大问题：分子中的原子数量越多，数学计算就越复杂，在第一步中进行化学结晶的任务就越困难。因为蛋白质中的原子数量比一般利用 X 射线结晶学来研究的分子中的原子数量要多十几倍，因此这项工作的难度也增加十几倍。但是，有些人的毅力也比其他人强十几倍。

经过几十年的研究之后，英国化学家 J. C. 肯德鲁（J. C. Kendrew）于 1958 年使用 X 射线结晶学测定了肌红蛋白的结构；最终，有一项技术可以显示某种生命基本成分的详细结构。究竟发现了什么？跟以前一样，更为复杂的生命结构。在肌红蛋白的结构得到测定之前，人们以为蛋白质是简单而且规则的结构，就像食盐结晶一样。然而，当观察到盘绕、复杂、像肠子一样的肌红蛋白结构时，奥地利化学家马克斯·佩鲁茨（Max Perutz）叹息道："对最终真理的探求是否已经真正揭示了如此丑陋、看上去像内脏般的物体？"自那时以后，生物化学家逐渐喜欢上研究复杂的蛋白质结构。随着计算机及其他仪器的进步，使今天的结晶学比肯德鲁时代容易进行得多，尽管它仍然需要付出许多的努力。

由于肯德鲁将 X 射线用于研究蛋白质（这是最著名的）以及沃森（Watson）和克里克（Crick）对 DNA（脱氧核糖核酸）的研究，生物化学家第一次真正了解到他们正在研究的分子的形状。现代生物化学的开端就是发源于那个时候。自那时起，这门学科以无比惊人的速度向前发展。物理学和化学也在快速发展，并且在对生命的研究中起到了强大的协同作用。

尽管从理论上讲，X 射线结晶学可以测定所有生物分子的结构，但是由于一些实际问题，其作用仅限于少数蛋白质和核酸。然而，新技术已经被快速研发出来，可以对结晶学加以辅助和补充。用于测定结构的一项重要技术叫做核磁共振（NMR）。通过核磁共振，可以在分子的溶解状态下对其进行研究，而不必总是在结晶状态下研究。像 X 射线结晶学一样，核磁共振可以测定蛋白质和核酸的精确结构。同样，像结晶学一样，核磁共振具有局限性，仅能应用于一部分已知的蛋白质。但是，核磁共振和 X 射线结晶学的结合使用，已经能够让我们了解到足够多的蛋白质结构，足以使科学家们对"蛋白质看上去像什么"有了具体的了解。

当荷兰微生物学家列文虎克使用显微镜对小跳蚤身上更小的螨虫进行观察时，英国-爱尔兰作家乔纳森·斯威夫特（Jonathan Swift）的灵感受到了激发。他写了一首小诗，对由越来越小的虫子构成的无穷无尽的序列进行了预测：

> 博物学家如此观察，跳蚤
> 它的猎物乃小跳蚤；
> 小跳蚤咬更小跳蚤；
> 如此过程延至无穷。

斯威夫特错了，这种序列不会永远持续下去。在 20 世纪末，我们处于研究生命的高峰期，而且已经看到了结果。最后剩下的黑匣子就是细胞，打开这个黑匣子就可以揭示分子——大自然的基岩。我们无法研究更细小的东西了。此外，科学家们对酶、其他蛋白质和核酸已经开展过研究，并且阐明了生命的基础研究的工作原理。许多细节有待补充，而且毫无疑问仍存在一些令人惊异之处。早期的科学家们在观察鱼、心脏或细胞时，想知道它是什么，是什么导致了它的运作；但与他们不同的是，现代科学家们已经很满意地发现，蛋白质和其他分子的运动足以对生命的基础做出解释。从亚里士多德到现代生物化学，生命被一层接一层地剥开，直到细胞这一个达尔文的黑匣子被打开。

子黑匣　小跳跃，大跳跃

　　假设在你家的后院有一条 4 英尺（1.22 米）宽，两边延伸到地平线的沟，把你家和邻居家分开了。如果有一天你在自家院子里遇到他，问他是怎么过来的。如果给出的回答是"我是跳过这条沟的"，那么你没有理由怀疑这个答案。如果这条沟是 8 英尺（2.44 米）宽，他仍给出同样的答案，那么他的运动能力将在你的脑海里留下深刻印象。如果这条沟有 15 英尺（4.57 米）宽，你可能会产生怀疑，并请他当着你的面再跳一次。如果他以膝盖扭伤为由拒绝了，你将会暗自怀疑，但不能确定他是否在撒谎。然而，如果这条"沟"实际上是一条 100 英尺（30.48 米）宽的峡谷，那么你就会断定他是在撒谎。

　　但是，设想一下你的邻居是个聪明人，能够证明他的话是真的。他不是一下子就跳过来的。他说，峡谷里有许多孤峰，彼此之间的距离最多 10 英尺（3.05 米）；他从间隔狭窄的孤峰上一座接一座地跳到你旁边。你朝峡谷看了一眼后，对你的邻居说，你没有看到孤峰，只有一条很宽的沟堑把你们两家的院子分开。他承认这一点，但解释说他耗费了好几年时间才跳过来。在这几年中，沟堑中有时候会出现孤峰，当它们意外出现时，他就前进一步。当他离开一个孤峰后，这个孤峰就会很快被侵蚀掉，崩塌落入峡谷中。这种说法虽然非常可疑，但并没有一个容易的方法可以证明他的话是假的，你只能将话题转移到棒球上。

　　我们可以从这个小故事里吸取几点经验。第一，"跳"（*jump*）这个字眼可以用来解释人们如何通过障碍，但是根据一些细节（例如障碍有多宽），这种解释既可以令人完全信服，也可能根本无法让人相信。第二，如果较长距离的路途被解释为一连串的小跳跃而不是一个大跳跃，则似乎更为合理。第三，由于缺少证据可以证明这类小跳跃曾经发生过，的确很难判断那些声称过去踏脚石曾经存在但现在已经消失的人是否在撒谎。

当然，这些跳过窄沟和峡谷的比喻可以用于进化。"进化"这个词既可用于解释生物的微小改变，也可用于解释巨大的变化。这些变化通常具有特定的名称：大概说来，**微观进化**（*microevolution*）是指一个或几个小跳跃造成的变化，而**宏观进化**（*macroevolution*）是指似乎需要大跳跃才能完成的变化。

达尔文提出的即使是相对微小的变化也可能在自然界中发生的这一说法，在概念上是一个巨大的进步。对这类变化的观察，完美地证实了他的直觉。达尔文在加拉帕戈斯（Galapagos）群岛的不同岛屿上发现了相似却又不同种类的雀类动物，并且认为它们起源于共同祖先。最近，来自普林斯顿大学的一些科学家确实观测到，雀类动物的平均鸟喙大小在这几年中发生了变化。早先有研究表明，随着环境污染得到治理，蛾类中深色和浅色飞蛾的数量对比发生了变化。同样地，被欧洲殖民者引入北美洲的鸟类演变成了一些不同的种群。近几十年来，我们已经可以发现一些证据来证明在分子尺度上发生了微观进化。举个例子，有些导致艾滋病的病毒会改变它们的表层以躲避人体的免疫系统的攻击。随着菌株抵御抗菌素的能力的不断进化，致病细菌又卷土重来。我还可以列举许多其他的例子。

从小范围来讲，达尔文的理论取得了胜利；但现在它几乎和一名运动员自称可以跳过4英尺（1.22米）宽沟渠的说法一样具有争议性。但是，达尔文的理论是在宏观进化——大跳跃——这个层面上引起了怀疑。许多人赞同达尔文关于在长期的时间段中发生的巨大变化可以被分解为许多貌似合理的小步变化的观点。然而，现在还没有发现能够支持这种论断的有说服力的证据。尽管如此，就像邻居所讲述的包含有消失孤峰这一情节的故事一样，直到现在，也很难评估那种难以捉摸的、不明确的小步变化是否存在。

随着现代生物化学的到来，我们现在能够观察到生命的最基础层面。对于假定存在的导致较大进化的小步变化是否可以足够小这一点上，我们现在可以做出可靠的评估。在本书中你将会看到，在高倍放大下，将日常生活形式分隔开来的峡谷，在微观层面上对应着将生物系统分割开来的峡谷。就像数学中的分形图形一样，一个形状在越来越小的尺度上不断得到重复，即使是在生命最微小的水平上都存在着不可逾越的鸿沟。

子黑匣 一系列的眼睛

生物化学已经将达尔文的理论逼迫到了极限。生物化学之所以能做到这一点，是因为它打开了细胞这个最终的黑匣子，从而让我们了解生命的运行方式成为可能。正是亚细胞的组织结构惊人的复杂性迫使我们提出这样一个问题：所有这一切是如何进化的？为了让你感受一下这个问题给我们带来的冲击，并且了解一下我们所掌握的知识，一起来看一个生物化学系统的例子。要解释某一种功能的起源，必须要跟上当代科学的发展。让我们来看看 19 世纪以来，科学在解释视觉这种功能方面取得了什么样的进步，然后探寻这种进步又如何影响了我们对视觉起源的科学解释。

在 19 世纪，人们已经对眼睛的解剖结构有了详细的了解。科学家们知道，眼睛的瞳孔像照相机的快门一样，无论是在灿烂的阳光下还是在黑暗的夜晚里，都可以获取充足的光线以看见外界。眼睛的晶状体聚集光线，并将光线聚焦到视网膜上，从而形成清晰的图像。眼睛的肌肉可以使晶状体快速地移动。如果光线的颜色不同，波长也不同，将会导致成像模糊，除非眼睛的晶状体改变其表面密度以修正色差。这些精巧的方法使每个了解它们的人都感到吃惊。19 世纪的科学家知道，如果一个人缺少眼睛诸多综合特征中的任意一种，那么结果将是视觉的严重衰减或彻底失明。他们得出结论，只有当眼睛几乎完好无损时，它才能够发挥功能。

查尔斯·达尔文（Charles Darwin）也知道关于眼睛的情况。在《物种起源》这本书中，达尔文讨论了许多针对自然选择进化论的反对意见。在这本书的一个名为"极度完美与复杂的器官"（Organs of Extreme Perfection and Complication）的章节中，他对有关眼睛的问题进行了讨论，这个章节的标题恰如其分。按照达尔文的想法，通过一个或是几个步骤，不可能进化出一个复杂的器官；诸如眼睛这类器官要完成根本性的进化需要生命的繁衍换代，在一个渐进过程中慢慢积累有益的变异。他认为，如果像眼睛这么复杂的器官在一代人的时间里就突然出现了，将无异于一个奇迹。令人遗憾的是，人的眼睛似乎不可能渐进地发展，因为它的许多复杂特征似乎是相互依存的。为了设法使人们相信进化论，达尔文不得不使大众相信复杂的器官可以在一个渐进发展的过程中形成。

　　他取得了卓越的胜利。聪明的是，达尔文并未设法去寻找通过进化来形成眼睛的真正途径。他转而研究具有各种眼睛（涵盖从简单到复杂的）的现代动物，提出人类眼睛可能是以类似的器官作为中间体而渐进进化形成的（图1-1）。

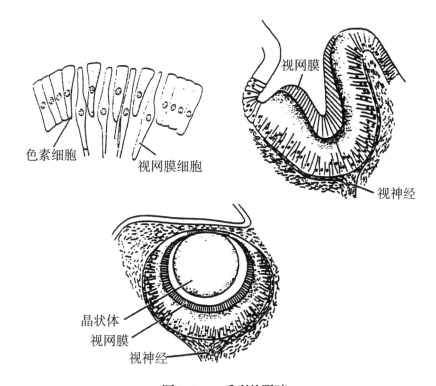

图1-1　一系列的眼睛

（左图）一小块简单的光感受器，就像可以在水母身上发现的那样。

（右图）在海生帽贝身上可以找到的凹陷型眼睛。

（下图）海生蜗牛具有晶状体的眼睛。

　　在这儿我们用语言重新组织一下达尔文的论点：尽管人类具有复杂的像照相机一样的眼睛，但许多动物的眼睛却没有这么多功能。一些微小的生物只有一个简单的色素细胞群，比一个感光点大不了多少。这种简单的结构很难被称之"具有视觉"，但是它可以感觉到光明与黑暗，因此满足了生物的需要。某些海星的感光器官从某种程度上说稍微复杂一点。它们的眼睛位于凹陷部位。由于凹陷部分的弯曲阻挡了从某些方向射来的光线，因此它们可以感觉到光线是从哪个方向射来的。如果弯曲变得更加明显，那么眼睛的方向感得到提升，但是更大的弯曲度也会减少进入眼睛的光线数量，从而降低眼睛的敏感度。通过将胶状物质放在弯曲处来充当晶状体，可以提高敏感度；一些现代动物具有这类由简易的晶状体构成的眼睛。晶状体的渐进改进可以帮助获取更为清晰的图像，以符合动物生存环境的要求。

使用这种推理方法，达尔文使他的许多读者相信，眼睛的进化路径是从最简单的感光点通向复杂的像照相机一样的人类眼睛。但是，视觉是如何开始形成的这一问题始终没有答案。达尔文让世界上的许多人相信，现代的眼睛是从简单的结构渐进进化而来的，但是他没有尝试解释其理论的出发点，即相对简单的感光点从何而来。相反，达尔文避开了眼睛的最终起源这一问题："比起神经如何变得感光而言，生命本身是如何起源这一问题更令人关心。"

他有很好的理由来谢绝回答这个问题：它已经完全超出了19世纪科学的能力范围。眼睛是如何工作的，也就是说，当光子首次触碰到视网膜时发生了什么这样简单的问题在当时根本无法得到回答。事实上在那时，关于生命深层机制的所有问题都无法得到回答。动物的肌肉是如何引起动作的？光合作用是如何进行的？能量是如何从食物中提取出来的？身体是如何抵御传染病的？没有人知道答案。

生物化学的视觉

对于达尔文来说，视觉是一个黑匣子，但是在许多生物化学家日积月累的辛勤研究之后，我们现在已经接近视觉是如何产生的这个问题的答案了。在下面的5个段落中，将对眼睛的功能运行从生物化学的角度进行概述。（注：在这些技术性段落的开头和结尾用修饰符号"▢"来标注。）不要被那些构件的奇怪名称所困扰。它们仅仅是些符号，并不比人们第一次阅读汽车使用说明书时所遇到的"化油器"或"差速器"更深奥。希望了

解详情的读者可以去许多生物化学教科书中找到更多信息；其他希望概略
了解的读者可以参考图 1-2 和图 1-3 来了解要点。

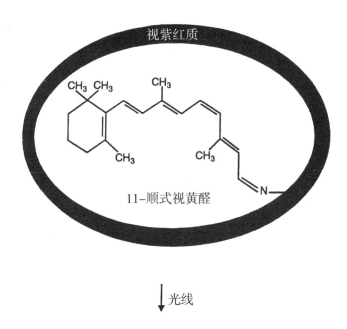

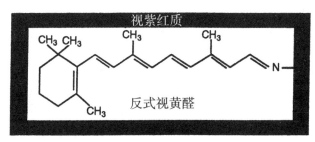

图 1-2 视觉的第一步

光子导致视网膜上的一个有机小分子的形状发生变化。这使得与之相连
的大得多的视紫红质蛋白的形状也发生变化。这幅蛋白质概略图不是按
照比例来绘制的。

❑ 当光线首先照射到视网膜上时，光子与叫做 11-顺式视黄醛的
分子相互作用，这个分子在数皮秒之内重新排列组成反式视黄醛。（1
皮秒大约相当于光走过一根人头发丝的宽度所需要的时间。）视网膜分子的形状变化迫使紧贴在视网膜上的视紫红质蛋白的形状产生变化。蛋白质的形状变化导致其行为也发生变化。现在这种蛋白质叫做变视紫红质Ⅱ，它与另一种叫做传导素（T）的蛋白质黏结在一起。在遇到变视紫红质Ⅱ之前，传导素与叫做GDP（二磷酸鸟苷）的小分子紧紧连在一起。但是，当传导素与变视紫红质Ⅱ相互作用时，GDP会脱落，一种叫做GTP（三磷酸鸟苷）的分子会与传导素连在一起。（GTP与GDP紧密相关，但是完全不同。）

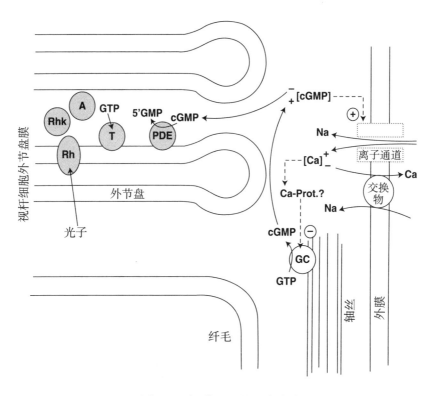

图1-3　视觉的生物化学机制

Rh，视紫红质；Rhk，视紫红质激酶；A，视紫红质抑制蛋白；

GC，鸟苷酸环化酶；T，传导素；PDE，磷酸二酯酶。

　　现在，三磷酸鸟苷（GTP）-传导素-变视紫红质Ⅱ与位于细胞内膜上的一种叫做磷酸二酯酶（PDE）的蛋白质相连。当靠近变视紫红质Ⅱ及其周围时，磷酸二酯酶获取了"切割"分子cGMP（环一磷酸鸟苷，为 GDP 和 GTP 的化学相关物）的化学能力。最初，细胞内有大量的 cGMP 分子，但是磷酸二酯酶使其浓度降低，就像拔掉浴缸里的塞子使其水位下降一样。

另一种将环一磷酸鸟苷（cGMP）连接在一起的膜蛋白质被称为离子通道。它就像一个入口一样，可以调节细胞中钠离子的数量。通常，离子通道使钠离子可以流入细胞，同时一个独立的蛋白质"通道"又主动地将它们泵压出来。离子通道这种流入和泵出的双重作用可以让细胞中的钠离子浓度保持在一个较窄小的范围内。当 cGMP 的数量由于磷酸二酯酶（PDE）的分解而减少时，离子通道就关闭了，使得带正电的钠离子的细胞浓度下降。这会导致细胞膜两侧的电荷失去平衡，最终造成位差电流沿着视神经传输到大脑。经过大脑的破译就形成了视觉。

如果上面提到的反应只是细胞中唯一进行的反应，细胞中所存在的 11-顺式视黄醛、cGMP 和钠离子将很快被耗尽。此时，必须有一个东西将原来打开的蛋白质"通道"关闭并使细胞回到初始状态。有几个机制负责完成这项任务。首先，离子通道（除钠离子外）在"不知情"的情况下也会让钙离子进入细胞。钙离子会被另一个蛋白质"通道"泵压回来，以保持一个恒定的钙离子浓度。当 cGMP 的水平下降时，离子通道被关闭，钙离子的浓度也会降低。磷酸二酯酶在较低的钙离子浓度下会减慢破坏 cGMP 的速度。其次，当钙离子的水平开始下降时，一种叫做鸟苷酸环化酶（GC）的蛋白质开始重新合成 cGMP。第三，随着所有这一切的发生，变视紫红质 II 因为一种被称为视紫红质激酶（Rhk）的蛋白质而产生化学变化。紧接着，经过变化的视紫红质和一种已知的抑制蛋白相结合，后者可以防止视紫红质将更多的传导素蛋白激活。因此，细胞具有一些机制，可以对因为某一个单独的光子就将信号放大的现象加以限制。

反式视黄醛最终从视紫红质上脱落下来，并且必须被重新转化成 11-顺式视黄醛，再次和视紫红质相结合，从而回到起点以便进行下一次视觉循环。要完成这个过程，首先要有一种酶对反式视黄醛进行化学转化，将它变成反式视黄醇，这种结构内包含 2 个以上的氢原子。然后，第二种酶将分子转化成 11-顺式视黄醇。最后，第三种酶将之前增加的氢原子去除，以形成反式视黄醛，于是一个循环周期就

完成了。❒

上面的解释只不过是对视觉的生物化学原理给出了一个大致的描述。然而，从根本上说，生物科学必须要致力于给出这种水平的解释。为了真正理解某项功能，我们必须详细地理解过程中的每一个相关步骤。生物过程中的相关步骤最终是在分子水平上发生的，所以要想对某个生物学现象给出一个令人满意的解释，比如视力、消化或者免疫，就必须包含分子层面的解释。

现在，视觉的黑匣子已经被打开了，就不能再像达尔文在 19 世纪里所做的那样，或者就像进化论的普及者们今天仍然在做的那样，在对视觉这种能力进行解释时，仅仅考虑整只眼睛的**解剖**结构了。达尔文曾经认为，非常简单的每一个解剖步骤和每一个结构，实际上都牵涉到极为复杂的生物化学过程，这种复杂性难以用文字来表达。现在我们发现，在很多情况下，达尔文所作出的从一个"孤峰"到另一个"孤峰"的隐喻，其实是在精巧设计的分子机器之间的巨大跨越。他所跨越的距离是如此之大，甚至需要动用直升机来完成一次飞越。

于是，生物化学向达尔文的理论提出了小人国的挑战。很显然，解剖学与进化论能否在分子层面上发生这一问题之间不存在任何的关联。留下的化石标本记录同样如此。在化石标本记录中是否还存在很多空缺，或者这些记录是否像对美国总统的记录一样连贯，这些都不再重要。并且如果存在空缺，这些空缺是否能够得到合理的解释也并不重要。[2]化石标本记录并不能告诉我们，11-顺式视黄醛和视紫红质、传导素蛋白和磷酸二酯酶的相互作用是否是渐进发展而成的。无论是生物地理学还是人口生物学的研究方式如何，也无论进化论对某些基本器官或物种的丰富多样性在传统上是如何进行解释的，这些都不重要。这并不是说随机突变是无法实现的神话，或是说达尔文主义无法解释任何事情（它对微观进化论做出了很好的解释），或者是说像人口遗传学研究的这些大范围的现象并不重要。它们都很重要。然而，直到最近，进化生物学家却并不关注生命在分子水平上的细节情况，因为人们确实对此一无所知。现在，细胞的黑匣子已经被打开，展现在我们面前的无限微观的世界必须得到解释。

卡尔文主义

　　当我们看到一个运动中的黑匣子时，我们会猜想匣子里面并没有什么复杂的内容。这似乎是人类大脑特有的思维。在"卡尔文与霍布斯"（Calvin and Hobbes）系列连环漫画中（图1-4），我们可以看到一个有趣的例子。卡尔文总是和他的毛毛虎霍布斯乘着一个匣子跳来跳去，在时间隧道中回到过去，或是将他自己"变形"成动物的模样，或是将匣子用做是一个"复制器"来造出他自己的克隆体。像卡尔文这样的小男孩很容易地设想出一个匣子可以像飞机（或是像其他物体）一样飞来飞去，因为卡尔文并不知道飞机是如何工作的。

　　在某些方面，科学家和卡尔文这样的小男孩一样，很容易陷入自我幻想中。例如，几个世纪以前，人们认为昆虫和其他小动物是直接从腐败的食物中产生的。这种说法很容易让人相信，因为人们认为小动物是非常简单的生物。在显微镜得到发明之前，博物学家们认为昆虫不具有内脏器官。但是，随着生物学的进步，人们经过细心的实验发现，未受到外界破坏的腐败食物不会产生生命，自然繁殖论退回到某个界限内，因为对这个界限外部发生的事情，科学还无法给出合理的解释。在19世纪，细胞正是处于这种界限之外的事物。当啤酒、牛奶或是尿液在容器内静置数天之后，即使是在密闭的容器中，从这些液体中也会产生一些东西从而让它们变得浑浊。在18世纪和19世纪，人们发明了显微镜。通过显微镜可以观察到这些新产生的东西是一些非常微小的、显然是活着的细胞。因此，简单的生物体可以在液体中自发产生，这么说似乎是合理的。

　　说服人们的关键点就是要将细胞描绘成"简单"的事物。在19世纪中期，自然发生论（the theory of spontaneous generation）的主要支持者之一就是恩斯特·黑克尔（Ernst Haeckel）。他极为崇拜达尔文，积极地对达尔文的理论加以普及。根据从显微镜中得到的对细胞的有限认识，黑克尔认为，细胞是一个"由碳组成的简单的蛋白质小块"，和显微镜下的一小块杰尔奥布丁（Jell-O）没有多大区别。于是，对于黑克尔来说，这种没有内脏器官的简单生物可以很容易地从无生命的物质中制造出来。当然，现在我们对此有了更清晰的认识。

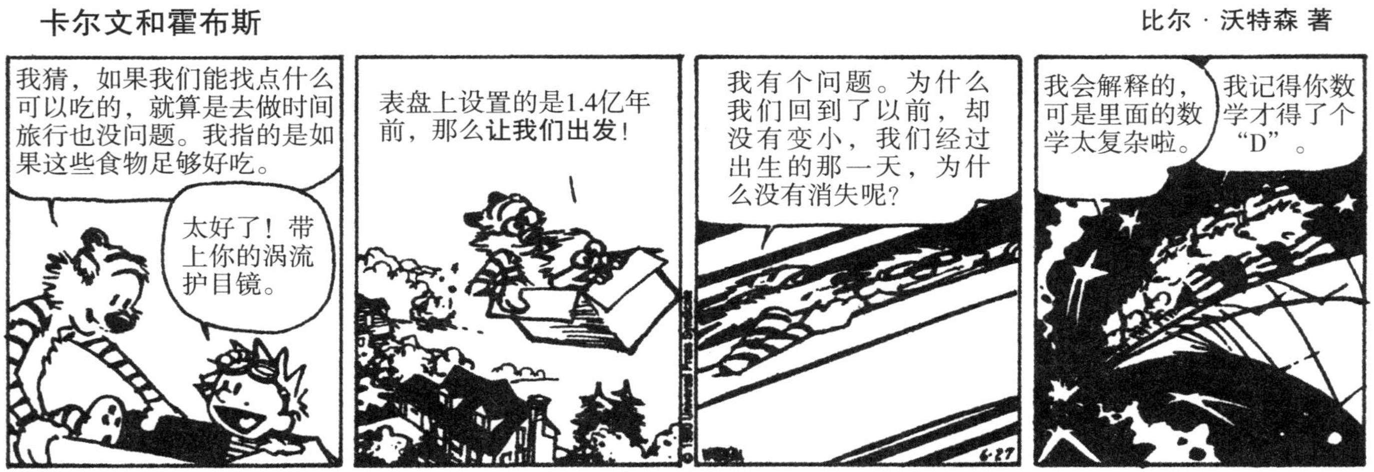

图1–4　卡尔文和霍布斯乘着黑匣子飞行

在这儿我们做一个简单的类比：达尔文对于解释视觉的起源所发挥的作用就像黑克尔对于我们理解生命的起源所发挥的作用一样。在这两种情形下，19 世纪的杰出科学家都试图解释他们所不了解的小人国生物学，而且他们都不约而同地假设了黑匣子里的内容一定很简单。时间已经证明他们是错误的。

20 世纪上半叶，生物学领域的许多分支之间并没有进行经常性的相互沟通。因此，遗传学、分类学、古生物学、比较解剖学、胚胎学及其他学科都从自己的角度对进化的内涵进行了解释。这就不可避免地导致了不同学科对进化论有着不同的理解。人们不再对达尔文进化论持有统一的观点。然而，在 20 世纪中叶，各学科领域的领袖们组织召开了一系列的跨学科会议，在达尔文原理的基础上将他们的观点进行了综合，形成了统一的进化理论。形成的综合观点被称为"进化综合论"（evolutionary synthesis），并且这个理论被称为"新达尔文主义"（neo-Darwinism）。新达尔文主义是现代进化思想的基础。

在那时，有一个科学分支没有被邀请参与会议，原因就是：当时它并不存在。现代生物化学是在新达尔文主义正式启用之后才开始形成的。于是，正如人们在认识到微观生物的复杂性之后，必须对生物学重新加以阐释一样，新达尔文主义必须随着生物化学领域所取得的一些进步而重新得到认识。进化综合论所包括的所有学科都没有考虑到细胞层面。然而，如果达尔文进化论想要成为真理，它就必须对生命的分子结构加以说明。本书的目的正是为了证明它无法做到这一点。

第 2 章　螺母和螺栓

子黑匣　焦躁不安的博物学家

　　琳恩·马古利斯（Lynn Margulis）是马萨诸塞大学杰出的生物学教授。她认为线粒体，即植物和动物细胞的能量吸收器，曾经是独立的细菌细胞。凭着这一得到普遍认可的理论，她享有极高的声望。并且她认为，历史将最终证明，新达尔文主义不过是"对盎格鲁-撒克逊生物学理论的广泛信仰中某个 20 世纪的小信仰分支而已"。在她的一次公开演讲中，她要求听众席中的分子生物学家们举出一个确凿的例子来证明曾经通过不断的突变形成的某个新物种。没有人能接受这一挑战。她认为，标准理论的支持者们，"对达尔文理论从动物学、资本主义、竞争、成本-效益等不同角度加以阐释并沉湎于其中，其理解都是错误的……新达尔文主义强调的（突变的缓慢累积）陷入了集体恐慌之中。"

　　上面这些不过是一个有趣的引述。她并不是唯一感到不快的人。在过去的 130 年中，虽然达尔文主义的地位俨然无人挑战，但在科学界内外，已经有人对此坚定地持有异议。在 20 世纪 40 年代，遗传学家理查德·戈耳什米特（Richard Goldschmidt）终于放弃了对达尔文主义能够解释新结构的起源所抱有的幻想，于是他不得不提出了"可能的怪物"（hopeful monster）理论。他认为，有时候偶尔可能会出现大变异的发生，比如说，也许一个爬行动物生下了一个蛋，从这个蛋里却孵出了一只鸟。

　　这个"可能的怪物"理论并没有得到普遍的认可，但几十年后，有人对用达尔文主义来解释化石标本记录表达了强烈不满。美国古生物学家尼尔斯·埃尔德雷奇（Niles Eldredge）描述了这个问题：

难怪古生物学家长久以来都对进化避而不谈。似乎它从未发生过。在对悬崖峭壁进行孜孜不倦的探索和样本采集后，得出的不过是曲折进行的微不足道的波动变化，偶尔会发现历经几百万年才发生的细微的变化累积。这种变化的速度太过缓慢，无法解释在进化史上已经发生的惊人巨变。当某个新颖的进化论被引入时，所有人通常都会大吃一惊，并且往往并没有证据能够清楚地表明化石没有朝着别的方向进化！进化不可能永远是朝着别的方向进行。然而，正因为如此，有关化石的记载才会让众多期待着能进一步了解进化的绝望的古生物学家们沮丧不已。

为了摆脱这一困境，在 20 世纪 70 年代初，埃尔德雷奇和斯蒂芬·杰伊·古尔德（Stephen Jay Gould）提出了一个他们称之为"间断平衡"（punctuated equilibrium）的理论。这个理论假定了两种情况：长久以来，大部分的物种发生着几乎看不见的变化；而且，当这种变化出现时，它会迅速地和集中地发生在小规模的相对孤立的种群身上。如果事实果真如此，那么化石的中间体将很难被发现，这从质量参差不齐的化石记录上也可见一斑。就像戈耳什米特一样，埃尔德雷奇和古尔德也相信"共同先祖"的说法，但是他们认为能对迅速的、大规模变化做出解释的不是自然选择，而是其他的机制。

古尔德曾经激烈地参与过关于另一种令人着迷的现象的讨论，那就是"寒武纪大爆发"（Cambrian explosion）。仔细的勘察表明，在存在时间超过 6 亿年的岩石中只有少数多细胞生物的化石。然而在存在时间稍短的岩石中，可以看到许多的动物化石，带有大量形态各异的躯体构型。最近，大爆发发生的估计时间跨度已经从 5 000 万年修正缩短到 1 000 万年。从地质学的角度来看，不过是一眨眼的时间。这个大大缩短的估计时间已经让"大字标题作家"们不得不去寻找别的新鲜题材，他们的最爱之一就是"生物学大爆炸"（biological Big Bang）。古尔德曾经说过，新生命形式出现的速度是如此之快，以至于需要提出自然选择学说以外的一种机制来对它进行解释。

不无讽刺的是，我们从达尔文的时代兜了一个圈后又回到了原地。当达尔文最初提出他的理论时，所面临的一个巨大困难就是地球的预计年龄。19 世纪的物理学家们认为，地球只存在了大约 1 亿年；然而达尔文认为，自然选择需要比这长得多的时间来创造生命。一开始，他的看法被证明是正确的；现在我们知道地球存在的时间比 1 亿年要长得多。然而，随着生物学大爆炸的发现，生命形式从简单到复杂所需要的时间窗口已经缩短到如此的程度，以至于比 19 世纪人们所估计的地球寿命还要短得多。

　　然而，感到不痛快的并不仅是寻找化石骨头的古生物学家们。众多的进化生物学家检验过所有的生物体，他们只想知道达尔文主义会怎样对他们所观察到的现象做出解释。英国生物学家何美芸（Mae-Wan Ho）和彼得·桑德斯（Peter Saunders）就曾经这样抱怨过：

　　　　新达尔文主义综合论的诞生到现在大约有半个世纪了。人们已经在这个理论的框架内进行了大量的研究。然而，这一理论的成就仅仅局限在进化的一些细枝末节上，例如蛾类身体颜色的适应性改变；然而，在一些我们最感兴趣的问题上面，比如最初为什么会出现蛾子这种生物，新达尔文理论却几乎无法解释。

佐治亚大学的遗传学家约翰·麦克唐纳（John McDonald）发现了一个难解之题：

　　　　前 20 年里针对适应性的遗传基础得出的一些研究结果向我们揭示了达尔文理论的一个大悖论。**那些自然种群内明显变异的（基因）似乎并不是许多重大的适应性改变的基础，而有些（基因）表面上看确实构成了许多——即使不是大部分——重大的适应性改变的基础，但它们却又明显不是自然种群内的变异基因。**（原文表示强调）

在达尔文主义是否有用这一问题上，让澳大利亚的进化遗传学家乔治·米克洛斯（George Miklos）感到颇伤脑筋：

　　　　那么，这个包罗万象的进化理论做出了什么预测呢？就某些假定而言，例如随机突变和选择系数，它可以随着时间的推移预测（基因）变化的频率。这难道就是进化论这么伟大的理论所能告诉我们的吗？

芝加哥大学生物和进化系的杰瑞·科因（Jerry Coyne）得出了一个让人吃惊的结论：

> 出人意料的是，我们认为几乎没有任何证据能够支持新达尔文主义理论的观点：它的理论基础和支持它的实验证据是站不住脚的。

加州大学的遗传学家约翰·恩德勒（John Endler）则在思考，有益突变是如何产生的：

> 虽然对于突变人们已经有了很多认识，但是相对于进化而言它仍然是一个神秘的"黑匣子"。在进化的进程中，新奇的生物化学功能似乎非常罕见，并且这种功能的来源基础事实上没人能知道。[9]

这些年来，数学家们一直在抱怨达尔文主义的数字并不能自圆其说。信息理论家赫伯特·约克奇（Hubert Yockey）认为，生命起源所需的全部信息并不是偶然得来的；他提出，将生命看做是一个既定物，就像物质或能量。在 1966 年，著名的数学家和进化生物学家们在费城的维斯塔尔（Wistar）研究所举办了一场专题座谈会。会议的组织者是马丁·卡普兰（Martin Kaplan）。他无意中听到了"4 位数学家之间进行的一次相当不可思议的讨论……讨论涉及达尔文进化论在数学上的某些疑点"。在这次专题研讨会上，一方感到闷闷不乐，另一方则不依不饶。有一位数学家宣称，眼睛在变异进化的进程中所需的时间按以前的提法是明显不够的，他的这番话遭到了另一位生物学家的反驳。生物学家认为他的数据一定是错误的。然而，数学家们并不认为问题在自己这一方。其中一位辩称：

> 在新达尔文主义的进化论中有一个相当明显的空白区，并且我们相信，这样一种性质的空白区仅仅靠现在的生物学理论是无法填补的。

圣菲（Santa Fe）研究所的斯图亚特·考夫曼（Stuart Kauffman）是"复杂理论"（complexity theory）的主要支持者。简而言之，该理论认为，生物系统的许多特点是自我组织，即复杂系统倾向于按照某种模式来进行自我调整，而不是自然选择的结果：

> 达尔文和进化论坚持着自己的观点，完全无视创世论学派的科学家们对此做出的抱怨。但是，他们的观点是否正确呢？或者我们更应该思考，这种观点是否足够解决我们所面临的问题？我认为，答案是否定的。这里并不是指达尔文错了，而是指他的观点只反映了真理的某一部分。

迄今为止，复杂理论招来的几乎全是批评的声音。曾经担任过考夫曼导师的约翰·梅纳德·史密斯（John Maynard Smith）就曾经抱怨复杂理论太数学化了，与注重现实世界的化学毫无关联。尽管史密斯的抱怨有一定的道理，但他并没有就考夫曼提出的问题——复杂系统的起源——给出具体的解决方案。

总而言之，从达尔文理论面世的那天起，它就已经招来了异议，其中很多异议并非是从神学立场出发的。1871 年，达尔文的批评者之一，英国生物学家圣乔治·米瓦特（St. George Mivart）列举了他对达尔文理论的反驳，其中许多观点与一些现代批评者们的观点具有惊人的相似性。

> 针对达尔文学说的主要反对意见可以总结如下："自然选择"并不能够解释有用结构的初始阶段。它无法说明不同起源却高度相似的结构何以能共存。人们有理由相信，某些具体的差异可能是突然而不是渐进出现的。物种的变异性具有虽然不同但却非常明确的限定性，这一观点仍然站得住脚。虽然还未发现某些化石的过渡形态，但它们仍然可能存在……在有机形态中存在许多异常现象，"自然选择"无法对其做出任何解释。

那么看起来，同样的争论已经进行了一个多世纪，却仍然没有得出结论。从米瓦特到马古利斯，总是有一些享有盛名的、备受尊敬的科学家发现达尔文主义并非完美无缺。显然，要不就是米瓦特最初提出的问题并没有得到答复，或者是有些人提出的问题虽然得到了答复，但他们对答复并不满意。

在开始进一步讨论之前，我们应该注意一个明显的现象：如果让世界上所有的科学家进行投票，绝大多数科学家将会表示，他们认为达尔文学说是正确的。但是就像所有人一样，科学家们的大部分观点总是被别人的话语所左右。在认可达尔文学说的绝大多数人之中，大部分人（虽然不是所有人）不过是遵从权威的意见。同样的，非常不幸的是，科学界常常出于怕被创世派抓到把柄的担忧，而将批评达尔文学说的声音压制住了。具有讽刺意义的是，在保护科学的名义之下，某些科学家针对自然选择理论提出的犀利批评却被搁置于一旁。

现在是时候将辩论正大光明地亮出来了，不要考虑公共关系这些问题。现在正是进行辩论的好时候，因为我们最终已经到达了生物学的基底，现在也许可以找到解决问题的方案了。在生物学最精细的层面上——细胞的化学生命——我们已经发现了一个复杂的世界，这一发现从根本上改变了展开达尔文学说辩论的大背景。例如，我们可以思考，如何从生物化学的角度来审视创世论派与达尔文学派之间关于投弹手甲虫的辩论。

甲虫炸弹

投弹手甲虫是一种外表极不起眼的昆虫，长度大约1/2英寸（1.27厘米）。然而，当它感觉到来自另一只昆虫的威胁时，它会使用一种特殊的方法来进行自我防御。它从位于身体尾部的一个孔中向敌人喷出一股沸腾的化学液体。敌人被这种滚烫的液体烫伤后，就会放弃它的猎物。投弹手甲虫是怎样完成这个"魔术"的呢？

原来，投弹手甲虫使用的是化学武器。在"战斗"前，甲虫在一个叫做分泌囊的特殊结构中制造出两种化学物质——过氧化氢和对苯二酚的混合物（图2-1）。这里说的过氧化氢就是我们通常能在药房中买到的那种物质，而对苯二酚在摄影技术中可以充当显影剂。这种化学混合物被送入一个叫做储囊的储存腔。储囊可以通向第二个被称为膨胀器的腔室，但它们之间的通道通常是闭合的。这两个腔室由一根导管相连接，这个导管带有一根括约肌，其功能和人类用于控制便意的括约肌具有同样的功能。膨胀器上附有一些被称为外胚层腺的球状突起物；这些突起物能够向膨胀器中分泌一种催化酶。当甲虫感觉到外来敌人的威胁时，它就会收紧储存腔周围的肌肉，同时放松括约肌。这将迫使过氧化氢和对苯二酚的混合液进入膨胀器，进而与催化酶混合。

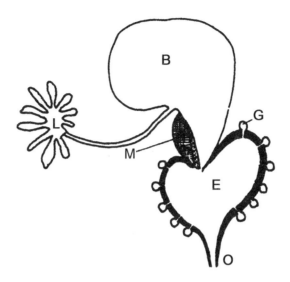

图 2-1 投弹手甲虫的防御器官

B，储囊；E，膨胀器；G，分泌过氧化氢酶的外胚层腺；L，分泌囊；
M，括约肌；O，出口管。B 含有对苯二酚和过氧化氢的混合物，当混合
物进入 E 时在过氧化氢酶的作用下会产生爆炸式的化学反应。

　　现在，从化学的角度来看，事情变得非常有趣。过氧化氢迅速地分解
成普通的水和氧气，就像从小药店里买来的一瓶过氧化氢如果打开瓶口也
会慢慢分解一样。氧气与对苯二酚相互反应，产生了更多的水和一种叫做
苯醌的具有高度刺激性的化学物质。这些化学反应会释放大量的热量。溶
液的温度上升到沸点；事实上，一部分溶液变成了蒸汽。蒸汽和氧气会在
膨胀器的腔壁上施加很大的压力。在括约肌闭合的情况下，一根从甲虫的
身体通向体外的管道就成为了这些沸腾的混合液的唯一出口。管道周围的
肌肉使得蒸汽喷嘴可以直接对准威胁源。最终的结果就是甲虫的敌人被滚
烫的化学苯醌毒液所烫伤。

　　你可能会疑惑，为什么过氧化氢和苯醌的混合物不直接在储囊中起爆
炸式的化学反应。原因就是，如果分子间的原子不能迅速地聚合在一起，
那么化学反应出现的速度将会十分缓慢。要不然，你正在阅读的这本书将
在碰到空气中的氧气时会迅速点燃。打个比方，假设一扇门关着。门里门

外的人（比如说，少男少女们）没办法走到一起，即使他们很愿意这样。但是，如果有人有钥匙，那么就能打开门，让门里门外的年轻人互相认识。催化酶就发挥着钥匙的作用，使得过氧化氢和对苯二酚可以在原子级别上聚合在一起，从而发生化学反应。

投弹手甲虫是创世论派最常用的辩论工具。（一本名为《炸弹客：投弹手甲虫》［Bomby, the Bombardier Beetle］的故事书已经由创世研究所出版，作者黑兹尔·梅·鲁［Hazel May Rue］。）他们用甲虫非同寻常的防御系统来驳斥进化论者，要求进化论者解释这种防御系统是如何产生的。牛津大学动物学系的理查德·道金斯（Richard Dawkins）教授接受了创世论派的挑战。道金斯是达尔文学说在现代世界最优秀的推广者。他的著作颇丰，包括获得人们广为称道的《盲眼钟表匠》（The Blind Watchmaker），对于感兴趣的业余读者来说非常通俗易懂，而且读来极为有趣。道金斯在撰写这些作品时，热情洋溢，因为他相信达尔文学说是正确的。同时，他还认为无神论是来自于达尔文学说的逻辑演绎，如果更多的人能认同这一观点，那么世界将会变得更加美好。

在《盲眼钟表匠》一书中，道金斯曾简略地提到过投弹手甲虫。首先，他引用了科普作家弗朗西斯·希契（Francis Hitching）在其著作《长颈鹿的脖子》（The Neck of the Giraffe）中对投弹手甲虫的防御系统进行描述的一段话，这段话是作为对达尔文学说的反驳的一部分出现的：

> ［投弹手甲虫］对准敌人喷出了由对苯二酚和过氧化氢组成的致命混合物。当这两种化学物质混合在一起时，就会发生爆炸。因此，为了将它们储存在它身体内部，投弹手甲虫天生具有一种让自己免受伤害的化学抑制剂。当甲虫从尾部喷出液体时，会加入一种反抑制剂让混合物再次爆炸。是什么样的一连串事件能导致一种如此复杂、协调而又精妙的步骤的进化呢？从生物学的角度还无法按照简单的一步一步的方式来做出解释。化学天平上的细微变化会导致很快出现一种能够产生爆炸式化学反应的甲虫。

道金斯对此的回答是：

> 一位与我共事的生物化学家热心地为我提供了一瓶过氧化氢和相

当于 50 只投弹手甲虫体内剂量的对苯二酚。我准备将这两种物质混合到一起。根据希契的说法，它们会在我眼前发生爆炸。然而，我还好好的，什么也没有发生。我将过氧化氢倒入对苯二酚中，根本毫无动静。甚至溶液都没有变热。将这两种化学物质混合到一起的时候就会发生爆炸的说法是完全错误的。但是在创世论派的著述里却不断地被提及。顺便说一句，如果你对投弹手甲虫感到好奇，事实上情况是这样的。投弹手甲虫确实会向它的敌人喷出一股滚烫的过氧化氢和对苯二酚的混合液体。但是除非加入某种催化酶，过氧化氢和对苯二酚并不会发生剧烈的化学反应。这就是投弹手甲虫的"秘密"。事实上，在漫长的进化史中，无论是过氧化氢还是不同种类的苯醌都已经被用于某些人体化学的用途。投弹手甲虫的祖先只不过是将碰巧存在于自身体内的化学物质拿来为己所用。这就是进化的奥妙。

虽然道金斯在这一回合中占了上风，然而，不管是他自己还是创世论者们仍然没能证明自己的正确性。道金斯对于系统进化的解释建立在这一事实基础之上，即"正巧具备"系统必需的元素。因此，才可能发生进化。但是道金斯没能解释为什么甲虫会同时向某个腔室内分泌浓度极高的过氧化氢和对苯二酚，而且这个腔室还通过一根类似括约肌的管子连接到第二个含有某种催化酶的腔室，这种催化酶又正好是过氧化氢和对苯二酚进行快速化学反应所必需的。

问题的关键在于：复杂的生物化学系统是怎样渐进形成的？上述"辩论"所存在的问题就是，双方都在回避对方所提出的问题。一方所引用的"事实"是错误的；另一方只是纠正了这个"事实"。但是达尔文主义者的任务是回答两个问题：第一，甲虫是怎样一步一步地完成进化，才能具备向敌人喷出滚烫的化学液体这种复杂的功能？第二，如果这种进化是分阶段进行的，达尔文学说怎么样才能帮助我们从一个阶段到另一个阶段？

就投弹手甲虫的防御系统是如何进化的这一点，道金斯并没有告诉我们任何具体细节。然而，为了指出他论据中的疑点，我们需要运用我们所知道的甲虫的解剖学知识来建立起一个投弹手甲虫进化过程的最佳模型。首先，我们应该注意到投弹手甲虫防御器官的作用在于击退敌人。这个系统的构成部分包括：（1）过氧化氢和对苯二酚，由分泌裂片生成；（2）催化酶，由外胚层腺生成；（3）储囊；（4）括约肌；（5）爆炸室；（6）出口管道。但不是所有的组件都是系统的功能所必需的。对苯二酚本身是有毒的。许多甲虫可以通过合成来产生苯醌，虽然不一定分泌出来，但是苯醌会让甲虫吃起来的味道很不好。最初个别甲虫被吃进去之后又被吐出来，后来食肉动物就学会了避开这种含有有毒物质的甲虫，因而整个甲虫种群就得以获益。

于是，仅仅是对苯二酚就已经具备了甲虫的整个防御系统所具备的功能。那么加入其他构成部分后，是不是防御系统的功能会不断得到增强呢？看起来似乎是这样。我们可以设想，如果甲虫能将对苯二酚集中在某个储存器中，例如储囊，那么它就可以从中得到好处。这样甲虫就可以产生大量有毒的化学物质，从而让自己的味道变得非常难吃，却不会引发自身的任何问题。如果通过某种方式，储囊和外界之间有了一个通道，那么就可以排出对苯二酚，也许在敌人把甲虫吃掉之前就能击退敌人。许多甲虫具有被称为臀腺的防御器官，它的基本结构就是一个简单的储存器并带有一个通向外界的管道。这个管道上附有肌肉来帮助排出储存器中的内容物。如果肌肉能进一步发展成括约肌，就可以防止在进攻之前储存器中的内容物被泄漏出来。

实际上，过氧化氢同时也是一种刺激性物质。因此，如果甲虫甚至在低温下也可以分泌对苯二酚和过氧化氢两种物质，以加强刺激敌人的效果，它就能处于更加安全的境地。几乎所有的细胞都带有一种叫做催化酶的酶，可以将过氧化氢分解成水和氧，同时释放热量。如果通往体外的管道的内表皮细胞分泌出一些过氧化氢酶，那么在排出期间，一些过氧化氢将得到分解，放出的热量会让溶液的温度升高，从而增强它的刺激效果。在澳大利亚和巴布亚新几内亚境内发现的投弹手甲虫喷出的液体温度可能是温热或热的，但却不是滚烫的。如果细胞分泌更多的过氧化氢酶，溶液的温度就会更高；最后在溶液的热度和出水通道的耐热性之间将达到一个最优平衡。随着时间的过去，出水通道将变得更加坚韧和耐热，可以容许喷出溶液的温度一直上升到沸点。随后分泌的过氧化物酶进入催化混合液中，并使得整个器官形成像图2-1所示的那样。

现在我们对进化学说有了一个大概的了解。但是，投弹手甲虫的防御器官是如何进化的这一点是否已经得到了正确的解释呢？不幸的是，这里给出的解释并不比达尔文在19世纪描述的关于眼睛的解释更为详细。虽然我们的系统看来是不断变化的，对它的运作进行控制的构成部分却不为人所知。例如，储囊是一个复杂的多腔结构。它包含哪些东西？为什么它的形状如此特殊？"甲虫将对苯二酚集中在某个储存器内将给它带来好处"这种说法听起来就像是说"集权政府的权力集中将给社会带来好处"一样荒谬。在这两种情况下，集中的方式和储存装置都是无法解释的，并且两者能带来的好处将明显取决于具体情况。储囊、括约肌、爆炸室和出口孔自身都是复杂的结构，包含许多不为人知的部分。而且，膨胀器膨胀能力的实际进化过程我们尚不清楚：为什么会形成储存器、会分泌过氧化氢以及形成括约肌？

迄今为止，我们能得出的结论就是，也许达尔文式的进化的确已经发生。如果我们能够详细地分析甲虫的内部结构，甚至是对每种蛋白质和酶都进行研究，并且如果我们能够用达尔文学说来解释所有这些细节部分，那么我们就能同意道金斯的观点。但是，就目前而言，我们无法判断，我们所假设的这种渐进累积的进化过程究竟是一个个突变的"跳跃"前进还是像直升机那样在相距甚远的孤峰间穿行。

黑匣子　眼见为实

让我们回到人类眼睛这个问题上来。在这个经典的复杂器官上，道金斯和希契同样存在着分歧。希契已经在《长颈鹿的脖子》一书中说过：

> 很显然，如果在整个过程的某个最细微的环节发生了问题——如果角膜模糊不清，或是瞳孔无法扩张，或是晶状体变得浑浊，或是聚焦出现障碍——那么就无法形成可以辨认的图像。眼睛要么作为一个整体正常工作，要么就"集体罢工"。因此，它是怎么样通过达尔文的方式来缓慢、稳定以及非常细微地完成进化过程的呢？由于成千上万个随机发生的幸运突变，晶状体和视网膜这两种相辅相成且缺一不可的结构进行着同步进化，这种说法是否讲得通？如果一只眼睛看不见物体，它还有存在的价值吗？

道金斯正为希契这种轻率冒失的论断而感到高兴呢，他不失时机地反驳道：

　　想想这种论断，"如果最细微的环节发生错误……（如果）聚焦出了问题……无法形成可以辨认的影像。"也许你正戴着一副眼镜在阅读上面的这段文字，这种概率应该非常接近50%。如果你把眼镜摘掉，四处望一望，你还会同意"无法形成可以辨认的影像"这种说法吗？……（希契）还说，晶状体和视网膜相辅相成，缺一不可，好像这个道理很明显一样。这话有什么根据吗？我有个朋友，双眼都做了白内障手术。她的眼睛里面根本没有晶状体。如果不戴眼镜，她连草地网球都打不了，也不能瞄准射击。可是她很确定地告诉我，就算是有一双没有晶状体的眼睛，也比没有眼睛好得多。如果你在走路的时候就快要碰到墙壁或者是别人，你就能感觉得到。如果你是一只野生动物，你肯定能通过没有晶状体的眼睛觉察出捕食者的模糊轮廓，以及它来袭的方位。

　　在眼睛的复杂性这一问题上，道金斯对希契以及科学家理查德·戈耳什米特和斯蒂芬·杰伊·古尔德进行了反驳之后，他接着就开始解释查尔斯·达尔文就眼睛进化的合理性给出的论据：

　　一些单细胞动物都具有一个感光点，点后面有一些色素。这些色素组成的"屏障"可以阻挡来自某个方向的光线进入感光点，这就为它提供了某些信息，有助于它判断光线来自哪个方向。在多细胞动物中……后面带有色素的感光细胞存在于小的杯状骨白中，这就使得这些动物具备了更强的方向识别能力。……现在，如果杯状骨白更深一些，并倒置过来，就成了一个无晶状体的针孔摄影机。……当眼睛中有这样一种杯状物，并且在开口处具有任何稍微凸起的、稍稍透明的乃至半透明的材料，都会大大改善视力，因为这样一种结构具备了类似晶状体的特性。一旦这种天然的原晶状体出现了，就会不断得到升级进化，让它变厚或者更加透明，并且加以定形，最终进化成一个真正的晶状体。

　　道金斯和达尔文试图让我们相信，眼睛的进化是一步步渐进完成的，在此期间发生了一系列的合理中间体，伴随着无限小的级次递升。但是这些级次递升真的无限小吗？还记得道金斯将"感光点"作为他的出发点吧，实际上这个出发点需要一连串的要素才能发挥作用，包括11-顺式视黄醛和视紫红质。道金斯并没有提到它们。并且，"小的杯状骨臼"又是如何产生的呢？构成杯状骨臼的细胞球将会四处疯长，除非通过分子"支柱"来将它们约束在合适的形状之内。事实上，维持细胞的形状需要十几种复杂的蛋白质参与，而且还需要更多的蛋白质来控制细胞外的结构。如果没有它们，细胞的形状就会长得像肥皂泡一样。这些结构是否代表着单步突变（single-step mutations）呢？道金斯并没有告诉我们看似简单的"杯"状是怎样形成的。虽然他再三声明，任何"半透明"物质都将意味着进步（还记得吗，黑克尔曾错误地认为细胞不过是"简单的蛋白质小块"，所以很容易生产细胞），没有人告诉我们形成一个"简单的晶状体"难度有多大。简而言之，道金斯的解释只是在人们所说的大体解剖层面上进行的。

希契和道金斯两个人都没有抓住重点。无论是眼睛，还是任何其他大的生物结构体，都由多个离散系统组成。视网膜的作用在于感知光线。晶状体的作用在于收集光线并让其聚焦。如果晶状体与视网膜一起使用，将会提高视网膜的性能，但是视网膜和晶状体都可以独立工作。同样，负责晶状体焦距调节或转动眼睛的那部分肌肉是作为收缩性的器官发挥作用的，可以应用于许多不同的系统。视网膜的光觉并不依赖于这些肌肉。泪腺和眼睑也是复杂系统，但是和视网膜的功能是相对独立的。

希契的论据是站不住脚的。因为他错误地将一系列系统组成的综合系统当成了单个的系统，并且道金斯正确地指出各个组成系统的可离散性。然而，道金斯只不过将复杂系统和复杂系统简单相加，就认为是完成了解释任务。这就好比用"将一组扬声器接入扩音器，再连上CD播放器、收音机和磁带卡座"来回答"立体声系统是如何制成的"这一问题，既可以说达尔文的理论能够解释扬声器和扩音器的装配，也可以说它不能解释。

🔲子黑匣 不可简化的复杂性和突变的性质

达尔文深知，他关于通过自然选择完成渐进进化的理论背负着一个沉重的包袱：

> 如果有人能够证实，任何现存的复杂器官可能不是经由无数的、连续的、细微的改进而形成，那么我的理论体系肯定会崩塌。

可以肯定的是，在过去的一个世纪里，针对达尔文学说提出的大部分的科学质疑都集中在这个方面。无论是米瓦特对新结构初始阶段的高度关注，还是马古利斯对渐进进化的断然否定，达尔文的批评者们已经开始怀疑，达尔文的理论已经临近他自己曾经提到的"崩塌"标准界限。但是我们这样认为的理由又是什么呢？哪种类型的生物系统不是经由无数的、连续的、细微的改进而形成的呢？

然而，对于初次接触的人来说，任何系统都具有不可简化的复杂性。我的意思，**不可简化的复杂性**（*irreducibly complex*）指的是由几个相辅相成、相互作用的部分组成的单个系统，这些部分能保证该系统具有基本的功能，去掉任何一个部分都会导致这个系统无法有效地实现它的功能。一个具有不可简化的复杂性的系统不能通过对旧有的系统进行细微的连续的改进而直接产生（也就是说，通过不断地改进初始功能，这个系统还能通过相同的机制进行工作），因为任何一个缺少某一部分的旧有系统都肯定是无法发挥作用的。如果的确存在某个不可简化的复杂性的生物系统，将会对达尔文进化论构成强有力的威胁。因为自然选择只会选择那些已经开始发挥作用的系统，那么，如果一个生物系统无法渐进形成，它将必须以一个整体单位的形式一下子出现，这样自然选择才有用武之地。

即使一个系统具有不可简化的复杂性（于是因此无法直接形成），我们还是不能排除通过间接、迂回路径进化的可能性。虽然，随着某个交互系统复杂性的不断增加，这样一种间接进化的可能性大幅下降。并且，由于无法解释的不可简化的复杂性生物系统的数量不断增加，我们对于达尔文学说已经达到了科学所能容忍的崩塌标准的极限这一点充满了信心。

总体看来，我们会忍不住想象，不可简化的复杂性只是需要多个突变同时发生——进化本身也许比我们所想象的更加充满偶然性，而且这种可能性是仍然存在的。这样一种"一切全凭运气"的想法无可厚非。但是，它是一个空虚的论据。我们还不如说，我们现在生活的世界就是在昨天才突然偶然地形成了，幸运的是，它具有一切我们现在所看到的特性。运气只是形而上学的推测；科学的解释注重探寻因果关系。人们几乎普遍认为，这种突然降临的情况和达尔文提出的渐进主义（gradualism）是不可调和的。理查德·道金斯对这一问题做出了非常详细的解释：

> 事实上，进化很可能不一定总是渐进发生的。但是当我们使用进化论来解释像眼睛这样复杂、设计精巧的物体时，我们必须将它看做是渐进发生的。因为如果不是这样的话，进化论就无法解释这一切。如果不用渐进进化来解释这种复杂精巧的物体，我们就只能寄望于发生自然界奇迹，而这种说法就等同于根本无法给出解释。

为什么会这样呢？答案就在于变异的性质。

在生物化学中，变异指的是 DNA 的变化。只有生殖细胞的 DNA 内发生的变化才能遗传下去。当 DNA 中的单个核苷酸（核苷酸是 DNA 的"建筑砖块"）变成另一个完全不同的核苷酸，这就是最简单的变异。换句话说，在细胞分裂期间，当 DNA 在进行复制时，单个核苷酸可能会包含进去也可能被遗漏。但是有时，整个 DNA 区域，几千个甚至几百万个核苷酸会被意外地删除或被复制。这算是一个单个变异，因为它是一次性发生的单个事件。通常单个变异充其量不过是引起生物个体的某个细微变化，即使这种变化会对我们造成巨大的影响。例如，有一种著名的变异叫做触角足突变现象（antennapedia）。科学家可以在实验室中让果蝇发生这种变异：可怜的变异果蝇头上长出的不是触角而是腿。虽然我们会对此大吃一惊，认为这是一个巨大的变化，其实并非如此。长在它头上的腿的确是标准的果蝇腿，只不过长错了地方。

这里可以使用一种类比：以一系列分步指令为例，把说明书中某一句话的变化看做是一个变异。因此，在一个变异的情况下，我们不说"拿起一个 1/4 英寸的螺母"，而是说"拿起一个 3/8 英寸的螺母"。或者，我们不说"将圆形钉插入圆孔"，我们可能会说"将圆形钉插入方孔"。或者，我们不说"将座椅安放在机器的顶部"，我们可能会说"将座椅安到把手上"（但是只有在螺母和螺栓可以附着到把手上时，我们才能完成这个指令）。单个变异无法做到的就是一下子改变整个说明书，例如，将传真机说明书全部改成收音机说明书。

因此，让我们回到投弹手甲虫和人类眼睛的话题上来，问题是：这些为数众多的解剖变化是否能用许多的细微突变来加以解释。令人沮丧的是，答案就是"我们不知道"。投弹手甲虫的防御器官和人类这种脊椎动物的眼睛包含如此多的分子部件（大概数以万计不同类型的分子以不同的顺序排列），以至于要把它们罗列出来或是推断到底是什么样的变异导致了这些分子的产生，在目前来说是不可能的。太多的螺母和螺栓（以及螺钉、马达部件、车把手等等）没能得到解释。对于我们而言，就达尔文进化论是否能产生这种大型构造进行的辩论，就像是19世纪的科学家们在辩论细胞是否能够自发产生一样。这种辩论是不会有结果的。因为现在人们还没有掌握所有的相关构成部分。

然而，我们也不应该就此放弃我们的观点；每个过去的时代，都存在着许多人们很感兴趣但又无法回答的问题。而且，即便是我们还无法解答人类眼睛进化或投弹手甲虫进化的问题，也不代表我们不能对达尔文主义有关某些生物结构的观点进行分析。当我们从一只完整的动物（例如甲虫）或一个完整的器官（例如一只眼睛）的层面进入到分子水平后，那么在很多情形下我们可以对进化作出一个判断，因为许多离散分子系统的所有组成部分是已知的。在接下来的5章中，我们将会遇见一些类似的系统，并给出我们的判断。

现在，让我们再回到不可简化的复杂性这一概念上来。目前，在我们的讨论中，不可简化的复杂性只是一个术语。它的定义决定它的效力。我们必须弄清楚，我们如何能识别出一个不可简化的复杂性系统。考虑到变异的特性，我们怎样才能确定某个生物系统具有不可简化的复杂性呢？

要想确定不可简化的复杂性，第一步就要弄清楚系统的功能和系统所有的构成部分。一个不可简化的复杂性物体包括几个部分，这几个部分全都有助于系统实现它的功能。为了避开某些极为复杂的物体（例如眼睛、甲虫或其他的多细胞生物系统），我将从一个简单的机械装置开始，那就是简陋的捕鼠器。

捕鼠器的作用就是让老鼠丧失活动能力，免得它乱咬面粉袋、电缆线或在某些隐蔽的角落留下一些令人不快的痕迹。我家里用的捕鼠器包括以下部件（图2-2）：（1）一个充当基座的扁平木制平台；（2）一个金属锤，起到压死小老鼠的关键作用；（3）一根两端可以拉长的弹簧，当老鼠被捉到的时候可以帮助固定平台和金属锤；（4）一个敏感的卡子，稍加施压就可以弹出；（5）一个与卡子相连接的金属挡棒，当老鼠被捉到的时候可以挡住金属锤。（还有配套的钩环可以将整个系统固定在一起。）

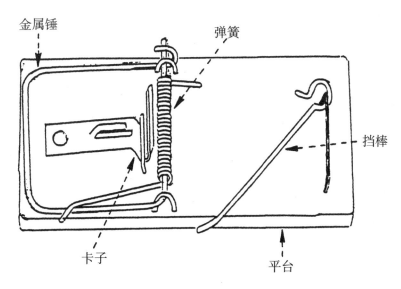

图2-2 家用捕鼠器

　　要想确定一个系统是否具有不可简化的复杂性，第二步就要弄清楚，是否一定要具备所有的组件才能发挥系统的功能。在这个例子中，答案很显然是肯定的。假设，某天晚上，你正在看书的时候，听到厨房传来老鼠轻微的活动声，你打开工具箱，取出一个捕鼠器。不幸的是，由于出厂时存在质量缺陷，捕鼠器少了以上提到过的某一个部件。少了某个部件你还能抓到老鼠吗？如果少了木板基座，其他部件就没有平台固定了。如果少了金属锤，那么老鼠就可以在木制平台上通宵达旦地跳舞，而不是被压在木制平台上动弹不得。如果没有弹簧，金属锤和木制平台只能松散地靠在一起，老鼠仍然肆无忌惮。如果没有卡子或金属挡棒，那么你一松手，弹簧就会导致金属锤迅速落下。这样的话，你要想抓住老鼠，就得拿着张开的捕鼠器跟在它后面四处追赶。

　　如果一个系统具有不可简化的复杂性，在此之前就不会有一个功能与它相似的前身存在。为了充分感受这个结论的正确性，我们必须将**物理**的前身和**概念**上的前身区分开来。上面描述的捕鼠器不是能抓住老鼠的唯一工具。以前我们家还用过一种粘鼠板。最起码，在理论上我们也可以用一根棍子将一只箱子的开口支起来，棍子倒下来的时候箱子口闭上，这样来抓住老鼠。或者，我们可以简单地用一支 BB 枪来射杀老鼠（填装圆形塑料子弹的气枪，子弹叫 BB 弹）。然而，这些工具都不是标准捕鼠器的物理前身，因为它们不能像达尔文进化论所描述的那样一步步进化成具有木制底座、金属锤、弹簧、卡子和挡棒的捕鼠器。

为了清楚这一点，思考一下以下物体的排序：滑板、玩具货车、自行车、摩托车、汽车、飞机、喷气式飞机、航天飞机。看起来它们似乎像是一个自然的进程，因为这一系列的物体都可以用于运输，同时还因为它们的顺序是根据复杂程度依次递增的。它们在概念上具有相通性，可以组成一个单独的连续体。但是，比方说，自行车是不是摩托车的物理前身呢？（从达尔文进化论的角度来看的）不是。它只是一个**概念上**的前身。在历史上还没有哪一辆（即便是第一辆）摩托车是通过对自行车进行一步步的改造而进化来的。很可能有这样一种情形，在某个星期六的下午，一个少年用一辆旧自行车、一台旧割草机的发动机和一些备用零件，花了几个小时的工夫，为他自己造出了一辆可以发动的摩托车。但是，这只能表明，人类可以设计出不可简化的复杂性系统，这一点我们已经知道了。在达尔文的理论看来，只有当摩托车可以通过对自行车进行"无数的、连续的、细微的改进"来生产时，才能说自行车是摩托车的物理前身。

因此，我们不妨试着来通过对一辆自行车的"突变渐进积累"使它变成一辆摩托车。假设一个工厂生产自行车，但是有时候在生产过程中会出现一些错误。让我们进一步假设这个错误会导致自行车得到改进。那么买到这辆自行车的那个幸运人，他的朋友和邻居也会想要类似的自行车，因此工厂就会改进装备，以便能不断生产出具有该特性的自行车。因此，就像生物变异一样，成功的机械变异可以得到复制和传播。然而，如果我们要想将这种类比与生物学联系起来，每一次的变化只能是对先前存在的组件的细微改进、重复或重组。并且这种变化必须能够提高自行车的性能。因此，如果工厂错误地将螺母的尺寸增大或将螺栓的直径减小，或是在前轴上添加一个轮子，或是去掉后轮，或是在车把手上放一个踏板，或是加装一个车轮辐条，并且如果这些细微变化中的任意一个确实提高了自行车的性能，那么这种改进将很快地引起购买者的注意，并且这种经过改进的自行车将（从达尔文学说的观点来看）占领市场。

在这些情况下，我们就可以把一辆自行车进化成一辆摩托车了吗？我们可以一点一点地让座位更加舒适，让轮子更大，并且甚至（设想我们的客户更为喜欢"骑摩托车"的形象）以不同的方式来根据其他的造型加以模仿。但是摩托车的能量来自于燃料，而且自行车没有哪个地方经过适当的修改可以变成油箱。自行车的哪个部分可以得到复制以造出一个电动机吗？即使某次侥幸的意外事件使得相邻工厂的一台割草机的发动机进入了自行车工厂，这台电动机确信无疑将被安装到自行车上，并且通过一种恰当的方式连接到传动链。那么，自行车自身的部件怎么可能一步步地做到这一点呢？通过自然选择对变异的作用，即通过"无数的、连续的、细微的改进"的方式，生产自行车的工厂根本无法生产摩托车。事实上，在历史上，还没有哪个产品以这种方式发生过如此复杂的变化。

因此，自行车可能是摩托车的概念前身，但它不是一个物理前身。达尔文进化论要求的是物理前身。

〔子黑匣〕最基本功能

不可简化的复杂性对渐进进化论构成了挑战，迄今为止，我们一直在研究这个问题。但是，达尔文还面临着另外一个难题。我在前面列举的一个具有不可简化的复杂性的捕鼠器所必须包括的要素实际上过于宽泛了，因为就算某个装置带有这几个要素，也几乎没法发挥作用。例如，如果底座是纸做的，那么捕鼠器就会彻底散架。如果金属锤太重，就会绷断弹簧。如果弹簧太松弛，就不能带动金属锤。如果挡棒过短，就插不上卡子。如果卡子太大，就不能在正确的时间点放开。一组简单的组件是制作捕鼠器所必需的，但并不能保证它一定会发挥作用。

为了能在自然选择中胜出，系统必须具备**最基本的功能**（*minimal function*）：在物理现实情况中完成一项任务的能力。由不合适的材料构成的捕鼠器不能满足最基本功能的条件，但即使是复杂的机器在完成它们的使命与任务时也不见得能够发挥多大作用。为了说明这一点，假设世界上第一台外置马达得到设计生产并推向市场。马达运转正常——以一个规定的速度来燃烧汽油，沿着轮轴传送动力，并转动推进器——推进器每小时只旋转一次。这是一个给人留下深刻印象的技术成就；毕竟，在紧挨着推进器旁边的某个瓦罐中燃烧汽油是不能让推进器旋转起来的。尽管如此，几乎没有人会购买这种机器，因为它的性能不能达到它的设计目的。

只需基于以下两个理由之一，就可以认定性能不符合要求。第一个理由就是这台机器不能完成工作。一对夫妻在湖中的一条船上钓鱼，如果船上安装的是一个缓慢旋转的推进器，那么船就无法到达船坞：水流和风向将使他们的船偏离航向。第二个理由是它的性能可能不符合要求，使用简单的方法就能实现比它更高的效率。如果人们使用风帆就可以让船达到足够快甚至更快的速度，没有人会使用一台无效的外置马达。

　　与不可简化的复杂性（我们可以列举其中分离的部件）不同的是，最基本的功能有时候很难得到定义。如果每小时旋转一次对于一台外置马达来说远远不够，那么一百次呢？或者一千次？尽管如此，最基本功能在生物结构的进化过程中是决定性的。例如，捕食者可以忍受的对苯二酚的最小量是多少？溶液的温度升高到什么程度才能引起它的注意？如果捕食者注意不到对苯二酚或是溶液温度的一丁点儿变化，那么我们的道金斯教授所讲述的投弹手甲虫的进化故事就如同那头试图跳上月亮的奶牛一样荒谬可笑。不可简化的复杂性系统是横跨在达尔文进化论面前的一个很难跨越的障碍，而具备最基本功能的这一要求又极大地加剧了这种困境。

子黑匣 螺母和螺栓

　　生物化学已经证明，细胞数量多于一个的任何生物器官（例如某个器官或组织）必然是一个错综复杂的网络，包含许多有惊人复杂性的、各不相同的、可以识别的系统。这种"最简单的"自给自足、可以复制的细胞具有产生数以千计的不同蛋白质及其他分子的能力，取决于不同的时期和不同的条件。合成、降解、能量产生、复制、细胞结构的维护、移动、调控、修复、传递信息，所有这些功能实际上在每个细胞内都在发生着，并且各个功能本身需要无数构成部分的相互作用。因为每个细胞都是这种由多个系统相互交织组成的复杂网络，我们如果再询问多细胞结构是否能像达尔文理论描述的那样渐进地进化，那就会犯和弗朗西斯·希契一样的错误。那就像是不去询问自行车能否进化成摩托车，而是询问自行车工厂能否发展成摩托车工厂！进化并不是发生在工厂层面上，而是发生在螺母和螺栓的层面上。

　　道金斯和希契的争论没有结果，因为他们从未讨论过他们所争论的系统到底包含了什么。不仅眼睛是极其复杂的，而且道金斯所强调的"感光点"本身就是一个多细胞器官。这些细胞中的每一个细胞的复杂性都会让摩托车或电视机相形见绌。不仅是投弹手甲虫的防御器官取决于一些相互作用的组件，而且产生对苯二酚和过氧化氢的细胞也要依赖于巨量的构成部分才能完成这项功能；分泌催化酶的细胞极为复杂；将储囊从爆炸室分离开来的括约肌也是一个由多个系统组成的系统。因此，希契关于投弹手甲虫所具有的了不起的复杂性的这一论断很容易就偏向一些枝节问题，而道金斯的回答也无法让我们了解更多的细节。

与生物器官相反，对简单的机械物体的分析相对简单。我们很快就能说明捕鼠器具有不可简化的复杂性，因此我们能得出结论：我们已经知道捕鼠器是一个完整的系统。我们已经知道，摩托车不是通过对自行车进行细小、连续的改进在无意中制造出来的，并且经过分析，我们很快就能明白也不可能做到这一点。机械物体不能像生物系统一样进行复制和变异，但是通过用一个虚拟的工厂来做类比，我们能够明白变异和复制不是机械物体不能发生进化的主要障碍。而是结构-功能关系这一要求本身才是达尔文式进化的拦路虎。

对机器的分析相对简单，因为无论是它们的功能还是各个部件（每个螺母和螺栓）都是已知的，并且可以列举出来。那么，很容易就能知道某个既定的部件是否是系统发挥功能所必需的。如果某个系统需要几个密切匹配的部件才能发挥功能，那么它就具有不可简化的复杂性，并且我们能够得出结论，它是作为一个有机的整体而产生的。基本上，生物系统也可以用这样的方式进行分析，但前提是我们已经弄清楚了系统的各个部分和系统的功能。

在过去的几十年中，现代生物化学已经对一些生物化学系统的所有或大多数构成部分进行了阐明。在接下来的5章中，我将讨论其中的一些系统。在第3章中，我会谈到一个令人着迷的叫做"纤毛"结构，细胞通过它来游动。在第4章中，我将谈到当你割破手指的时候，会发生什么现象。我会让你明白，看似简单的血液凝固实际上具有不为人知的复杂的一面。然后在第5章，我将谈到细胞是如何将材料从一个亚细胞隔室运送到另一个隔室的，其中牵涉到许多问题，这些问题在联邦快递公司交付货物时也会遇到。在第6章中，我会与你讨论自我防御术——当然是细胞水平上的。在第7章中，我会举出最后一个生物化学方面的例子，看看细胞为制造其"建筑砖块"所必需的复杂系统。在各个章节中我都会讨论到，我们所提到的系统是否能按照达尔文的方式渐进发展，以及科学界对这种系统可能发生的进化所持有的看法。

我已经尽力让含有很多例子的第二部分的 5 章内容简单易懂、让人愉快。我不会讨论一些生物化学专业领域独有的深奥概念。在下面的内容里不会出现比"黏结"或"切割"这些概念更复杂的东西了。尽管如此，就像我已经在前言中提到的那样，要想欣赏到复杂性之美，你首先必须有所体验。我所讨论的系统之所以复杂，是因为它们包含了许多构成部分。然而，在本书结尾时不会有测试题目。所给出的详细说明只是为了让你对系统的复杂性有所认识，而不是为了测试你的记忆力。一些读者可能想要从头到尾地刨根问底；一些读者可能先只是蜻蜓点水，等读到更多的细节后再回过头来细看。

我为本书内容的复杂性预先向各位读者表示歉意，但是我想表达的观点本身就具有内在的复杂性。理查德·道金斯可以随心所欲地简化他的观点，因为他想要让读者相信，达尔文的进化论让人"如沐春风"。然而，为了理解达尔文的进化论所遇到的困难，我们必须啃下复杂性这块硬骨头。

PART II

EXAMINING THE CONTENTS
OF THE BOX

第二部分

考查匣子里的内容

第3章 划呀划，划你的船

黑匣子 蛋白质

可能这种说法听起来比较奇怪，但现代生物化学已经表明，细胞确实是由机器——分子机器——来控制的。就像其他人造的机器一样（如捕鼠器、自行车和航天飞机），分子机器的涵盖范围从非常简单的到极为复杂的一系列事物。例如，肌肉中的动力机器，神经中的电子机器，光合作用中的太阳能机器。当然，分子机器主要是由蛋白质构成的，而不是金属和塑料。在本章里，我将讨论可以让细胞进行游泳的分子机器，你将看到需要具备哪些要素才能发生这种现象。

我们首先要了解一些细节。为了了解构成生命基础的分子，我们必须知道蛋白质是如何运转的。如果想要了解所有的具体细节，包括蛋白质是如何产生的、它们的结构如何能帮助它们更有效地运转等等，我们就需要从图书馆借一本生物化学的入门教科书来看看。如果只是想要了解其中的一部分细节，例如氨基酸的形状以及蛋白质的结构层次，我在附录中列举了有关蛋白质和核酸的一些读物。然而，就目前我们所讨论的范围而言，对这些奇特的生物化学现象有个大概的了解就可以了。

大多数人将蛋白质看做是一种食物。然而，在某个活着的动物或植物体内，它们发挥着极为重要的作用。蛋白质就是生命组织内部的机器，它构建了生命结构，进行着生命必需的化学反应。例如，要想将糖中的能量收集起来，并将它变成一种身体能够吸收的形式，首先就必须通过一种叫做"己糖激酶"的具有催化作用的蛋白质（称为酶，也称酵素）来进行；皮肤主要是由一种叫做胶原蛋白的蛋白质构成；当光线照射到你的视网膜上，一种叫做视紫红质的蛋白质就能帮助我们获得影像。即便是我们在这里举出的例子数量非常有限，你也可以从中发现蛋白质具有极为广泛的用途。尽管如此，某种既定的蛋白质只有一种或几种用途：视紫红质无法形成皮肤，胶原蛋白无法与光线发生相互作用。因此，单个细胞就包含有成千上万的各种蛋白质，以便能完成生命所需要进行的各种任务。

通过化学作用将多个氨基酸钩连成一条链，就形成了蛋白质。一般蛋白链包含 50 个至 1 000 个不等的氨基酸连接。链条上的各个位置都由 20 种不同的氨基酸中的一种占据。这里的氨基酸就像是单词，长度不尽相同，但都是由 26 个字母中的几个组成的。事实上，生物化学家常常用单个字母缩写来指代各种氨基酸，如 G 代表甘氨酸，S 代表丝氨酸，H 代表组氨酸。不同种类的氨基酸具有不同的形状和不同的化学特性。例如，W（色氨酸）体积较大但 A（丙氨酸）体积较小，R（精氨酸）带有正电荷而 E（谷氨酸）带有负电荷，S（丝氨酸）较亲水但 I（异亮氨酸）较亲油，等等。

一说到链，你大概会想到一些非常柔韧的东西，而不会想到什么具体的形状。但是氨基酸链，换句话说就是蛋白质，却不是这样的。细胞内的蛋白质聚拢形成非常精密的结构，这种结构因蛋白质类型的不同而大相径庭。比如，带正电荷的氨基酸吸引了带负电荷的氨基酸，亲油性的氨基酸挤成一团将水排出，大体积的氨基酸从拥挤的小空间中被挤出来，如此这般后聚拢过程就自动完成了。两种不同的氨基酸序列（也就是两种不同的蛋白质）能够聚拢成不同的结构，这两种结构之间的区别可以像活动扳手和竖锯之间的差别那么大。

正是蛋白质的折叠形状和各种氨基酸的精确定位，才能让蛋白质发挥作用（如图 3-1 所示）。例如，如果一个蛋白质要和另一个蛋白质结合，那么它们两者的形状必须彼此适合，就像手和手套的关系一样。如果第一个蛋白质中有一个带正电荷的氨基酸，那么第二个蛋白质最好有一个带负电荷的氨基酸。要不然，这两个蛋白质就无法结合在一起。如果某个蛋白质的作用是催化某个化学反应，那么这个酶的形状通常要和它将要催化的化学物质的形状相匹配。当它们结合在一起的时候，酶对氨基酸进行精确定位，才能引起化学反应的产生。如果扳手或竖锯弯了，那么这件工具就无法使用了。同样，如果蛋白质的形状扭曲了，也就无法完成它的任务。

40 多年前，科学家们开始研究蛋白质的结构，这也标志着现代生物化

图3-1 蛋白质结合示意图

（上图）两个蛋白质以独特的方式结合，两者的形状非常匹配。

（下图）为了催化某个化学反应，酶将氨基酸群放置在将与它结合的化学物质的附近。剪刀代表蛋白质上的氨基酸群，它们将以化学的方式切开某个特定的分子（浅颜色形状代表分子）。

学的开端。从那时起，科学研究已经取得了极大的进步，人们了解了特殊的蛋白质是如何进行特殊的任务。通常，细胞的工作需要成群的蛋白质发挥作用；群内的蛋白质各自承担着任务的某一部分。为了简单起见，在本书中我将着重讨论蛋白质群。现在，还是让我们去"游泳"吧。

子黑匣 游泳去

假设，夏日的某一天，你想锻炼一下身体，就独自一人走向附近的一个游泳池。在涂上厚厚的一层防晒霜后，你躺在毛巾上，阅读着最新一期的《核酸研究》（*Nucleic Acids Research*），等待着成人游泳时段的到来。终于，笛声响起。精力过度旺盛的年轻人们离开了游泳池，你战战兢兢地将脚伸到水中，慢慢地、痛苦地将整个身体沉入冰冷的水中。因为你没有什么炫耀的资本，你不会炮弹出膛般速游或表演跳板花式跳水，更不会和比你年轻点的人一起玩水上排球。你只能来来回回地在游泳池中游动着。

从身体侧面将右臂抬过头，再插入水中，就完成了一次划水。在划水过程中，神经脉冲从大脑传导至右臂肌肉，刺激肌肉依照某个特定的顺序进行收缩。收缩肌群对骨头形成一个反向的拖动力，导致肱骨上升和旋转。同时其他的肌肉挤压你的指骨使其握拢，这样手就可以形成一个聚拢的杯形。神经脉冲不断地刺激其他的肌肉放松和收缩，以不同的方式带动桡骨和尺骨，使手向下伸入水中。手和臂对水形成推动力驱使你不断向前。

在上述动作完成大约一半时，一个相同的循环开始了。这次轮到左臂的肌肉和骨头了。同时，神经脉冲到达腿部的肌肉，引起肌肉有节奏地收缩和放松，进而上下拉动股骨。但是，在以每小时2英里（3.22公里）的惊人速度穿过池水时，你注意到自己的思维变得有些困难，你的肺部有种灼烧感。并且，尽管你的眼睛是睁开的，眼前的世界却开始变暗。啊，确实如此！你忘了呼吸。据说福特总统不能同时走路和嚼口香糖。你发现在游泳时，头要转向水面然后复位，这很难和其他身体动作协调起来。在没有氧气以供代谢的情况下，你的大脑开始停止运转，使神经脉冲无法到达身体的其他部位。

如果你在水中昏迷，就会被某个"X一代"的救生员救起。为了避免发生这种丢脸的事情，你停了下来，站在4英尺（1.22米）深的水中，这才发现你离岸边只有大约20英尺（6.1米）的距离。为了解决呼吸问题，你决定采用仰泳的姿势。仰泳所涉及的肌肉和自由泳的大致相同，并且你还可以呼吸，也不用担心颈部肌肉和其他肌肉的协调问题。但是，现在你看不见前进的方向了。于是你不可避免地偏离了方向，和一群正在举行水上排球比赛的人挨得太近，结果头上误中了一记"高球扣杀"。

虽然这些排球运动员向你道了歉，你还是决定离他们远点。于是你开始在游泳池的深水区简单踩踩水。踩水需要运用到你的腿部肌肉，这正是你想要的运动。它对呼吸的要求也不高，也能让你看得清楚。然而，几分钟之后，你的腿开始抽筋。在你肌肉松弛的四肢深处，你那些平常很少活动到的肌肉只储存了仅够运动一会儿的能量，紧接着就需要休息好长一会儿才能恢复。在这种不同寻常的锻炼中，它们所存储的能量很快就消耗完了，不能继续发挥作用。神经脉冲疯狂地试图刺激起游泳所需的肢体运动，但是由于肌肉的功能失常，你的双腿就像一个弹簧断了的捕鼠器一样毫无用处。

你放松下来，静静地待在水中。幸运的是，你腰部占了身体的大部分区域，腰部的密度比水要小，因此你仍然浮在水面上。在水中漂浮一两分钟之后，抽筋的腿部肌肉得到放松。接下来，你在深水区安静地漂浮着，直到成人游泳时段结束。这个运动量并不大，但至少让你觉得有趣。然后哨声再次响起，一大群嘻嘻哈哈的小孩子跳进来，将你挤出游泳池。

子黑匣 游泳的必要条件

这个社区游泳池"场景"描述了游泳所需要的条件。它也表明，可以通过在基本的游泳器材上添加辅助系统来提高效率。让我们从最后一幕开始，只要物体的密度小于水就可以在水上漂浮，并不需要任何动作。能够漂浮，也就是在没有主动活动的情况下保持身体的某一部分露出水面，肯定是有用的。然而，因为漂浮者只是随着水流而漂动，所以会漂浮和会游泳是两码事。

测向系统（例如视力）同样有助于游泳。然而，这和会游泳也不一样。在刚才的故事中，你可以仰泳一会儿，然后再前进穿过水面。最终，由于你无法感觉到周围的环境，可能导致发生事故。然而，无论是睁着眼睛还是闭上眼睛，我们都可以游泳。

游泳显然需要能量。抽筋导致肌肉痉挛无力，很快整个系统就会瘫痪。但是你在氧气耗尽之前已经游了 20 英尺（6.1 米），然后在踩了一小会儿水之后才开始抽筋。因此，虽然能量储备系统的规模和效率的确会影响游泳者可以到达的距离，但它们并不是游泳系统自身的组成部分。

现在让我们来看看游泳在机械方面的要求。你手脚并用，接触并推动水面，这样你的身体才会朝着相反的方向移动。如果没有四肢或是其他一些替代物，游泳是无法进行的。因此我们能够得出结论，游泳的第一个必要条件就是划桨。第二个必要条件是至少具备足够的燃料来运转几个回合的马达或电源。在人类器官的层面上，交替收缩和放松的腿部或臂部肌肉就充当了马达。如果肌肉变得无力，马达就会失去效力，游泳就无法进行。第三个必要条件就是马达和划桨表面的连接。就人体而言，肌肉所附着的那块骨头就是这个连接。如果肌肉和骨头分开，肌肉仍然能够收缩，但是却带动不了骨头，因此也无法游动。

很容易就能找到游泳系统在机械方面的例子。我的小女儿有一条玩具"发条鱼"，鱼的尾巴会扭动，推动鱼身在澡盆里笨拙地前进。玩具鱼的尾巴就相当于桨面，拧紧的弹簧就是动力来源，一根连接杆负责传送能量。如果某个部件，比如桨、马达或者连接杆不见了，那么鱼就哪儿也去不了。就像缺少了弹簧的捕鼠器，没有桨、马达或连接杆的游泳系统具有致命的缺陷。因为游泳系统需要几个部件才能开始运作，因此它具有不可简化的复杂性。

请记住，我们现在讨论的只是所有游泳系统的通用部件，即使是最原始的游泳系统也包括这些部件。除此之外，通常还会有一些别的部件。例如，我小女儿的玩具鱼除了尾巴、弹簧和连接杆外，还有几个齿轮负责将动力从连接杆传送到尾巴。螺旋桨驱动的船有着各式各样的齿轮和连接杆，可改变马达的能量传送方向，直到它最终被传送到推进器。游泳者的眼睛不包括在游泳系统中，与此不同的是，这种附加的齿轮实际上是系统的组成部分。将它们拿掉后，整个装置就会无法运转。当一个现实系统具备的组成部分超过了理论组成部分的最低数量时，你应该检查检查，看看多出来的部件是否都是系统运转所必需的。

还需要些什么

将部件简单列一个表就可以说明最少需要具备哪些必要条件。在上一章里，我们讨论过，即使是某个捕鼠器具有所有必要的部件：金属锤、底座、弹簧、卡子和金属挡棒，它仍然可能无法发挥作用。比如说，如果金属挡棒太短或弹簧的弹力太轻，这个捕鼠器就没法逮住老鼠。同样，游泳系统的组成部分必须相互匹配才能至少发挥最基本的功能。桨是必需的，可是如果它的桨面太小，那么船在某个特定的时间内所能前进的距离也非常有限。相反，如果桨面太大，连接杆或马达可能在移动时绷得过紧以至于坏掉。马达必须具有足够的动力才能移动船桨。同时还需要对马达加以调节，让它以某个合适的速度来工作。太慢的话，船在水中的前进就不明显；太快的话，连接杆或桨就可能会折断。

而且，即使我们具备了游泳系统必需的所有部件，并且即使这些部件的尺寸和强度都正好合适，而且互相匹配，我们仍然需要其他的条件。对桨划水的速度和方向加以控制也是一个必需条件，比起螺旋桨动力船的例子来说，这一点在人游泳的例子里体现得更为明显。当不会游泳的人跌落水中时，徒劳地手脚并用却没有一点用处，还不如简单地漂浮在水上。即便是初学游泳的人，比如我的大女儿，才刚开始学划水，要不是我这个爸爸托着她，她会很快地沉入水中。她的每一次划水动作都很到位，但是时间节点不对，她无法让自己保持在与水面平行的位置，并且她的头始终要露在外面。

机械系统好像就没有这些问题。船不会拼命地转动螺旋桨，螺旋桨动力船划水的时间节点和方向从一开始就是流畅而规律的。但是，这个论据是靠不住的。这些看似不费力气的本领，实际上蕴藏在船的桨轮、转子和马达的形状和连接性里。想象一艘汽船的桨板不是围绕着环形间隔框架整齐地排列着。假设桨板安装的角度七歪八斜，转子一会儿往前一会儿往后，一会儿又向两侧转。那么这艘船就无法横穿密西西比河，船上的人也无法欣赏到两岸的旖旎风光，而是漫无目的、晃晃悠悠地顺流漂向墨西哥湾。如果推进器的叶片安放的角度毫无规律，虽然它还是能搅动水，却无法让船驶向任何一个既定的方向。机械系统似乎能够很轻松地通过船桨的划动来推动船的前进，实际上这其中的难度丝毫不逊于一个非专业游泳选手所遇到的问题。负责系统设计的工程师通过精心的设计使它具备了"游泳"的能力，在正确的节点将水向正确的方向推动。

在铁面无私的大自然世界里，一个生物体白费力气地在水中拼命挣扎，而另一个生物体在旁边安静地漂浮着，前者较之后者毫无优势。细胞会游泳吗？如果会，它们使用的是什么游泳系统？它们是否就像密西西比河上行驶的汽船一样，具有不可简化的复杂性？它们有可能渐进进化吗？

子黑匣 纤毛

有些细胞靠纤毛来游动。打个简单的比方，纤毛就是一种看起来很像头发的构造，像鞭子一样不断拍击。如果带有纤毛的细胞能够自由地在液体中游来游去，就像船是靠桨来划动的一样，细胞也是靠纤毛来游动的。如果细胞被堵在了其他细胞中间，不断摆动的纤毛就可以将静止不动的细胞表面的液体移开。在自然界中，纤毛发挥着两个作用。例如，精子靠纤毛来游动。相反，呼吸道中那些静止不动的细胞每个都有几千根纤毛。大量的纤毛同时摆动，很像古罗马时代的奴隶们用力划桨来移动大船一样，将分泌的黏液往上推到喉咙然后吐出。这种动作还可以用来排出人意外吸入并卡在黏液中的微小异物，比如烟灰。

人们使用光学显微镜能够看到某些细胞上带有稀疏的细毛，但是直到人们发明了电子显微镜，才开始对纤毛这种微小的结构有了更详细的研究。通过这种仪器，人们了解到纤毛是一种相当复杂的构造。我将在下面几页中讨论纤毛的结构。如果读者随时参照图 3-2，或许大部分人能够很好地理解我们要讨论的内容。

纤毛包括一个带有膜层的纤维束。纤毛的膜（将它想象成一种塑料套）是由细胞膜派生出来的。因此纤毛的内部和细胞的内部是相连接的。将纤毛横切开，通过电子显微镜对断面进行检查，你会发现纤毛的外缘围绕有 9 根杆状构造。我们把这种杆称为微管（microtubules）。如果仔细研究微管的高清图，就能发现每一根微管实际上由两个融合在一起的环构成。进一步观察表明，其中的一个环由 13 条轴丝（individual strands）构成。另一个环由 10 条轴丝构成，它和第一个环连接在一起。简而言之，纤毛外缘 9 根微管中的每一根微管都是由一个 10 条轴丝组成的环和另一个由 13 条轴丝组成的环连接在一起而形成的。

生物化学实验表明，微管由微管蛋白组成。在细胞中，微管蛋白

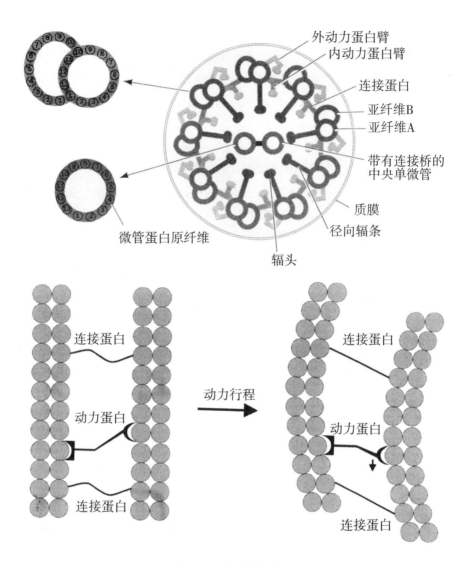

图 3-2　纤毛的结构

（上图）在纤毛的横截面上可以看到：外围的微管是连接在一起的两个环状结构，中央微管是单个环状结构，以及连接蛋白质和动力蛋白。
（下图）动力蛋白沿着一个相邻的微管向上"走动"引起的滑动运动被转化成灵活的连接蛋白的弯曲运动。

分子就像砖块一样聚集在一起形成一个烟囱样的圆柱体。纤毛外缘的9根杆全部都是微管，每一根杆都像是由微管蛋白"砖块"形成的两个融合在一起的烟囱。通过电子显微镜拍摄图像也可以看到（图3-2上图），纤毛中央还有两根杆，它们也是微管。然而，它们并不像融合在一起的两个烟囱，而是分开的，每根杆都由13条微管蛋白轴丝构成。

当细胞内的条件合适时（例如，当温度在某个限值范围内，并且钙离子浓度正好合适），组成烟囱的"砖块"——微管蛋白会自动聚集起来形成微管。将微管蛋白聚集到一起的力量与将单个蛋白质聚合成一个紧凑形状的力量非常相似。就像亲油性的氨基酸挤压到一起将水排出去一样，正电荷也会吸引负电荷，诸如此类。一个微管蛋白分子的一端和另一个微管蛋白分子的一端的表面是互补的，因此两个分子黏结在一起。接着第三个微管蛋白黏结在第二个分子的端部，第四个黏结在第三个的端部，依此类推。打个比方，我们可以想象有一堆金枪鱼罐头。在我经常去购买金枪鱼罐头的那家杂货店，由于每个金枪鱼罐头的底部是斜角的，并且底部的直径和直角顶面的直径是一样的，将它们整齐地叠放在一起，即使轻轻地撞一下，也不会倒下来。

然而，如果将两个罐头顶对顶地放置，而不是顶对底，它们就不能稳稳当当地堆放在一起，轻轻碰一下可能就会倒下来。而且，如果某品牌的金枪鱼罐头的底部不是斜角的，它就无法稳固地叠放起来，因为它的罐体不具有互补的接触面。比起金枪鱼罐头的叠放来说，微管蛋白分子的结合方式更加精确。毕竟在细胞内部有着成千上万的各种各样的蛋白质，并且毫无疑问的是微管蛋白只能彼此相互结合，而不是随便和它附近的某个蛋白质结合。那么，也许我们应该把微管蛋白看做是一个金枪鱼罐头盒，它的顶部有10个像短针一样的凸起，底部则有10个凹穴，两者的位置正好精确匹配。现在这种金枪鱼罐头盒不能随意和其他型号的罐头盒叠放在一起。

现在让我们把金枪鱼这种比喻再深入一点，假设罐头盒的一侧也有几个凸起，在盒子的另一侧差不多的位置也有几个凹穴，这些凸起和凹穴是互补的。那么我们能够将这些盒子面对面地放在一起，因为孔的位置并不是十分吻合，当我们把更多的罐头堆在一起的时候，它们最后会绕成一个圈，组成一个闭合的环。将这些环一层层地叠加起来，最后我们（需要把我们的比喻全部组合起来）将得到一个结构，就像用金枪鱼罐头构成了一个烟囱似的圆环状结构。

尽管微管蛋白可以互相结合形成微管，但是微管一定要在其他蛋白质的帮助下才能彼此聚集在一起。对此有一个很好的解释：微管在细胞中具有一些功能。大多数的功能都需要单个的、未加联合的微管来完成。然而，更多的一些功能（包括纤毛运动），则需要成束的微管来完成。因为微管散落在各个地方，就像是"筷子夹物"大赛中的长竿一样，将它们束在一起也只是为了完成某个特殊的任务。

用电子显微镜为纤毛拍照，可以发现几个不同类型的连接器将单个的微管捆绑在一起（见图3-2）。在纤毛的中央，有一个蛋白质将两根独立的微管连接起来。同样，外围9根成对的微管中的每一对都有一个径向辐条伸向纤毛的中央。径向辐条的末端是一个叫做辐头的多节物质。最后，由连接蛋白将外围的9根成对微管中的每一对与毗邻的相互连接起来。

外围的每根微管还带有两个其他的凸起物，它们被称做外臂和内臂。生物化学分析表明，这些凸起含有一个叫做动力蛋白（dynein）的蛋白质。动力蛋白是一类称为马达蛋白的蛋白质，在细胞中就像一个很小的马达一样，为机械运动提供动力。□

子黑匣　纤毛是如何工作的

知道了某个复杂机器的构造并不意味着知道它的工作方式。我们可以打开汽车的防护罩，对着马达照相，直到挡路的牛群穿过公路回到农场，但是这些照片本身并不能让你明白不同的零件是如何起作用的。最终，为了弄清楚汽车到底是如何工作的，你必须将它拆散开来，并重新组装，中间多次停下来检查功能是否得到恢复。即使这样做也可能无法让你清楚地知道机器是如何运转的，但是你确实能够分辨出哪些部件是至关重要的。20世纪生物化学运用的基本策略就是将分子系统拆开，并试图将其组装回去。通过这种策略，人们已经对细胞的工作有了极为深刻的认识。

□ 这类实验为生物化学家提供了纤毛工作的某些线索。第一个线索来自于孤立的纤毛。由于大自然如此巧妙地安排，我们通过用力晃动试管就能将纤毛从细胞上分离开来。晃动使得纤毛利索地脱落下来，通过高速旋转纺丝液（导致大的重颗粒比小的轻颗粒要更快地沉积下来），我们可以得到一瓶纯纤毛的试管溶液。如果纤毛的薄膜层叠层被剥除，并对其施加一种叫做ATP（三磷酸腺苷）的化学态能量，它们将像鞭子一样击打。这个结果表明，给纤毛运动提供动力的"马达"就是纤毛自己，而不是来自已经与纤毛分离的细胞内部。第二个线索就是，如果（通过生物化学的手段）纤毛的动力蛋白臂被去除，但是纤毛的其余部分都完整无损，那么纤毛就会像僵尸般一动不动。用新鲜的动力蛋白补充到僵硬的纤毛中后，它就会恢复运动。因此，纤毛的动力来自于动力蛋白臂。

进一步的实验可以给我们更多启示。酶（又称为蛋白酶）可以吞噬其他蛋白质，将它们分解成氨基酸。如果向含有纤毛的溶液中短时间地加入少量蛋白酶，蛋白酶就会很快将纤毛结构边缘的连接蛋白的连接物切断。纤毛的其他部分则完整无损。蛋白酶能迅速地切断连接物的原因在于，与纤毛的其他蛋白质不同，连接蛋白的连接物不是紧紧地折叠在一起的。相反，它们只是松散、柔韧的链。正因为它们并不牢固，蛋白酶才能够像剪刀切割纸带一样迅速地切断它们。（蛋白酶切开紧紧折叠着的蛋白质的速度就像用剪刀剪开一本合起来的纸质图书那样慢。）

蛋白酶让生物化学家了解到在没有连接蛋白的连接物情况下纤毛是如何工作的。如果将连接物去掉又会发生什么呢？也许纤毛的工作不会受到任何影响，也许它会进入僵尸状态，就像之前的动力蛋白臂被去除时那样。事实上，这两种情况都没有发生。失去了连接物的纤毛出现了一些让人十分意外的现象。当向纤毛施加生物化学能量时，它不会弯曲，而是迅速散开。单个的微管开始彼此相互滑动过去，就像是无线电收音机拉开的伸缩式天线，天线的各个部分互相滑过一样。这些微管会一直滑动，直到纤毛的长度增长到差不多10倍。生物化学家根据这个结果得出结论，既然单个的微管还在滑动，那动力就仍然存在。他们还得出结论，在纤毛将要弯曲时，需要连接蛋白的连接物将它们连在一起。

这些线索可以帮助我们建立一个揭示纤毛工作方式的模型（见图

3-2）。想象将一些金枪鱼罐头盒子紧紧地码放在一起构成的几个烟囱的形状。金枪鱼罐头盒子"烟囱"通过松散的绳子连接在一起。烟囱上附着了一个小马达，马达上有一个臂伸出来拉住相临"烟囱"中的某只金枪鱼罐头盒子。马达臂将第二个"烟囱"向下推，使得它滑过第一个"烟囱"。当"烟囱"相互滑过时，松弛的绳子开始绷紧。由于马达臂的不断推动，来自绳子的拉力导致"烟囱"弯曲。因而滑动运动已经变成了弯曲运动。现在，让我们用生物化学的专门名词来解释这个现象。一根微管上的动力蛋白臂附着在相邻的另一根微管上，动力蛋白运用 ATP（三磷酸腺苷）生物能来"滑过"这根临近的微管。这时，两根微管开始互相滑过。如果没有连接蛋白，它们的滑动将一直进行下去，直到它们分开。然而，蛋白质之间的交叉连接可以防止相邻微管之间的距离拉开太远。当柔韧的连接蛋白的连接物被拉长到极限时，动力蛋白的继续滑动导致微管上的连接蛋白的连接物猛然拉紧，并且随着动力蛋白的不断滑动而变得越来越紧。幸运的是，微管具有一定的柔韧性，因此动力蛋白引起的滑动运动被转化成一种弯曲运动。❑

现在让我们坐下来，审视一下纤毛的工作方式，并思考其中的含义。纤毛需要哪个构成部分才能工作呢？纤毛的运动当然需要微管，要不然就没有可以滑动的微管了。另外还需要一个马达，否则纤毛的微管就会僵硬地一动不动了。而且，还需要连接物来拖动相邻的微管，将滑动运动转化成弯曲运动，并且防止整个结构散架。纤毛需要所有这些部件来完成一个功能：纤毛运动。正如捕鼠器必须具备所有部件才能发挥作用一样，如果没有微管、连接器和马达，根本就不会有什么纤毛运动。因此，我们可以得出结论，纤毛具有不可简化的复杂性。对于那些认为纤毛是以渐进的达尔文方式来完成进化的观点来说，这个结论无疑具有巨大的冲击力。

纤毛具有不可简化的复杂性的事实，人们对此不应该感到吃惊。在本章的前几页，我们就知道了，游水（泳）系统需要桨来接触水面，还需要马达或其他能量源，以及将二者连接起来的连接器。所有靠划桨来移动的系统，无论是我小女儿的玩具鱼还是轮船的推进器，如果组件中的任何一个缺失，系统就无法运行。纤毛就是这种游水系统中的一员。微管发挥着桨的作用，它的表面接触水并对水产生推动力。动力蛋白臂发挥着马达的作用，为整个系统的移动提供动力。连接蛋白臂起着连接器的作用，将马达的动力从一个微管传送到它邻近的微管。[3]

纤毛和其他游水系统的复杂性是任务本身的性质所决定的。这种复杂性并不取决于系统的规模大小，也不取决于要移动的是细胞还是轮船。为了划桨，需要具备几个组件。问题是，纤毛是如何出现的？

子黑匣 一条间接的路线

一些进化生物学家，像理查德·道金斯，有着极为丰富的想象力。给他们一个起始点，他们几乎总是能编造出一个故事来让你获得想要的任何生物学结构。这种天赋有时候非常难得，但它也是一把双刃剑。虽然他们可能会想到别人忽略掉的一些进化路线，他们同时也容易忽略一些对他们的理论形成阻碍的细节和问题。然而，科学最终无法忽略相关的细节，并且在分子水平上，所有的"细节"都至关重要。如果缺少某个分子螺母或螺栓，整个系统就会崩溃。因为纤毛具有不可简化的复杂性，它并不是循着直接的、渐进的路线产生的。因此，要想从进化论的角度来研究纤毛，必须想象一个迂回的路线，也许还要对某些本来是用于其他用途的部件加以改造。那么，就让我们来试试，想象用细胞中早已经存在的组成部分来为纤毛设计一个合理的间接路线。

开始之前，我们要明白，微管在许多细胞中都存在，并且常常只是用作细胞的支撑结构，就像大梁一样，以便维持细胞的形状。而且，马达蛋白还涉及其他的细胞功能，比如将"货物"从细胞内的一端运输到另一端。我们知道，马达蛋白是沿着微管运动的，通过这些微型高速公路从一个点到达另一个点。按照间接进化的观点，在某些点，几个微管黏结在一起，或许是为了强化某些特殊的细胞形状。此后，某个通常沿着微管运动的马达蛋白可能意外地获得了一种能力，可以推动两个相邻的微管，从而导致产生了一种轻微的弯曲运动，这种运动在某种程度上帮助有机体存活下来。在得到了更多微小的改进后，渐进产生了我们在现代细胞中看到的纤毛。

这一情节听起来很有趣，但是忽略了一个关键的细节。我们必须就这个间接路线的设想提一个问题，很多支持进化论的生物学家会对这个问题感到不耐烦，那就是：纤毛到底是如何进化而来的呢？

例如，假设你想做一个捕鼠器。在你的车库里可能有如下东西：从一根旧冰棒棍上拆下来的一块木头（用做底座），从一个旧闹钟上拆下来的一根弹簧和一块金属做成一根铁撬棍（用做锤子），一根织补针用做挡棒，以及一个你想用来作为卡子的瓶盖。但是如果不来个大改造，这些部件就没办法组成一个有用的捕鼠器。并且就算改造正在进行，它们也不能变成一个捕鼠器。由于它们早先所具有的功能，事实上它们并不适合作为一个复杂系统的一部分。

在纤毛的实例中，还存在一个类比的问题。偶然黏结在微管上的变异蛋白质会影响到这些微管的"高速公路"功能。一种蛋白质不加区别地就将微管捆扎在一起将会破坏细胞的形状，就好像如果一条缆绳放置不当，意外地将支撑大楼的主梁捆在了一起，就会导致大楼的结构变形一样。与柔韧的连接蛋白不同的是，对作为结构支撑的微管束起强化作用的连接物容易使这种支撑失去柔韧性。未加调节的马达蛋白在首次连接到微管时，会使本应聚集在一起的微管相互分离开。最初形成的纤毛就不会位于细胞表面。如果纤毛不位于细胞表面，那么它内在的摆动就会破坏细胞的结构。但是，即使纤毛位于细胞表面，马达蛋白的数量也许并不足以移动纤毛。并且即使纤毛产生了移动，它笨拙的运动也不一定能移动细胞。并且如果就算细胞移动了，它也是一种使用能量来完成的未经调节的运动，并不是出于细胞自身的需要。早期形成的纤毛要想能够促进细胞功能的完善，还需要克服上百种困难。

子黑匣　必定有人知道

纤毛是一种令人着迷的结构，引起了许多学科科学家的兴趣。它的尺寸和结构的调控吸引着生物化学家；它的动力冲程的动力学迷住了生物物理学家；它的构成部分大多采用单独的基因编码表达方式令分子生物学家全神贯注。甚至是医生也会对它们进行研究，因为纤毛具有重要的医学研究价值。在一些有传染性的微生物中都有纤毛的存在。如果患有囊肿性纤维症这种遗传疾病，肺部黏膜上皮的纤毛活动会受到抑制。对专业文献迅速进行电子搜索就能发现，过去几年中，可以找到一千多篇标题中含有

"纤毛"一词或类似术语的论文。在几乎所有的主要生物化学期刊中都曾出现过相关主题的论文，包括《科学》（*Science*）、《自然》（*Nature*）、《国家科学院记录汇编》（*Proceedings of the National Academy of Sciences*）、《生物化学》（*Biochemistry*）、《生物化学期刊》（*Journal of Biological Chemistry*）、《分子生物学期刊》（*Journal of Molecular Biology*）、《细胞》（*Cell*）等等。在过去的几十年中，差不多发表了一万篇探讨纤毛的论文。

既然有这么多研究纤毛的论文，既然它对这么多学科具有重大意义，并且人们普遍认为进化论是整个现代生物学的基础，那么人们不难想到，专业文献中有大量的论文都是在讨论纤毛的进化。我们可能还会想到，尽管也许某些细节会比较难以解释，总体来说科学家们已经弄清楚了纤毛是如何进化的。如：纤毛可能经历的中间阶段，它在早期可能遇到的问题，为了绕过这些问题它可能采取的迂回路线，某个假定的早期纤毛作为游水系统所具有的效率……所有这些方面无疑已经得到了彻底的研究。然而事实上，在过去的20年里，只有两篇论文在提出纤毛的进化过程模型时试图将现实的机械问题考虑在内。更糟糕的是，即使在这样一种进化可能采取的一般路径这个问题上，这两篇论文的观点都无法达成一致。两篇论文都没有讨论至关重要的定量细节，或是可能出现的某些问题会很快导致纤毛或捕鼠器这样的机械装置失去作用。

第一篇论文是由英国进化生物学家托马斯（汤姆）·卡瓦利耶-史密斯（T. Cavalier-Smith）于1978年发表在《生物系统》（*BioSystems*）期刊上的。在这篇论文中，作者根本没有试着去提出一个现实的定量模型来揭示在某个本不存在纤毛结构的细胞系统中纤毛是如何形成的，哪怕只是这个形成过程中的某一步。相反，作者描绘了一幅图画，列出了他所认为的纤毛发展过程中发生的一些重大事件。这些虚构的步骤是通过如下表达来描述的，例如"鞭毛（长的纤毛经常被称为'鞭毛'）是如此复杂，因此它们的进化必定涉及到许多阶段"；"我认为鞭毛最初不一定非要是活动的，而是细长的细胞扩展物"；"生物体有可能进化成多种不同的轴丝结构"；以及"趋光性机制（朝着光线的运动）有可能是和鞭毛同时进化而来的"。

上面引用的这些原话听起来就像是含糊不清的口头描述，这就是进化生物学的特点。缺乏定量的细节。首先应该就到底有多少特定的变化才会导致生物体游水能力的提高来提出一个中间型结构，以此为基础作出计算或估计。如果我们要了解纤毛到底是如何进化的，由于这种缺乏，这样一个故事对我们来说毫无意义。

我要赶快补充一句，这位作者（他是一位著名的科学家，已经对细胞生物学做出了一些重要贡献）并不打算让人们以为这篇论文会给出一个仿真模型。他只是试图带给人们一些启发。他给出一个模型的幻象，尽管它的结构还是十分模糊的，试图以此来"诱惑"该领域的其他研究者，激励他们做出一些成绩来丰富这个模型。这种刺激在科学中有时能发挥重要作用。不幸的是，在第二篇论文发表之前，还没有人能建立起这个模型。

9年后，第二篇论文由一位名叫厄尔什·绍特马里（Eörs Szathmary）的匈牙利科学家也在《生物系统》上发表了。这两篇论文在许多方面都很相似。绍特马里是琳恩·马古利斯观点的拥护者。这种观点认为，当一类叫做"螺旋体"（spirochete）的游水细菌偶然附着到真核细胞上时，纤毛就产生了。这个观点面临着一个巨大的难题，即螺旋体是通过某种机制（以后会谈到）来移动的，这种机制完全不同于纤毛的机制。这种由某种事物进化成另一种事物的观点就像是认为我小女儿的玩具鱼可以通过达尔文的步骤变成一艘密西西比河上的汽船一样可笑。马古利斯自己并不关注机械方面的细节，她满足于从纤毛和细菌游水系统的某些构成部分中寻找一般的相似性。绍特马里试图更进一步，实际上他探讨了在这样一种情况下可能需要解决机械方面的难题。然而，他的论文（如同卡瓦利耶-史密斯的一样）不可避免地沦为一种简单的口头描述，只是为科学界的下一步研究提供了一个先天不足的模型。这个模型同样没能帮助作者本人或其他人得出实验工作或理论方面的突破。

近些年来，马古利斯和卡瓦利耶-史密斯在著作中相互批驳。他们相互指出对方模型中所存在的严重问题，并且所说的都是正确的。然而，要命的是，双方都没能向自己的模型中填充一些机械方面的具体细节。如果没有细节，讨论就不可能具有科学意义，并且不会有结果。科学界普遍选择忽视这两方提出的观点。这两篇论文发表后被其他的科学家引用的次数寥寥无几。

对纤毛已经进行过的和正在进行的科学研究为数众多，并且在过去的几十年中，我们对纤毛的工作方式有了极大的认识，这些都导致许多人猜想，即使他们自己不知道纤毛是如何进化的，一定有其他人知道。但是对专业文献进行了搜索之后，我们发现这种认识是错误的。没有人知道。

子黑匣 细菌的鞭毛

我们人类很喜欢对自己这个物种高看一等，并且这种态度也影响到了我们对生物学领域的认识。特别是，我们对生物学中较低级和较高级生物的理解，对高级生物和原始生物的理解，自然就建立在人类自身处于自然界顶端这一假设的基础之上。我们可以通过引用人类的优势和抛出哲学的论证来为这一假设进行辩护。尽管如此，其他的生物如果能够为自己发言，也能够就它们自己的优越性给出充分的论证。这些生物当中就包括细菌，虽然我们常常认为它是生命的原始形态。

某些细菌具有一种神奇的游水装置，那就是鞭毛。在更为复杂的细胞中没有与其类似的对应物。在1973年，人们发现，某些细菌通过旋转它们的鞭毛来进行游水。因此这种细菌的鞭毛的作用就相当于一个旋转的螺旋桨。与之不同的是，纤毛更像是一只划桨。

□ 鞭毛的结构（图3-3）与纤毛显著不同。鞭毛很长，像头发丝一样嵌在细胞膜内。构成鞭毛的纤丝表面由一种叫做"鞭毛蛋白"（flagellin）的单一类型的蛋白质组成。在游水期间，鞭毛蛋白纤丝就相当于接触液体的桨面。在细胞表面附近的鞭毛蛋白纤丝的末端部分，鞭毛有一个厚厚的凸起物。纤丝就是靠这个附着在转子上。附着部分由某种被称为"挂钩蛋白"（hook protein）的物质构成。不同于纤毛的是，细菌鞭毛的纤丝不含动力蛋白。如果鞭毛的纤丝断开，它会僵尸般地漂浮在水上。因此使鞭毛的纤丝"螺旋式推进器"转动的动力蛋白一定在其他位置上。实验证明，它位于鞭毛的底部。通过电子显微镜检查，我们能看到几个环状结构。鞭毛能够旋转的特性使人们可以得出一些明确的毋庸置疑的结论，正如一本颇受欢迎的生物化学教科书中提到的：

[细菌的旋转马达装置]一定具有和其他旋转装置相同的机械元件：一个转子（转动元件）和一个定子（固定元件）。

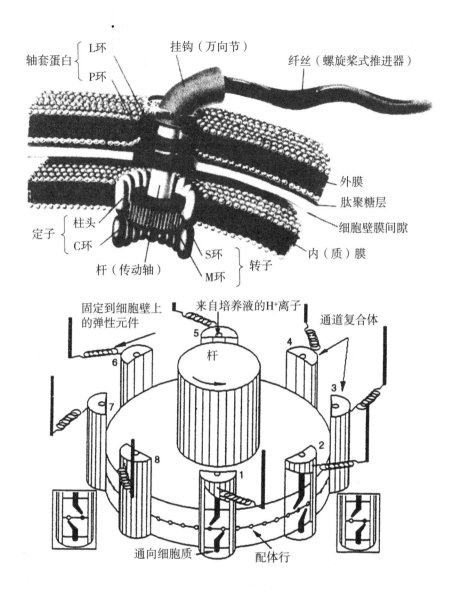

图 3-3 细菌鞭毛的结构

（上图）细菌鞭毛图，展示了嵌在细胞膜内、细胞膜外和细胞壁上的鞭毛纤丝、挂钩和旋转马达。

（下图）科学家提出的一个模型，揭示了酸液驱动旋转马达的工作原理，显示出马达内部的复杂性，在此不做讨论。

在图 3-3 中，M 环代表转子，S 环代表定子。❏

　　细菌鞭毛旋转马达的旋转特性是一个惊人的意外发现。与其他产生机械运动的系统（例如肌肉）不同的是，细菌的旋转马达不直接利用像 ATP 这种储存在"载体"分子中的能量。相反，它运用的是通过细菌的细胞膜的酸液流动所产生的能量来移动鞭毛。以这种原理为基础的旋转马达需要满足极为复杂的条件才能产生动力，因此也吸引了许多科学家对此进行积极的研究。人们针对这种转动体提出了一些模型，每一种都非常复杂。（图 3-3 中展示了其中的一个，以便让读者感受一下科学家们对这种旋转马达的复杂性所抱有的预期。）

　　细菌鞭毛采用的是一种划桨机制。因此它必须满足其他游水系统也应满足的条件。因为细菌鞭毛必然至少包括 3 个部分：一根划桨、一个转子和一个马达。因此它具有不可简化的复杂性。所以，就像纤毛一样，鞭毛的渐进演化面临着巨大的阻碍。

　　探讨细菌鞭毛的专业文献就像探讨纤毛的一样多如牛毛。近年来，关于这个领域已经发表了成千上万篇论文。这并不让人吃惊。鞭毛是一种让人着迷的生物物理系统，并且生有鞭毛的细菌具有重要的医学意义。然而，如同纤毛一样，至今尚无一篇探讨鞭毛进化的文献。尽管我们一直被灌输这样一个观念，即整个生物学都必须从进化的角度来审视，到目前为止，却没有一个科学家推出一个模型来解释这种奇特的分子机器的渐进进化方式。

子黑匣 情况只会越来越糟

　　前面我们说到，纤毛包含微管蛋白、动力蛋白、连接蛋白和其他一些发挥连接作用的蛋白质。然而，如果你将这些物质注入一个不具备纤毛的细胞，它们并不能组合起来形成一个可以发挥作用的纤毛。要想成为细胞中的纤毛，还需要满足其他条件。深入的生物化学分析表明，一根纤毛包含 200 多个不同种类的蛋白质。事实上，纤毛具有的复杂性远远超出了我们经过深思熟虑的想象。这种复杂性的来源尚不明确，需要通过进一步的实验研究来得到揭示。然而，蛋白质需要完成的其他任务还包括：将纤毛附着在细胞内的基座结构上、纤毛伸长弹性的提高、控制纤毛击打的节奏，以及纤毛膜层的加固。

细菌鞭毛，除了上面我们已经讨论过的纤毛蛋白质之外，它还需要大约40种的其他蛋白质来发挥作用。其中大多数蛋白质所起到的确切作用我们尚不清楚，但是这些蛋白质包括：开启或关闭马达的信号蛋白、帮助鞭毛穿透细胞膜和细胞壁的"轴套"（bushing）蛋白、参与结构组合的蛋白质，以及对构成鞭毛蛋白质的生产加以调节的蛋白质。

总而言之，因为生物化学家们已经开始研究像纤毛和鞭毛这些表面简单的结构了，他们已经发现了令人瞠目结舌的复杂性，这些结构包含几十个乃至几百个一丝不苟、各司其职的组成部分。很可能我们这里没有考虑到的许多部件是细胞中的纤毛要想发挥作用所必需的。随着所需部件数目的不断增加，将系统逐渐组合起来的复杂性也随之突然增加，也使得那种间接演变观点的可能性大大降低。达尔文主义看来是越来越陷入悲观的境地。针对辅助蛋白质的作用所进行的新研究，也无法对具有不可简化的复杂性系统进行简化。问题的不可调和性越来越明显，情况只会越来越糟。达尔文理论无法对纤毛或鞭毛做出解释。这种游水系统所具有的压倒一切的复杂性逼迫我们认识到，达尔文理论可能永远无法对此做出解释。

由于渐进主义观点无法解释的系统的数量越来越多，我们急需一种新的解释。达尔文主义所面临的问题远远不止是纤毛和鞭毛。在下一章中，我们会从生物化学的角度谈到血液凝固这一看似简单的现象背后所蕴含的复杂性。

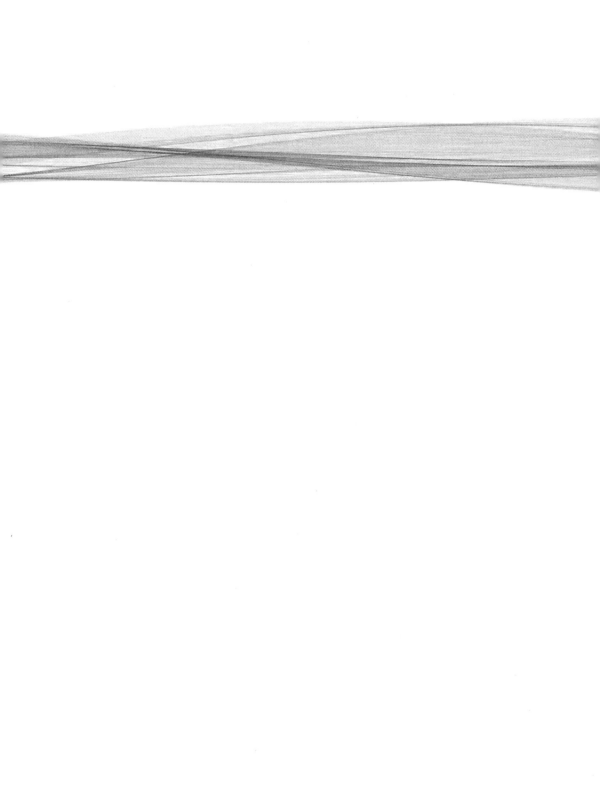

第4章　代代相传的鲁布·戈德堡动画

子黑匣　**星期六早晨动画片**

　　鲁布·戈德堡（Rube Goldberg）是一名伟大的漫画家，他所创造的傻里傻气的机器形象为美国人带来了许多乐趣（图4-1）。他的名字在我们美国文化中将永久地流传下去，尽管他本人已经渐渐消失在公众视线中了。在我还是个孩子时，我在观看"星期六早晨动画片"（Saturday morning cartoons）这个节目时接触到了鲁布·戈德堡机器这一概念。我最喜爱的动画片是《兔八哥》（Bugs Bunny show），而且我还一直非常喜欢《来亨鸡福亨》（Foghorn Leghorn）。我记得在某些情节中，因为来亨鸡福亨寡居的母亲（常常很富有）要上街购物，福亨（Foghorn）不得不临时照看一些戴着厚厚眼镜的聪明小鸡。有时福亨惹恼了这些小鸡，于是它们想要设计报复。在一个时间很短的画面中，生气的小鸡们在一张纸上潦草地写着一些方程式。这个细节向读者表明，这些小鸡是何等的聪明（因为只有非常聪明的人才会写方程式），也预示着这个复仇计划将以一种精确的科学方式来完成。

　　在一两个画面之后，来亨鸡福亨就会出现。它走在路上，注意到在地上有一张1美元的纸币或其他的诱饵，并且把它捡了起来。这张纸币通过一根绳子连接到一根棍子上，棍子又顶住一只球。挪动美元时，连着的绳子将棍子往下拉，球就会开始滚动起来，来亨鸡福亨目瞪口呆地看着这一连串的动作发生。然后球可能会滚下陡坡，掉在一个跷跷板翘起的一端，将它往下压，把一块贴有砂纸的石头弹到空中。它们在向天上飞的过程中，砂纸可能会划燃突出在陡坡上的一根火柴，从而点燃一门大炮的导火线。大炮发射出炮弹，炮弹在下行的轨迹中会偶然击中烟囱的上烟道边缘

蚊子咬痕挠痒器

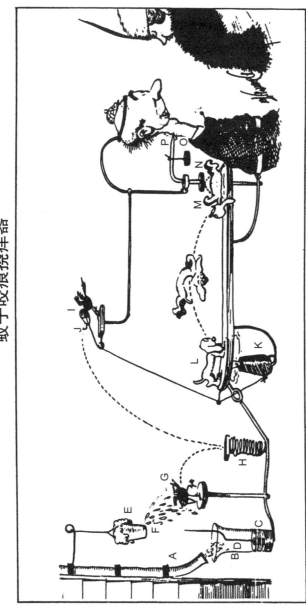

图4-1 一架鲁布·戈德堡机器

排水管里的水（A）滴入烧瓶（B）→软木塞（C）随着水面上升，软木塞上有一根针（D）→针刺穿盛有啤酒（F）的纸杯（E）→啤酒淋淋在蓝鸟（G）身上，蓝鸟受到刺激，落在弹簧（H）上，弹簧将蓝鸟弹到平台（I）上→蓝鸟拉动绳子（J），以为它是一条蚯蚓的诱饵绳，结果绳子拉动大炮（K）射击，使和平弹跳狗[peace—bound]（L）受到惊吓，导致狗跳到了半空中，背朝下落到了位置（M）上→狗一起一伏地呼吸，圆盘（N），圆盘被砝码带回到原来的位置（O）→狗不断地呼吸使得挠痒器（P）在被蚊子叮咬过的地方一上一下地运动，让被蚊子叮咬过的男士能面色自如地同女士继续交谈。

（整个过程中唯一可能存在误差的地方），炮弹沿着上烟道边缘转了几圈之后，顺着烟道滚落下来。当炮弹从下烟道里钻出来以后，它会撞到一根杠杆上，从而启动了一个圆盘锯。锯子割断一根粗绳，这根粗绳拉着电话线杆。电话线杆慢慢开始倒下，来亨鸡福亨这时才意识到，这个令人着迷的表演最终会让它作出牺牲，但已经太迟了。在它就要跑开时，电话线杆的顶端正好砸在它的头上，将它像木桩一样钉进地面了。

如果你对此稍加思考就会意识到，鲁布·戈德堡机器具有不可简化的复杂性。它是由几个相互作用的部分组成的单个系统，这些构成部分有助于系统实现它的基本功能。并且如果去掉这些构成部分中的任何一个，都会导致系统停止运行。我们在前几章里讨论过的捕鼠器、真核生物的纤毛和细菌的鞭毛都具有不可简化的复杂性，但与之不同的是，动画中展示的这个系统中的各个构成部分并不会同时相互施加影响。相反，它是由单独的几个部分构成的，各个部分一个接一个地依次发挥作用，最终整个系统实现其功能。

因为动画中系统的各个构成部分在时间和空间上是相互独立的，只有其中的一个部分（电话线杆）实现了系统的最终目的（击中被害者的头部）。尽管如此，系统的复杂性并没有受到影响，因为所有的系统部件都需要在正确的时间和正确的地点将动作传递下去。如果导致电话线杆落下的触发机制不得当，来亨鸡福亨就可以在电话线杆前来回走动一整天而不会受到任何伤害。

正如我们可以用粘鼠胶而不是机械捕鼠器来逮住老鼠一样，也可以使用其他系统来向来亨鸡福亨发起致命的一击。你可以使用棒球棍，或是趁福亨正好站在那儿的时候用斧子将电话线杆砍倒。你可以使用一枚核弹而不是一根杆子，或将绳子直接绑在猎枪的扳机上。但从达尔文的观点来看，所有这些系统都不能算是动画中所描绘的这个系统的前身。例如，假设一根绳子连着美元，绳子的另一头直接连着大炮，那么当福亨捡起诱饵的时候，大炮就会直接发射炮弹将它炸翻。如果将这个简单的系统通过达尔文的方式转化成动画中那个更为复杂的系统，就需要逐渐调整大炮的位置，将它安放在一个不同的方向上，将绳子从大炮上拆除，再将它系到棍子上，最后加上另外的附件。然而，很显然，这个系统在大部分时间里都不能发挥作用，因此那种渐进的达尔文方式的转化是不可能完成的。

鲁布·戈德堡的机械系统总是能引起人们的捧腹大笑。读者们喜欢观看这种奇妙装置的运行，并欣赏这种运用浩大精巧的工程来实现某个愚蠢目的所体现的幽默。但是，有时候某个复杂性系统是为了实现一个严肃的目的。在这种情况下，幽默的色彩淡化了，但是人们还是会为各个构成部分之间的精巧互动而赞叹不已。

现代生物化学家在研究分子尺度上的生命机制时，已经发现了一些鲁布·戈德堡式的系统。在生物化学系统中，动画中的绳子、棍子、球、跷跷板、石头-砂纸、火柴、导火线、大炮、炮弹、烟道、锯子、绳索以及电话线杆，都被各种各样让人目光呆滞的蛋白质名称所替代，例如"血浆促凝血酶原激酶前体"（plasma thromboplastin antecedent，凝血因子XI）或是"高分子量激肽原"（high-molecular-weight kininogen）。然而，这些系统的内在平衡和流畅运行却如出一辙。

子黑匣 牛奶纸盒和割破的手指

当查尔斯·达尔文在攀爬加拉帕戈斯岛（Galapagos Islands）上的岩石，去追寻后来以他的名字命名的雀鸟时，他一定不小心割伤过手指或刮伤过膝盖。作为一名年轻的冒险家，他可能根本没注意到缓缓滴下的细小血流。疼痛是无畏的岛屿探险者所必须面对的人生现实，并且如果还有什么工作有待完成，就必须用极大的耐心来忍受这种疼痛。

最后血液可能已经停止了流动，并且伤口可能已经愈合。如果达尔文注意到这一点的话，就算是对此进行思考，也不能给他带来什么收获。他那个时代所具备的信息量还不足以让他猜出这种血液凝结现象的根本机制。一个多世纪后，生命的分子结构才为人们所发现。达尔文是一位知识的巨人和伟大的创新者，但是没有人能猜测到将来，尤其是在一些重要的细节上。

血液的行为具有一种特殊的方式。当一个盛满液体的容器破裂，例如一只牛奶纸盒，或是一辆满载汽油的油罐车，液体会流出。液体流出的速度取决于液体的浓度。（例如，枫蜜［maple syrup］流出的速度将比酒精慢得多。）但是，这些液体最后还是会全部流出来。没有什么主动的过程来阻止这一结果的出现。相反，当人被割伤时，通常只会流一会儿血，随后血凝块就会阻止血液继续流出。血凝块最后会变硬，伤口得到愈合。我们对血凝块的形成如此熟悉，大多数人对此不会想得太多。然而，生物化学的研究已经表明，血液凝固是一个非常错综复杂的系统，包括几十个相互依存的蛋白质部件。这些部件中的任何一个如果缺失，都会导致这一系统无法运作，那就意味着血液不能在正确的位置适时地发生凝固。

有些工作几乎不容许出现一丁点儿错误。例如，在坐飞机的过程中最让我感到害怕的就是降落。感到恐惧主要是因为我知道，飞机必须低空掠过机场附近的房屋和树木，并且还由于我意识到飞机必须在到达跑道终点之前停止滑行。几年前，一架飞机从纽约的拉瓜迪亚机场的跑道上滑了出去，闯入了长岛海峡，死了好些人。并且报纸的头版头条似乎经常提到飞机在跑道尽头坠毁。如果跑道不是 1 英里（1.6 公里）长，而是 20 英里（32 公里），我个人会感到更加放心。

飞机着陆这个例子正好说明，某些系统的运行必须被限定在非常严格的条件下，否则会带来灾难。即便是莱特兄弟也需要担心能否正确着陆的问题。降落的时间稍短或稍长，或是瞄准得稍低或稍高，就会导致飞机和乘客遇到大麻烦。但是想象一下，使用自动驾驶仪来让飞机着陆面临的难度更大，因为没有具有自主意识的人来操纵它！血液凝固是自动进行的，并且它需要极高的精确度。当一个内部有压力的血液循环系统被刺破时，血凝块必须很快形成，要不然这个动物就会流血至死。如果血液凝结发生的时间或位置不对，凝结可能会阻碍血液循环，心脏病发作或中风就是因为发生了这种情况。而且，一个凝结块必须是沿着伤口的长度来止血，将其完全密封。然而，血液凝固必须只限于伤口，要不然动物的整个血液系统就可能固化，进而导致动物的死亡。因此，血液凝固必须处于严格的控制之下，以便血凝块根据需要在合适的时间和位置形成。

子黑匣 东拼西凑的东西

在下面的几页中，你将认识很多参与血液凝固游戏的蛋白质"选手"，并且了解它们各自发挥的作用。就像游戏小组的成员一样，一些蛋白质"选手"有着奇奇怪怪的名字。如果你很快就忘记了这些蛋白质的名称或作用，也不用担心。讨论的目的不是为了让你记住这些琐碎的细节。（此外，所有的名称及其关系在图 4-3 中都有显示。）我的目的只是为了帮助你对血液凝固的复杂性有所了解，同时还为了确定这个过程是否可以一步接一步地渐进完成。

　　❑ 血浆（除去红细胞之后剩下的部分）中大约有2%～3%的蛋白质，其中包含一种被称为纤维蛋白原的蛋白质络合物。这个名字很好记，因为蛋白质制造了形成血凝块的"纤维"。然而，纤维蛋白原只不过是一种可以形成血凝块的物质。就像在《来亨鸡福亨》的故事中那根倒下的电话线杆，在倒下之前它只是一个待启用的工具。纤维蛋白原也是如此。血液凝固涉及的几乎所有其他蛋白质则负责控制血凝块形成的时间和位置。同样，这与我们的动画片非常相似：除电话线杆外，其余所有组件都是控制电话线杆的精确落下所必需的。

　　纤维蛋白原是由6个蛋白质链构成的合成物，包含由3种不同的蛋白质组成的两个完全相同的组对。电子显微镜检查表明，纤维蛋白原是一种杆状的分子，杆的每一端都有两个圆形的隆起，中间部分也有一个圆形的隆起。因此，纤维蛋白原就像一副杠铃，在每根杠的中间还多出一个杠铃片。

　　通常情况下纤维蛋白原能溶于血浆，就像食盐溶于海水一样。它四处漂浮，安然地自给自足，直到身体中的某处伤口导致流血发生。于是，另一种叫做凝血酶的蛋白质，从纤维蛋白原中的3对蛋白质链中的2对里切掉几小块。被切割过的蛋白质，现在称为纤维蛋白，它的表面暴露着一些黏块，原先是被切除物盖住的。这些黏块和其他的纤维蛋白的分子形成精确的互补关系。这种互补的形状使得大量的纤维蛋白相互聚集在一起，就像第3章中提到的金枪鱼罐头盒。然而，就像微管蛋白聚集之后会形成烟囱形状一样（而不会形成不规则的一团），纤维蛋白也不会随机地黏结在一起。由于纤维蛋白分子的形状呈长螺纹状，相互交叉，而且（差不多就像渔夫用渔网捕鱼一样）巧妙地形成了一个可以俘获血细胞的蛋白质网。这就是初始形态的血凝块（图4-2）。这个蛋白质网用最少量的蛋白质覆盖了一块较大的面积。如果它只是形成一个简单的凝结块，那就需要多得多的蛋白质才能塞满某个区域。

　　从纤维蛋白原上切掉一块物质的凝血酶，就像《来亨鸡福亨》动画中的圆盘锯一样。和圆盘锯相似的是，凝血酶启动了某个受控过程

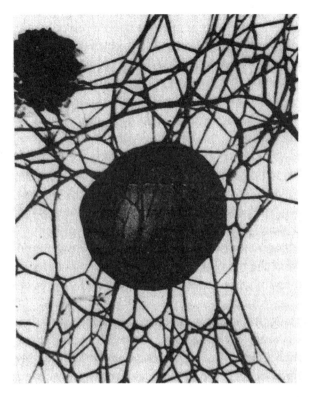

图4-2　被血凝块的纤维蛋白网络卡住的一个血细胞

的最后一步。但是，如果圆盘锯不需要其他步骤来启动就不停地来回锯动，后果又会如何呢？那样的话，圆盘锯将很快地切断拉住电话线杆的绳子，比福亨走到电话线杆的时间提早了很多。同样，如果参与到血液凝固这一过程的蛋白质只有凝血酶和纤维蛋白原，整个过程可能就会失去控制。凝血酶将迅速切割所有的纤维蛋白原以产生纤维蛋白，动物的整个循环系统中将会出现一个巨大的凝结块，从而导致系统固化。与卡通人物不同的是，现实生活中的动物会立即死亡。为了避免这样一个悲惨的结局，必须有一个机制来控制凝血酶的活动。❑

黑子匣 串联蛋白质链

　　❑ 身体通常会将酶（就像对切开纤维蛋白原这类化学反应进行催

化的蛋白质）以一种没有活性的形态储存起来，以便日后使用。这种没有活性的蛋白质形态被称做酶原。当需要某种酶的信号被接收到之后，相应的酶原得到激活，变成具有活性的酶。就像纤维蛋白原转化成纤维蛋白一样，通常也是通过将遏制某个关键区域的酶原切割下一小块来将酶原激活的。这种情况常见于消化酶。大量的消化酶作为没有活性的酶原得到储存，然后在下一顿美餐来到之时立即得到激活。

凝血酶最初也是以一种没有活性的凝血酶原的状态存在的。因为它没有活性，不能切割纤维蛋白原，动物就不会由于大范围的错误的血液凝结而死亡。然而，要想进行精确控制，还面临着一个两难的问题。如果动画片中的锯子不转动了，电话线杆就不会在错误的时间落下来。然而，如果没有什么来启动锯子，它也不会割断绳子，电话线杆即使在正确的时间节点也不会落下来。如果纤维蛋白原和凝血酶原是血液凝结中唯一的蛋白质，我们人类这种动物又会再次陷入糟糕的境地。当动物被割伤时，凝血酶原可能只是无可奈何地漂浮在纤维蛋白原周围，任凭动物流血至死。因为凝血酶原无法切割纤维蛋白原以让它变成纤维蛋白，需要某些东西来激活凝血酶原。也许读者能够明白，为什么血液凝结系统被称做一种串联蛋白质链了。在这种系统里，第一个组件激活第二个组件，第二个组件激活第三个组件，依此类推。由于我们所讨论的内容越来越复杂，建议参照图4-3中的内容，这将有助于跟上我们的讨论进度。

一种叫做凝血因子X（Stuart factor）的蛋白质切开凝血酶原，促使它转化成具有活性的凝血酶。接着凝血酶可以将纤维蛋白原切割成纤维蛋白，最后形成血液凝块。[4]不幸的是，正如你可能已经猜测到的，如果凝血因子X、凝血酶原和纤维蛋白原是血液凝结系统中唯一的蛋白质，那么凝血因子X将迅速激活串联蛋白质链，将动物的所有血液凝结。因此凝血因子X也是以一种没有活性的形态存在，并且首先需要得到激活。

这时，我们正在展开的"鸡生蛋与蛋生鸡"的故事遇到了一个小小的曲折。凝血因子X即使被激活，也无法转化凝血酶原。将凝血因子X和凝血酶原混合放置在试管中，经过一段较长的时间后也不会形成任何明显的凝血酶。即便是一头受伤的大型动物，它在这么长的时间里已经流血至死了。原来还需要另一种叫做促凝血球蛋白的蛋白质

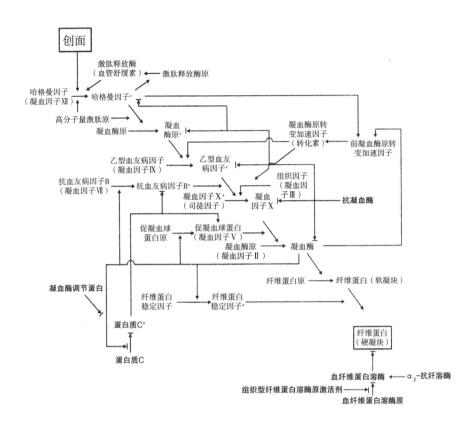

图 4-3　血液凝固串联

用正体字标出名称的蛋白质都参与了血液凝结的过程。用黑体字标注名称的蛋白质则参与了血凝块的预防、定域和去除。线条末端的箭头表明蛋白质正在有效阻止血凝块的产生、将其限定在某个区域或是去除血凝块。

来促进凝血因子 X 的活动。这一对具有促进作用的物质，促凝血球蛋白和被激活的凝血因子 X，足够迅速地将凝血酶原切开，对流血的动物起到一些补救的作用。因此，在这一步我们需要两种不同的蛋白质来激活酶原。

的确，促凝血球蛋白最初也是以一种没有活性的状态存在，被称做促凝血球蛋白原（独自叹息道）。它是由什么来激活的？凝血酶！但正如我们已经看到的，在这个串联中所处的位置比促凝血球蛋白原还要靠后。因此，让凝血酶来对促凝血球蛋白的产生加以控制就像是让孙女来对祖母的出生进行控制一样。尽管如此，由于凝血因子X对凝血酶原进行切割的速度极慢，似乎血流中总有一些凝血酶。因此，血液凝固是自动催化的，因为这个串联蛋白链中的蛋白质促进了更多相同蛋白质的产生。

在这一点上，我们必须稍微往回退一点点。因为事实证明，即使存在被激活的凝血因子X和促凝血球蛋白，最初由细胞制造出来的凝血酶原也是无法转化成凝血酶的。这就要求凝血酶原有10种特定的氨基酸残基必须首先得到修改（图4-2中未展示该过程），比如称为谷氨酸（Glu）残基的被转化成γ-羧基谷氨酸（Gla）残基。这种转化可以被比做将颅骨的下颚放在上颚之上。完成后的结构可以咬住被咬物体并维持这个姿势。如果没有下颚，颅骨就无法维持咬住的姿势。如果是凝血酶原，γ-羧基谷氨酸（Gla）残基会咬住（或是捆绑住）钙，使得凝血酶原附着在细胞的表面。只有完整的、经过修改的钙-凝血酶原复合物在黏附到细胞膜上后，才能被激活的凝血因子X和促凝血球蛋白切割并产生凝血酶。

对凝血酶原的修改并不是偶然发生的，就像实际上所有的生物化学反应一样，它需要一种特定的酶来起到催化作用。然而，除了这种酶之外，从Glu（谷氨酸）到Gla（γ-羧基谷氨酸）的转化需要另一种物质：维生素K。维生素K不是蛋白质，它是一个小分子物质，就像人类眼睛视觉成像所必需的11-顺式视黄醛（在第1章描述过）。就像枪需要子弹才能进行射击一样，将Glu转化为Gla的酶需要维生素K才能发挥作用。有一种灭鼠剂就是基于维生素K可以促进血液凝固的原理而达到灭鼠效果的。这种合成的毒药叫做"华法令"（warfarin，即灭鼠灵。根据"威斯康星校友研究基金"［Wisconsin Alumni Research Fund］的缩写命名，该基金从其销售收入中获得一部分收益）。这种毒药看起来就像维生素K对于使用它的酶所起的作用一样。血液中存在华法令的时候，酶无法修改凝血酶原。当老鼠吃下掺有毒药的食物后，凝血酶原既不会得到修改也不会被切割，于是老鼠最终会流血至死。

但是我们似乎仍然还没有取得太大的进展。现在我们必须回过头来，探讨究竟是什么激活了凝血因子X。原来，它可以通过两种不同的途径来得到激活：内在路径和外在路径。内在路径中，血液凝结所需要的所有蛋白质都包含在血浆中。外在路径中，一些凝结蛋白质出现在细胞上。首先让我们来研究一下内在路径。（讨论过程中不时参考图4-3。）

　　当动物被割伤时，一种叫做哈格曼因子（Hageman factor，即凝血因子XII）会附着在伤口附近的细胞表面。附着的哈格曼因子被一种叫做HMK（高分子量激肽原）的蛋白质所切割，以产生得到激活的哈格曼因子。很快，被激活的哈格曼因子将另一种叫做激肽释放酶原的蛋白质转化成激活的形态，即激肽释放酶。激肽释放酶帮助高分子量激肽原（HMK）加紧将更多的哈格曼因子转化成激活的形态。于是被激活的哈格曼因子和HMK共同将另一种叫做PTA（凝血酶原）的蛋白质变成活性状态。被激活的凝血酶原（PTA）随即又和另一种叫做凝血酶原转变加速因子的蛋白质（即凝血因子VII，下面将讨论它）的活化形态一起，将一种叫做抗血友病因子B的蛋白质转化成活化形态。最终，被激活的抗血友病因子B和抗血友病因子（本身是由凝血酶以一种类似于激活促凝血球蛋白原的方式激活的）一起将凝血因子X转化成活性形式。

　　外在路径和内在路径相似，也是一种串联蛋白质链。当一种叫做前凝血酶原转变加速因子的蛋白质被得到激活的哈格曼因子和凝血酶转化成凝血酶原转变加速因子后，这种外在路径就开始了。在另一种叫做组织因子的蛋白质出现时，凝血酶原转变加速因子将凝血因子X转化为活性形式。然而，组织因子只在通常不与细胞发生接触的细胞外部出现。因此，只有当动物受到外伤导致组织因子和血液产生接触的情况下，外在路径才会得到启动。（伤口所扮演的角色类似于动画片中来亨鸡福亨捡起美元这一动作所起的作用。它就是引起一连串事件的源头。不属于级联机制［cascade mechanism］的范围。）

　　内在路径和外在路径在某几个点产生交叉。由内在路径启动的哈格曼因子可以将外在路径中的前凝血酶原转变加速因子激活。随后，凝血酶原转变加速因子能够对内在通道进行反馈，帮助被激活的PTA（凝血酶原）来激活抗血友病因子B。通过激活抗血友病因子和前凝血酶原转变加速因子，凝血酶本身可以触发这两种途径的启动。要想帮助被激活的抗血友病因子B来将凝血因子X转化成活性状态，就必须用到抗血友病因子。❑

要想描述血液凝结系统实在是太复杂了。我们非常希望它能像动画片中鲁布·戈德堡机器那样的简单易懂。

子黑匣 **相似和不同**

《来亨鸡福亨》动画片中的奇妙装置和现实中的血液凝固系统存在着一些概念上的区别。这种区别更加凸显了生物化学系统所具有的极端复杂性。最大的反差就是在生物机体完全固化之前（稍后我们会讨论到）凝结串联必须在某一点被关闭。另外一个区别就是，血液凝固的控制路径分为内外两种。那么，就有两种潜在的方式来启动凝结这一过程。这两种路径对生物机体的相对重要性仍然不太清楚。许多关于血液凝固的实验很难开展；某些蛋白质，特别是路径早期涉及到的那些蛋白质，只在血液中微量存在着。例如，100 加仑（378.54 升）的血液中只包含有大约千分之一盎司（0.0283 克）的抗血友病因子。此外，因为初期的凝结进行反馈后，会产生更多在初期起过激活作用的蛋白质，因此常常很难区别到底是谁激活了谁。

《来亨鸡福亨》故事中的攻击系统和血液凝结路径之间还存在着一种重要的概念相似性。这两者都具有不可简化的复杂性。先暂且不管路径分岔之前的系统，对于这部分的细节我们了解最少，血液凝结系统正好可以诠释不可简化的复杂性这一概念。也就是说，它是包括几个相互作用的构成部分的单个系统，每一个部件都有助于系统发挥基本功能，并且如果去除任何一个，都会导致整个系统停止运行。血液凝固系统的功能在于在合适的时间和区域形成一种坚固的边界，阻止血液从受损的血管中流出。这个系统的组成部分（除了路径分岔）就是纤维蛋白原、凝血酶原、凝血因子X和促凝血球蛋白原。正如《来亨鸡福亨》系统中的每一个部分都是用于控制电话线杆的落下，串联蛋白质中的每一个蛋白质都只是为了控制血凝块的形成。可是，如果缺失任意一个组成部分，血液就不会凝结，系统就无法发挥作用。

还有一些方法也可以止住从创口中流出的血，但是它们都不是可以渐进形成凝结串联的前身。例如，身体可以收缩伤口附近的血管来帮助止血。同样，一种附着在切口附近区域的叫做血小板的血细胞也可以让小伤口愈合。但是那些系统不能渐进转化成血液凝结系统，就好像粘鼠胶无法转化成机械捕鼠器一样。

我们可以想象到的最简单的血液凝结系统可能就是一个蛋白质，当动物被割伤时，它偶然地聚集在伤口周围。我们可以将它比做是一根电话线杆。这根线杆已经被完全锯断，处于一种摇摇欲坠的境地，只要福亨走过来时地面产生轻微的颤动，它就会倒下。然而，风或者其他因素也很可能在福亨还没走近的时候就让电话线杆倒下了。此外，电话线杆并没有对准福亨可能位于的某个特定的方向（比如说对准放在地上的美元）。同样，简化的血液凝结系统会受到不合时宜的启动，造成偶然的破坏，同时浪费资源。无论是简化的动画系统还是凝结系统都无法达到发挥最基本功能的标准。在鲁布·戈德堡的系统中，关键不在于最后发生的活动（如电话线杆的倒下、凝结的形成），而在于控制系统。

我们可以设想出一个比真正的血液凝结系统要简单一点的系统。也就是说，在这个系统中，凝血因子X在被串联的其他部分激活之后，越过凝血酶，直接切割纤维蛋白原来形成纤维蛋白。我们暂时不考虑血液凝结形成的控制与定时问题，稍作思考后，我们就马上能明白，即使是这种略为简化的系统也无法渐进地转换成更复杂的完整系统。如果一个新蛋白质被插入这个没有凝血酶的系统中，它要么会立即启动系统，从而迅速导致动物死亡，要么就会无所事事，因此没有理由认为这种蛋白质会被选作构成部分。由于串联所具有的特性，一种新蛋白质可能很快需要得到控制。从一开始，串联中的新步骤就不但需要酶原，同时还需要活化酶来在正确的时间和地点激活酶原。既然各个步骤必定需要几个构成部分，不仅整个血液凝结系统具有不可简化的复杂性，路径中的每一个步骤同样如此。

就血液凝结系统的这一特性而言，我觉得用船行运河河道来作类比是一个好主意。巴拿马运河使船只可以穿过从太平洋到加勒比海的这一段地峡。因为陆地高于海平面，船闸中的水升高，将船升到更高的平面，这样它就可以行驶一段。然后另一个船闸将船升高至另一个平面，另一端的船闸将船只重新下降回到海平面。在每个船闸上都有一个大门，在船被升高或降低的过程中用来挡住水。还有一个水闸或者水泵，用来排空船闸中的水或是让其储满水。从一开始，每个船闸都必须具备一些要素——大门和水闸，否则就无法实现功能。因此，运河上的某个船闸都具有不可简化的复杂性。与之类似的是，血液凝结串联上的每一个控制点都需要一个没有活性的酶原和一个激活它的酶。

子黑匣 事情还没结束

❐ 一旦凝结开始，是什么让它在动物体内的所有血液凝固之前停止呢？有几种方法可以将凝结被局限在受到伤害的区域（见图4-3）。第一种方法中，一种叫做抗凝血酶的血浆蛋白质附着在大部分凝结蛋白质的活性体（而不是没有活性的那些）上并使它们失去活性。然而，抗凝血酶本身具有相对较小的活性，除非它附着在一种叫做肝素（又称肝磷脂）的物质上。肝素出现在细胞和未受损伤的血管内部。第二种方法中，限制凝结形成区域是通过蛋白质C的活动来完成的。在受到凝血酶的激活以后，蛋白质C破坏了促凝血球蛋白并激活抗血友病因子。最终，一种叫做凝血酶调节蛋白的蛋白质附着在血管内部的细胞表面上。凝血酶调节蛋白对凝血酶起着束缚作用，削弱它切割纤维蛋白原的能力，同时提高它激活蛋白质C的能力。

凝结在最初形成时十分脆弱。如果受伤的区域隆起，凝结很可能会裂开，那么就会再次开始流血。为了防止这种情况的发生，身体具有一种方法来加固已经形成的凝结。聚集在一起的纤维蛋白通过一种叫做FSF（凝血纤维蛋白稳定因子，凝血因子Ⅷ）的受到激活的蛋白质"绑在一起"，在不同的纤维蛋白分子之间形成了一种化学上的交叉链接。然而，伤口最后愈合后，血凝块必须被去除。一种叫做血纤维蛋白溶酶的蛋白质发挥着剪刀的作用，将纤维蛋白凝结切除。幸运的是，血纤维蛋白溶酶对纤维蛋白原不起作用。然而，血纤维蛋白溶酶无法迅速地发挥作用，要不然伤口就没有足够的时间来完全愈合了。因此它最初是以一种叫做血纤维蛋白溶酶原的非活性形态出现的。血纤维蛋白溶酶原到血纤维蛋白溶酶的转化是由一种叫做t-PA（组织纤溶酶原激活物）的蛋白质来催化的。还有其他蛋白质对血块溶解进行控制，包括α_2-抗血纤维蛋白酶。它能附着在血纤维蛋白溶酶上，防止后者破坏纤维蛋白的凝结。❐

　　将动画片里的福亨击中的机器主要取决于许多组件的精确校准、时间节点以及结构。如果附着到美元上的绳子太长，或者大炮没有经过校准，那么整个系统就无法发挥功能。同样地，凝结串联取决于不同反应出现的时间节点和速度。如果凝血酶在错误的时间激活前凝血酶原转变加速因子，那么动物的血液就会固化。如果促凝血球蛋白原或者抗血友病因子的激活过于缓慢，动物就可能流血至死。如果凝血酶激活蛋白质 C 的速度远远超过它激活促凝血球蛋白原的速度，或者如果抗凝血酶使凝血因子 X 失去活性的速度等同于后者形成的速度，那么动物就会死亡。如果在凝结形成之时血纤维蛋白溶酶原就立即被激活，那么它就可能很快将凝结溶解掉，从而导致该路径的失败。

　　血凝块的形成、区域限定、加固和去除是一个综合的生物系统，并且单个组成部分出现的问题会导致系统无法运行。如果缺乏某些凝血因子，或是产生了一些有缺陷的因子，常常会导致严重的健康问题甚至死亡。最为常见的血友病就是由一种存在缺陷的抗血友病因子引起的。在将凝血因子 X 转化成激活形式时，这种因子有助于抗血友病因子 B 的激活。引起血友病的第二种最常见的情况就是缺乏抗血友病因子 B。如果参与凝结途径的其他蛋白质也存在缺陷——尽管这些情况并不常见——也可能导致出现严重的健康问题。不规则的流血通常也是因为凝血纤维蛋白稳定因子（FSF）、凝血维生素 K 或者 α_2-抗血纤维蛋白酶存在缺陷，虽然这些并不直接参与凝结。此外，蛋白质 C 的缺乏也会引起婴幼儿体内出现大量不正常的血凝块，从而导致死亡。

打乱序列

　　这个超级复杂的系统有无可能根据达尔文的理论已经得到了进化呢？一些科学家已经付出了很多努力，想知道血液凝固可能已经产生了怎样的进化。在下一节，你将看到在专业的科学文献中人们对于血液凝固做出了什么精妙的解释。但是首先，有几个值得注意的细节。

　　在 20 世纪 60 年代初期，人们注意到有些蛋白质中存在着和其他蛋白质相类似的氨基酸序列。例如，假设第一个蛋白质的前 10 个氨基酸序列为 A N V L E G K I I S，在第二个蛋白质中则为 A N L L D G K I V S。这两种蛋白质的组氨基酸序列在 7 个位置相同，在 3 个位置不同。在一些蛋白质中，序列里可能在好几百个位置存在着相似的氨基酸。为了解释两种蛋白质的相似性，人们推论，在过去某一个基因得到复制，并随着时间的流逝，这个基因的两个复制体在各自的序列中发生了日积月累的变化（变异）。[5] 不久之后，就会出现两种序列相近但不完全相同的蛋白质。

暹罗（Siam）国王曾经问他的贤人们，哪一个谚语适用于任何场合。他们给出了一个答案：“一切都会过去。”那么，在生物化学中，同样有一句话适用于任何场合，那就是：“事情永远比看起来要复杂。”在 20世纪 70 年代中期，人们发现，基因可以以片段的形式存在。也就是说，为一个蛋白质左侧部分编码的 DNA 部分可以在序列上与为中间部分编码的 DNA 部分分离开，而为中间部分编码的 DNA 部分又可以与为右侧编码的 DNA 部分分离开来。这就像是，你打开词典想查查“狂欢节”（*carnival*）这个单词，却发现它被写成了“hk 狂 safj 欢 ckje 节 ksy”（hk*casafjrnivckjeal*ksy）。一种基因可能全在一个片段中，而另一种基因却可能分布在几十个片段中。

对断裂基因的发现导致人们提出一种假设，也许能够像洗扑克牌一样，从几堆纸牌中选择几张，重新组成一个组合，可以通过打乱为旧的蛋白质部分编码的基因的 DNA 片段，来产生新的蛋白质。为了证实这一假设的可行性，支持者们指出，不同的蛋白质在氨基酸序列和非连续部分（称为结构域）的形状方面存在着相似性。

血液凝固串联中的蛋白质常常被视为序列被打乱的证据。由于独立的基因段编码的串联蛋白质的一些区域，在氨基酸序列方面和同一蛋白质的其他区域有着相似性，也就是说，它们具有自我相似性。同样，串联的不同蛋白质区域之间也具有相似性。例如，前凝血酶原转变加速因子、抗血友病因子 B、凝血因子 X 和凝血酶原都有一个大致相同的氨基酸序列区域。另外，在所有这些蛋白质中，氨基酸序列都通过维生素 K 来进行修正。此外，这些被修正的区域在序列上与其他被维生素 K 修正过的蛋白质（根本没有参与血液凝结）区域也具有相似性。

这些序列上的相似性是有目共睹和不容辩驳的。然而，关于基因重复的假设和洗牌的假设却并没有得到解释，任何特定的蛋白质或蛋白质系统最初是如何出现的，到底这种出现的过程是缓慢或是突然，是通过自然选择还是其他的机制呢？还记得吧，一个捕鼠器的弹簧在某些方面可能与闹钟的弹簧相类似，并且一根金属撬棍可能与捕鼠器上的金属锤相似，但是这种相似性并没有告诉我们捕鼠器是如何制造的。要想证明某个系统是通过达尔文的机制渐进形成的，我们必须证明系统的功能可以"通过无数的、连续的、细微的改进而形成"。

⬚ 原地曳步

现在我们已经准备好继续前进。在这一节里，我将对罗素·杜利特尔（Russell Doolittle）从进化论角度为血液凝固做出的解释进行解读。他试图假设凝结蛋白质接二连三出现的一系列步骤。可是，正如我将在下一节中讲到的，这种解释极不充分，对蛋白质出现的原因没有做出解释，也没有计算蛋白质出现的概率，也没有对新蛋白质的特性做出估计。

罗素·杜利特尔是加利福尼亚大学圣迭戈（San Diego）分校的分子遗传学中心的生物化学教授。他是对凝结串联进化进行研究的最著名的科学家。他在哈佛大学攻读博士学位时提交的论文题为"血液凝结的比较生物化学"（1961）。从那时起，他就对不同的"更为简单"的生物体的凝结系统进行了研究，希望对哺乳动物系统的形成有所了解。他最近在《血栓形成和止血法》（*Thrombosis and Haemostasis*）期刊中对当前的研究水平作出了评论。这个期刊专门面向研究血液凝固的科学家和医学博士。实际上，该期刊的读者就是那些深入掌握血液凝固方面知识的地球人。

杜利特尔在论文的开头就提出了一个很重要的问题："这个复杂而又得到精巧平衡的过程到底是如何进化的？……悖论在于，如果每个蛋白质都需要另一个蛋白质来激活，这个系统怎样才会出现呢？如果没有整体，那么其中的任何一部分又有什么用处呢？"

这些问题抓住了本书所讨论问题的要害。将杜利特尔的论文大段大段地加以引述也是非常值得的。（读者可以参考图4-3获得帮助。）我已经对引述中的一些专业术语进行了修改，以便普通读者易于理解。

> 血液凝固是一个需要精巧平衡的现象。它涉及到蛋白酶、抗蛋白酶和蛋白酶基质。一般而言，每一个向前的行为都会引起一些向后的反应。可以用不同的比喻来形容它的渐进进化：行为-反应，点对点，

或者好消息与坏消息。然而，我最喜欢的比喻是阴和阳。

在中国古代的宇宙论中，一切都是阴和阳这两种对立的要素相结合的产物。阳是阳性要素，代表着活动、高度、热度、光度和干燥。阴则是与其对应的阴性要素，代表着被动、深度、寒冷、黑暗和潮湿。它们的结合产生了万物的本真。请记住，这只是一个比喻，可以通过设想如下的阴阳情况来思考脊椎动物的血液凝结的进化过程。我将酶或者酶原看做是"阳"，将非酶类物质看做是"阴"。这种指代只是随机的。

❑

阴：由于对附着在 EGF 结构域（另一种蛋白质，即表皮细胞生长因子）上的基因进行了复制，产生了组织因子（TF）。新的基因产物只在组织受损后才会接触到血液或者淋巴液。

阳：凝血酶原出现的时候带有原始伪装，即上面附着有 EGF 结构域，它是蛋白酶基因重复和打乱重组的结果。EGF 结构域可以为被暴露的 TF 提供附着和激活的场地。

阴：通过某一基因的复制来形成一个凝血酶受体［黏附在细胞膜内的蛋白质区域］。被 TF 激活的凝血酶原进行切割，导致细胞收缩或凝聚的形成。

（又是）阴：纤维蛋白原产生了。它是由一种对凝血酶敏感的［加长］"父本"和带有一种［致密结构的蛋白质］"母本"结合所形成的蛋白质。

（还是）阴：抗凝血酶Ⅲ出现了，它是一种［具有类似的整体结构的蛋白质］复制的产物。

阳：血纤维蛋白溶酶原是从已经具有的巨大的蛋白酶库中产生的。它具有一种可以附着到纤维蛋白的结构域。通过附着到一种细菌性蛋白质上可以让它得到激活，这说明它之前具有抗菌剂的作用。

阴：抗血纤维蛋白酶是通过对一种具有类似的整体结构的蛋白质进行复制和修改而形成的，这个蛋白质可能是抗凝血酶。

阴和阳：一种可以通过凝血酶得到激活的"交联蛋白质"得到释放。

阳：组织纤溶酶原激活物（TPA）形成了。各种得到打乱重组的结构域使它可以黏附到包括纤维蛋白在内的几种物质上。

结合：通过获得一个"γ-羧基谷氨酸"（Gla）结构域，凝血酶原得到修改。获得与钙结合和与特定的［负电荷］表面相结合的能力。

阴：通过对某个具有类似整体结构的蛋白质基因进行复制，得到了促凝血球蛋白原[6]，并获得了某些其他基因片段。

阳：凝血因子 X 出现，它是最近附着上 Gla 的凝血酶原的复本；它可以黏附到促凝血球蛋白原上，从而导致凝血酶原的激活，与 TF 引起的激活无关。

（又是）阳：前凝血酶原转变加速因子是凝血因子 X 的复本，解放了的凝血酶原可以更好地与纤维蛋白相结合。在与组织因子结合后，前凝血酶原转变加速因子能够通过"切割"凝血因子 X 来将其激活。

（还是）阳：来自凝血因子 X 的抗血友病因子 B。在某段时间内，两者都黏附在促凝血球蛋白原上。

阴：来自促凝血球蛋白原的抗血友病因子。很快调整以便与抗血友病因子 B 发生相互作用。

阳：蛋白质 C 从遗传角度来讲源于凝血酶原。通过范围有限的［切割］来让促凝血球蛋白原和抗血友病因子失去活性。

分离：凝血酶原参与了［基因片段］的交换，将它的表皮细胞生长因子（ECF）结构域替换成一些可以附着到纤维蛋白上的［结构域］。不再需要 EGF 结构域来与组织因子（TF）发生相互作用。☐

〔子黑匣〕怎么又会这样呢？

现在我们花一点点时间来对杜利特尔教授的方案做一下评论。首先要注意的是，文中没有论及引起的原因为何。因此，我们只看到，组织因子"出现"，纤维蛋白原"产生"，抗血纤维蛋白酶"形成"，凝血酶原（TPA）"跳出"，交联蛋白质"得到释放"等等诸如此类的描述。我们可能会问，到底是什么引起了所有这些的出现和形成呢？杜利特尔看来似乎已经构思好了一个渐进发生的达尔文进化方案，其中包括一些基因片段的不定向的随机复制和重组。但是，要将合适的基因放在合适的位置需要多么难以预测的运气成分啊！真核生物包含有相当多的基因片段，而且很显然，对它们进行转换的过程是随机的。因此，通过打乱重组来形成一个新的血液凝结蛋白质，就像是从一本百科全书里随机挑出几个句子来组成语意连贯的一段话那样，几乎是不可能的。杜利特尔教授并没有花费力气去计算，到底需要先将多少不合适的、不具有活性的、因此没有用处的"经过多次打乱重组的结构域"去掉，才能得到一个蛋白质，例如具有 TPA 类似功能的蛋白质。

为了说明这个问题，让我们自己快速计算一下。假设具有血液凝结串联蛋白质链的动物有大约 10 000 个基因，每个被平均分成 3 部分。这样就总共有大约 30 000 个基因部分。TPA 有 4 种不同类型的结构域。[7] 通过"无数次的打乱重组"，让这 4 个结构域集中到一起的几率[8] 为 30 000 的 4 次幂（[30 000]^4），大约为 1/10 的 18 次幂（[1/10]^{18}）。[9] 现在，如果在爱尔兰大抽彩中获奖的几率为 1/10 的 18 次幂，并且如果每年玩彩票的人大约有 100 万个，那么平均需要大约 100 亿年才会有人（并非某个特定的人）能够在抽彩中获奖。100 亿年大致就是当前宇宙预计寿命的 100 倍。杜利特尔的随意用词（如"跳出"等等）隐藏着巨大的难题。这种极为微小的几率所带来的问题同样会影响以下物质的产生，如凝血酶原（"蛋白酶基因重复和打乱……重组的结果"）、纤维蛋白原（"来源于……的一种杂交蛋白质"）、血纤维蛋白溶酶原、促凝血球蛋白原，以及他所提出的对凝血酶原进行重组后形成的物质中的任何一个。杜利特尔显然必须打乱并重新洗上几手好牌才能赢得比赛。不幸的是，宇宙没有时间去等待。

第二个要考虑的问题是，由复制基因形成的蛋白质将立即具备新的必要特性这一内在假定是否成立。因此，我们被告知："组织因子是作为对'另一个蛋白质'基因进行复制的结果而出现的。"但是，组织因子当然不可能表现为复制的产物——其他蛋白质可能会。如果一家生产自行车的工厂得到复制，它生产的还是自行车，而不是摩托车；这就是**复制**（*duplication*）一词所表达的意思。蛋白质的基因可能通过随机变异得到复制，但是它不可能正好"随机"获得了新的特性。既然复制基因不过是旧基因的复本，在对组织因子的形成进行解释时，必须说明它经过了什么可能的路径才获得了一种新的功能。这个问题却被小心翼翼地避开了。在描述以下物质的产生时，杜利特尔的方案遇到了同样的问题，包括凝血酶原、凝血酶受体、抗凝血酶、血纤维蛋白溶酶原、抗血纤维蛋白酶、促凝血球蛋白原、凝血因子X、前凝血酶原转变加速因子、抗血友病因子B、抗血友病因子，以及蛋白质C——实际上就是系统中的每一种蛋白质！

血液凝结方案中的第三个问题就是，它回避了数量、速度、时间和地点的问题。最初可用的凝结材料数量、初始系统能够达到的凝结强度、一旦伤口出现凝结形成所需的时间、凝结可以抵抗的液压强度、不合适的凝结形成可能带来的危害，或是其他许多类似的问题，对此作者只字未提。这些因素的绝对值和相对值可以导致任何一个特定的假想系统成为可能或完全错误（后者更有可能）。例如，如果只有少量的纤维蛋白原，就无法盖住伤口；如果初始的纤维蛋白随机形成了一个团点而不是网状物，血流就不可能止住。如果抗凝血酶的初始作用过于迅速，而凝血酶的初始作用又过于缓慢，或是最初的凝血因子X、或者抗血友病因子B、或者抗血友病因子附着得太松或者太紧（或是不管是活性的还是非活性的它们都一股脑儿地附着上去），那么整个系统就会崩溃。杜利特尔没有在任何一个步骤中给出包括有数字或是数量的模型。没有数字就称不上科学。如果只是就这样复杂的系统的进化做出口头描述，就绝不可能知道它是否可以运转。如果连这么重要的问题都忽略不计，我们就不是在研究科学了，而是在创作《卡尔文和霍布斯》动画了。

然而，迄今为止我们所提出的异议还不是最关键的。最关键的、也许是最显著的问题，涉及到不可简化的复杂性。我强调，自然选择这一个达尔文进化论的火车头，只有在有物可选择的情况下才说得通。这些可选物是现在有用的一些东西，而不是将来才用得上。即便我们为了讨论起见，暂时接受杜利特尔的观点，然而，根据他自己的陈述，至少要到第三步，血液凝固才会出现。在第一步里，组织因子的形成没有得到解释，因为接下来它就无所事事地毫无用武之地了。在第二步里（凝血酶原已经出场，而且具有束缚组织因子的能力，后者在某种程度上对它进行激活）可怜的凝血酶原也处于无事可做的无聊状态中，直到最后，在第三步中，一个假设的凝血酶受体出场了，纤维蛋白原在第四步从天而降。血纤维蛋白溶酶原再过一个步骤就出现了，可是它的活化剂凝血酶原（TPA）直到两步之后才会出现。凝血因子X经过一个步骤就出现了，但是除了消磨时间外无所事事，直到它的活化剂（前凝血酶原转变加速因子）在下一步出现，并且组织因子以某种方式判断出这个就是它想要附着的复合物。事实上，杜利特尔所设想的路径中的每个步骤都面临着类似的问题。

"活化剂在两个步骤之后才会出现"这种简单的措辞可能并不会给人留下深刻印象，除非你仔细思考其中的含义。既然路径中的每一个步骤都需要两种蛋白质——酶原和它的激活物，那么这两种蛋白质一起出现的几率大致就是单种蛋白质出现几率的平方。我们已经计算出，凝血酶原（TPA）单独出现的几率是 1/10 的 18 次幂（$[1/10]^{18}$）；同时获得 TPA 及其活化剂的几率大约为 1/10 的 36 次幂（$[1/10]^{36}$）！这是一个令人望而生畏的庞大数字（分母）。就算是将我们的宇宙 100 亿年的寿命压缩为 1 秒，并且 1 秒后再按每秒为 100 亿年继续活下去，这样一直持续 100 亿年的时间，我们也不能指望同时出现两种蛋白质这种情况的发生。实际上，情况要糟糕得多：如果在某一步[10]中蛋白质无事可做，那么变异和自然选择就可能倾向于将其消除。既然它没有什么重要的作用，去除它就不会有什么影响，并且基因和蛋白质的制造还会浪费能量，而其他的动物则不用消耗这个能量。因此，至少从某个微小的程度来说，制造无用的蛋白质可能是有害的。达尔文的自然选择机制实际上可能会妨碍像血液凝结这种不可简化的复杂系统的形成。

杜利特尔的方案默认了凝结串联蛋白质链具有不可简化的复杂性，但是它试图用大量玄妙的阴阳隐喻来掩盖其所遇到的困境。我们的底线就是，蛋白质群必须是被**突然**（*all at once*，或同时）插入凝结串联蛋白质链中去的。要做到这一点，只能假设由一个"能够指望得上的怪物"凭着运气或是在某个智者的指引下同时具有了所有这些蛋白质。

以杜利特尔教授为榜样，我们也能够设计出一种路径，从而制造出第一个捕鼠器：锤子就是我们车库中的撬棍的复制品。锤子接触到底座，木制底座是由几个冰棒棍组合而成的。弹簧是从祖父曾经用作计时工具的一个闹钟中取出来的。挡棒用废弃的可乐罐子里伸出来的吸管做成，卡子就是啤酒瓶盖做成的。但是，除非有人在旁加以指导，或是有什么可以参照的，否则我们不可能就这样做出一个捕鼠器。

我们还记得，杜利特尔在《血栓形成和止血法》期刊上发表的那篇论文的读者是凝结研究领域的领军人物。他们清楚当前的研究水平。可是这篇论文并没有向他们解释凝结可能是如何形成的，并且随后进行了什么样的进化。相反，它只是讲了一个故事。事实上，**目前地球上没人知道，凝结蛋白链是如何形成的。**

子黑匣 鼓掌，鼓掌

上面的讨论并不是为了要贬低罗素·杜利特尔。多年来，他在蛋白质结构这个领域进行了大量的研究。事实上，他可能是极少数试图去解释这个复杂的生物化学系统是如何形成的人之一，也可能是唯一的一个。为此他值得大加称赞。除他之外，还没有人花费这么多的精力来思考血液凝固的起源。我们的讨论仅仅是为了说明这个问题的异常艰巨性（实际上，从表面上看是不可能解决的）。一位顶尖的科学家坚定不移地进行了将近50年的研究，也没能解决这个问题。虽然我们身体的进程看似简单，却蕴藏着令人震惊的复杂性，血液凝固只是其中的一个例子。即使是简单的现象，也深藏着如此艰巨的复杂性，达尔文的理论无言以对。

就像鲁布·戈德堡所创造的那些机械一样，凝结串联蛋白质链是一个令人叹为观止的平衡过程。在这一过程中，众多的化学生物物质展示着它们通过对酶进行修改所获得的不同装饰和重新排列。这些物质沿着一个精致有序的序列，以精确的角度从各自身上弹开。直到最后，来亨鸡福亨推开了压在身上的电话线杆，从地上爬起来，它的伤口不再流血。观众们站起身来，热烈鼓掌，掌声经久不息。

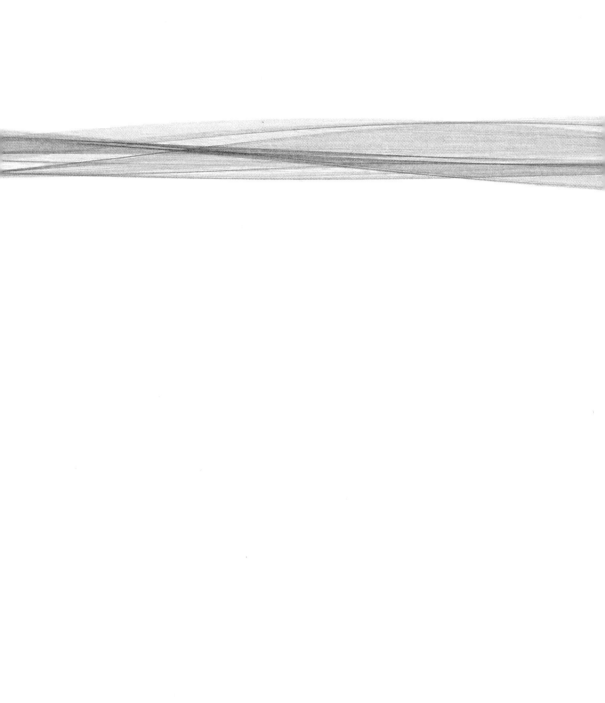

第5章　由此及彼

匣黑子　麻疹

在诊所里，医生对第三个年轻病人进行检查。他由于发烧、浑身疼痛、眼睛充血而没能上学。就像前两个病人一样，这名男孩长了麻疹，而不是风疹。同样，就像前两位病人一样，男孩从未注射过疫苗。住在拥挤市区内的人很少打过麻疹疫苗。这些年来人们很少患上麻疹。人们忘记了这种疾病有多么危险。父母认为这种病不过会暂时留下一些斑点，只需要短暂的卧床休息就可痊愈。但他们错了。麻疹会导致病人更容易患上其他传染性疾病，例如脑炎。医生得知第一位病人刚刚去世。

同一个社区在一周之内发现 3 例麻疹，这意味着疾病正在传播。医生担心发生流行病。她马上给市里的卫生官员打电话，告知这一情况。卫生专员向位于亚特兰大的疾病控制中心（CDC）发送传真，要求送来 1 万剂麻疹疫苗。他计划，在邻近的社区启动接种疫苗的应急计划，以阻止疾病的传播。受到感染的孩子们将被隔离；在麻疹的爆发得到控制之后，政府将启动一项教育规划，提醒家长们注意儿童时期感染的病毒将给他们的健康带来持续的危害。但是目前最重要的事情是：急需要疫苗。

疾病控制中心收到传真后，批准了此项要求。一个技术人员走入地下仓库，在那儿中有一些大型冷藏室，储存着对付各种疾病的疫苗，包括麻疹、天花、水痘、白喉、脑膜炎等等。技术人员检查了包装上的标签，知道了后面角落的箱子里装着麻疹疫苗，并把它装上推车。他推着车走出仓库，来到一个装载支架旁。在那里，一辆冷藏车正等着将这些疫苗送往机场。到达机场后，卡车缓缓驶入一家商业货运公司的航站楼。一些飞机停在航站楼旁，最后货车驾驶员找到了那架机身上标示着正确目的地的飞机。

装有疫苗的箱子被装运到飞机上。飞机起飞了。在发现麻疹传染的那座城市的机场上，另一辆冷藏车正等候在那里接机。卸货人员根据包装的标记找出疫苗，把它们从飞机上卸下的所有包裹中挑拣出来，并装上了这辆冷藏车。冷藏车的驾驶员从附着在包装上的一张纸条上找到了诊所的地址。卡车疾驰而去。到达诊所后，一大群医务人员将疫苗从车上卸下来，并打开盒子。不久后孩子们成群结队地走进诊所接受疫苗注射。每个孩子经过的时候，一位护士就会拿起一小瓶疫苗，去掉瓶上的金属软帽，将注射器的针头插入小瓶并抽出液体，接着将它注射到愁眉苦脸的孩子们的胳膊里面。

这个策略奏效了。又有几个孩子患上了麻疹，但是不再有人死亡。流行病得到了控制，城市官员们开始进行下一步的教育活动。

子黑匣 啊噢，糟了！

导演坐在椅子上，身子往后一靠，把剧本扔到桌子上。 "流行病！"——这是他第一部将在电视上放映的电影，已经完美成型了。它具备了情节、行动、伶俐的孩子、讨人喜欢的医生和护士，以及品德高贵的政府官员。一种致命的疾病通过人类的精巧计划和技术手段被打败了。

呸！这位导演可不爱看皆大欢喜的结局。他是一个彻头彻尾的愤世嫉俗者。他遇到过那么多愚蠢无能的人，怎么能相信这样的结局呢？他姐姐的胆囊被一位技术娴熟的外科医生切除了；不幸的是，她要做的是阑尾切除术。城市规划委员会的主席是一位邻居的叔叔，他居然批准这个邻居在安静的住宅区开了一家电子游戏室。本地学校的一些小流氓们给他的轮胎放过气。这名导演不喜欢医生，憎恶政客，还讨厌孩子。

此外，这名导演想要成为一名伟大的艺术家。伟大的艺术家应该指出人类的弱点，以及由于人类自身的限制条件所导致的一些悲剧。这不正是莎士比亚做过的事情吗？他们可不会去迎合那些愚昧大众的口味。因此导演闭上了眼睛，开始设想一些不同凡响的剧情。

流行病开始传播了，官员们乱作一团，还向疾病控制中心打去电话求救。技术人员走进地下冷藏间，抓起一些标示着"麻疹疫苗"的箱子。疫苗上了卡车、进了飞机、运往城市，最后到达诊所。孩子们吵吵闹闹地排队经过护士，接受疫苗注射。过了几天，又有 3 个孩子死亡了。过了一个星期，24 个孩子死亡。在死亡的孩子中，有几个接受过疫苗注射。两个月后，200 个孩子死亡，几千个孩子得了麻疹，几乎所有这些孩子都接受过疫苗注射。困惑的官员们下令调查，结果发现疫苗包装上的标签是错误的；拿来的是白喉疫苗，而不是麻疹疫苗。现在几乎城里所有的孩子都生病了，已经无法补救了。这种疾病将继续蔓延。

导演笑了。他肯定会找几个当地的小流氓在电影里扮演一些注定要死去的孩子。

但是，也许随着疾病的流行，这部电影需要更多的悬念。因此，当疾病控制中心接到电话后，也许那名技术人员走到地下仓库，却发现所有的标签已经从箱子上掉下来了。冷库的风扇把这些标签吹得到处都是，它们混在一起，没办法区分开来。技术人员直冒冷汗，他知道如果要一箱一箱地进行分析，也许要几个星期才能找到想要的麻疹疫苗。在这段时间里，疾病将蔓延开来，政客们会尖叫，孩子会死去。他可能会被炒鱿鱼。

要在电影主题上做一些改动非常容易。卡车将一箱箱的疫苗装错了飞机。飞机降落后，货物被卸错了卡车。卡车在驶向诊所的路上遭到了劫持。卡车将疫苗送错了地方。疫苗瓶子上的盖子碰巧是硬质合金制造的，而不是软金属，只有将瓶子折断才能去掉盖子，因此疫苗受到污染。在所有这些事件中，导演满意地注意到，人类的无能得到彰显。科学所取得的伟大成就——发明疫苗以打败疾病，发明飞机和汽车来加快供应的速度——统统都因为人类的愚笨而宣告无效。

导演一拍大腿。没错，这部电影的主题就是一场战斗，一场史诗般的搏斗：阿尔伯特·爱因斯坦对阵三个臭皮匠。爱因斯坦毫无胜算的希望。

子黑匣　货运服务

在导演所设想的剧本中，所有突然出现的问题都牵涉到将包裹运送到最终目的地的货运服务。虽然这部电影的主题是死亡和疾病，但所有试图将某个特定包裹运送到某个特定目的地的人都会面临相同的问题。假设你想去费城的汽车站搭乘一辆开往纽约的大客车。上百辆客车整齐地排列着，汽车已经发动了，随时准备出发驶向目的地。但客车上没有路线标志，驾驶员和乘客也不愿意告诉你这辆客车的目的地是哪儿。于是你跳上了离你最近的一辆车，结果发现自己到了匹兹堡。

客车运输系统和前面提到的疾病控制中心所需要解决的是同一个问题：将正确的包裹（乘客）运送到正确的目的地。过去采取的"驿马快信"制度也面临着同样的问题。当骑马的邮差纵身下马拾起一袋邮件时，必须有人确保袋中的邮件要寄到的地方正是马要去的方向。并且当骑马的邮差到达目的地后，他得要能够认出那个地方。

所有的运货系统都面临同样的问题：货物上必须将正确的交货地址标识清楚；运送人员必须能够识别地址并且将货物放在正确的运载工具上；运载工具在达到正确目的地时必须能够认出那个地方；必须有人将货物卸下来。如果这其中任何一个步骤被忽略的话，整个系统就无法运作。正如我们在电影剧本中看到的一样，如果包装上贴了错误的标签，或是根本没有标签，就无法从仓库中带走正确的疫苗。如果包裹被投寄到错误的地址或是在到达诊所后疫苗的盖子无法打开，那么还不如干脆不把它寄来。整个系统在开始运行之前必须全部到位。

恩斯特·黑克尔（Ernst Haeckel）认为，细胞是"均匀一致的原生质小球"。他的看法是错误的。科学家已经证明，细胞是一种复杂的结构。特别是真核细胞（除细菌之外的所有生物体的细胞）具有许多不同的小隔室，分别行使不同的功能。正如一套房子包括厨房、洗衣房、卧室和浴室一样，细胞也将一些专门的区域分隔开来，以完成一些独立的任务（图5-1）。这些区域包括细胞核（DNA的载体）、线粒体（产生细胞所需的能量）、内质网（加工蛋白质）、高尔基体（蛋白质运输的中转站）、溶酶体（细胞的垃圾处理装置）、分泌小泡（在货物送离细胞之前将其储存在此处），以及过氧化物酶体（帮助脂肪代谢）。每个小隔室都通过各自的膜与细胞的其他部分隔离开来。正如房子里的某个房间通过墙壁和门与房子的其他部分隔离开来。膜自身可以被视为独立的区域，因为细胞在膜内存放着其他地方所没有的物质。

一些区域还包含几个独立的部分。例如：线粒体由两层不同的膜包围着。因此线粒体可以被看做是包含4个独立的部分：内膜内部的空间、内膜本身、内膜和外膜之间的空间以及外膜本身。将膜和内部空间加在一起计算，一个细胞内有20多个不同的部分。

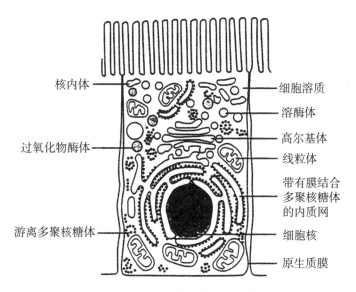

核内体

过氧化物酶体

游离多聚核糖体

细胞溶质

溶酶体

高尔基体

线粒体

带有膜结合
多聚核糖体
的内质网

细胞核

原生质膜

图 5-1　一个动物细胞的组成部分

　　细胞是一个动态系统；它不断地制造新的结构和去除旧的材料（新陈代谢）。因为细胞的各个组成部分都是互相隔开的，因此每个区域都面临着获得新物质的问题。解决这个问题有两种方法。第一种方法，各个区域可以自行供应，就像一些自给自足的小村庄一样。第二种方法，新物质可以集中生产，然后运到其他区域，就像大城市制造牛仔裤和收音机，然后将它们运往小城镇。或者将这两种方法结合起来。

　　在细胞中，虽然有些区域自己生产原料，但大部分蛋白质还是集中生产并运往其他区域的。区域之间的蛋白质运送是一个令人着迷的精妙过程。具体情况根据蛋白质运送目的地的不同而有所区别，正如包裹是通过乡镇运输还是要越洋运输决定了运输具体情况的不同一样。在本章中，我将主要谈谈细胞通过哪种机制来将蛋白质运送到细胞中的"废料处理站"——溶酶体。你将看到，正如疾病控制中心在运送某个重要包裹期间会遇到某些问题，细胞也会遇到同样的问题。

迷失在太空

刚刚由细胞生产出来的蛋白质遇到了许多分子机器。一些分子机器试图抓住蛋白质并将它运送到目的地。我们马上就要沿着一个蛋白质的路径从头走到尾。但是，蛋白质机器都有着非常奇怪的名字，而且对许多人来说，如果他们不习惯于思考这些蛋白质机器，就很难在头脑中描绘出相应的情景。所以我会首先占用几页纸的篇幅来进行一个类比。

在遥远的未来时间。人类已经直接开始开发太空。但是身处彗星、磁暴和到处劫掠的外星人之中，危险实在是太大了。因此，这项任务被交给了航天探测器。这些机器被发射到宇宙中，对我们星系的边界和更远的区域进行探索。当然，要到达银河系的边界需要花费一些时间，要想达到更远的地方需要的时间就更长了。因此航天探测器是按照自给自足的模式来设计制造的。它们可以降落在贫瘠的星球上，进行原材料的开采。它们可以从矿石中制造出崭新的机械，它们还可以从星光中收集能量并将其用于电池充电。

航天探测器是一架机器，因此只有通过制定极为详细的机制它才能完成所有的任务，而不是靠变魔术。任务之一就是将旧电池循环利用。电池的使用寿命很短，因此探测器就需要制造新电池。将旧电池碾碎后，把旧组件回收并将其熔融，重新制作外壳，再加上新的化学物质，新电池就产生了。这个过程要用到一种叫做"电池破碎机"（battery crusher）的机器。

航天探测器的形状像一个巨大的球体。球体的内部是一些体积更小的、独立的球体。每个球体内部都包括一些分工明确的机器。探测器里最大的球体——我们称之为"图书馆"——存放着制造航天探测器中所有机器的蓝图。但是，这些可不是一般的蓝图。它们可以被看做是用盲文打的蓝图。或者又像是自动钢琴的活页乐谱。在图上的物理凹痕的指示下，主机可以制造与蓝图相对应的机器。

一天，航天探测器"感觉到"（通过某个机制，我们在这里先不讨论）它需要制造一个新的电池破碎机，破碎机将在垃圾处理室参与旧电池的循环利用。于是，相关程序得到启动：电池破碎机的蓝图在图书馆得到复制，蓝图副本飘到了图书馆中的某个窗口。（太空中没有地心引力）。蓝图的一侧有一些排成特殊图案的穿孔，正好和窗户上扫描器上的钉子图案相吻合。蓝图固定在扫描器上后，窗户就像照相机的快门一样打开了。蓝图晃了晃，脱离了扫描器，从图书馆中飘出，进入探测器的主要区域。

在主要区域中有许多机器和机器零件；螺母、螺栓和接线四处飘浮。在这个区域中有许多被称为主机的东西的副本。它们的工作就是制造其他机器。它们通过读取蓝图中的穿孔来完成这一任务。抓住飘浮在空中的螺母、螺栓及其他零件，然后一片接一片地进行机械组合，最终制成了一台机器。

在主区中飘浮的电池破碎机的蓝图很快接触到一台主机。随着一阵呼呼声，主机上转动着的附件抓取了一些螺母和螺栓，并开始组装破碎机。不过，在组装机体之前，主机首先会制造一个临时的"标记"，标示破碎机必须离开主区。

在主区中的是另外一台指导机。指导机的形状和标记的形状形成精确的互补关系，并且指导机上的小磁铁可以让它们牢固地结合在一起。随着指导机和装饰物的结合，指导机会推下主机上的开关，让它暂停破碎机的制造。

在探测器内某个球体的外部（我们将这个球体称为"1号加工室"）是一个接收点。它的形状和指导机以及装饰物的部分形状形成互补。当指导机、装饰物和它们紧贴在一起的部分撞到接受点那部分时，主机的开关就会弹回到启动的状态，于是破碎机的制造过程又接着开始。

紧挨着接收点的是一扇窗户。当装饰物轻轻碰到窗户时（这个空间里面很拥挤），它会启动加工室内的一个运输带，运输带会将新电池破碎机拉入加工室内，把主机、蓝图和指导机都留在外面。

就在破碎机被拉过窗口的时候，另一台机器正在将现在已经不需要了的装饰物拆除。现在，令人吃惊的是，嵌在1号加工室的活动墙壁内的收缩机启动，于是墙壁的一部分合拢过来，围住了一些机器，形成了一个新的可以自由飘浮的小空间。墙壁的其余部分自然地闭合在了一起。

现在，这个小空间在主区内漂移了一小段距离后碰到了第二个加工室。小空间和这个加工室的墙壁合拢在一起，它里面包含的一些东西也被注入2号加工室。然后电池破碎机通过某种机制穿过3号和4号加工室，这个机制和它从1号加工室到2号加工室的机制相类似。正是在加工室内，机器接收到了一个指示牌，指引它们到达最终目的地。一个触角被放置在电池破碎机上，并且很快就被修剪成一种非常特殊的形状；通过这个特殊的形状，其他的机制就了解到要将破碎机引导到垃圾处理室去。

最后一个加工室的墙壁内有一个机器（运输机）的形状与电池破碎机经过修剪的触角的形状呈互补关系。破碎机紧贴着运输机，并且墙壁的那一块区域开始合拢来形成了一个分室。分室外面是另一个机器（交付编码器），它的形状与从垃圾处理室突出的一个端口指示器的形状呈互补关系。刚才提到的分室通过这两个机器与垃圾处理室钩连在一起。这时，另一个机器（入口）漂移而过。入口的形状和交付编码器和端口指示器的一部分呈互补关系。当入口和它们结合在一起时，就会在垃圾处理室内上打一个小孔，运输球体就会与它相结合，它里面的东西会被倾倒入垃圾处理室。电池破碎机最终可以开始工作了。

也许说到这里，读者可以很容易地发现，运输系统将电池破碎机输送到目的地的方式具有不可简化的复杂性。如果这么多组件中的任何一个缺少了的话，那么破碎机就无法被运送到垃圾处理室。而且，必须维持系统所具有的微妙的平衡。各个组件都要做到精确关联和分离，在恰当的时间点到达以及离开。任何错误都会导致系统运行失灵。

子黑匣 **现实的检验**

这是一部科幻小说，不是吗？自然界里根本没有这么复杂的事物，不是吗？细胞是"均匀一致的原生质小球"，不是吗？嗯，不是，是，不是。

航天探测器中所有这些稀奇古怪的机器在细胞中都有直接的对应物。航天探测器本身就是细胞，图书馆是细胞核，蓝图是 DNA，蓝图的副本是RNA，图书馆的窗口是核膜孔，主机是核糖体，主区是细胞质，修饰物是信号序列，电池破碎机是溶酶体水解酶，指导机是信号识别粒子（SRP），接收点是信号识别粒子（SRP）受体，1 号加工室是内质网（ER），2 号至4 号加工室是高尔基体，触角是复合碳水化合物，分室（sub-rooms）是外被体或网格蛋白被膜小泡，以及各种各样的蛋白质分别扮演着修整器、运输机、交付编码器、端口标记器和入口的角色。垃圾处理室则是溶酶体。

现在让我们用一段文字来简略地描述一下，在细胞质中合成的蛋白质最后是如何到达溶酶体的。如果很快就忘记了细胞运输系统中的一些名称和步骤，不用担心，我们只是想让你对细胞的复杂性有所了解。

❒ 一个 RNA 的副本（称为信使核糖核酸，简称为 mRNA）是由对在细胞的垃圾处理室"溶酶体"中工作的某个蛋白质进行编码的 DNA 基因组成的。我们将这种蛋白质称为"废物处理工"。mRNA 是在细胞核中制造的，然后漂向核膜孔。核膜孔中的蛋白质识别出 mRNA 上的一个信号，于是核膜孔打开，mRNA 漂入细胞质内。在细胞质中，细胞的主机"核糖体"开始利用 mRNA 中的信息来制造"废物处理工"。不断增长的蛋白质链中的第一部分包含有一个由氨基酸构成的信号序列。一旦信号序列形成，一个信号识别粒子（SRP）会抓住这个信号，并导致核糖体暂停工作。接着信号识别粒子和相关粒子会漂向内质网（ER）膜上的一个信号识别粒子受体并黏附在那里。这同时也会导致核糖体继续进行合成，并且内质网膜内的一个蛋白质通道会打开。蛋白质穿过通道，进入内质网，一个酶会将信号序列剪去。一旦进入内质网，一个巨大的复合碳水化合物就会被放置在"废物处理工"上。外被体蛋白会使得一滴包含有一些"废物处理工"和其他蛋白质的内质网被夹断，穿入高尔基体并与之混合。一些蛋白质如果包含合适的信号就会被送回到内质网。在蛋白质通过高尔基体的几个小隔室的过程中，这种情况还会再发生两次。在高尔基体内部有一种酶识别出"废物处理工"上的信号片段，并将另一个碳水化合物聚合物放置在它上面。另一种酶会对新附着的碳水化合物进行修整，留下甘露糖-6-磷酸（M6P）。在高尔基体的最后一个小隔室中，网格蛋白的蛋白质集结成一块片段并开始生长。网格蛋白被膜小泡内部是一个结合到 M6P 上的受体蛋白。M6P 受体蛋白抓住"废物处理工"的 M6P（甘露糖-6-磷酸），并在小泡开始生长前将它推上去。小泡的外面是一个 v-SNARE 蛋白（囊泡膜-敏感因子附着蛋白受体）。这种蛋白质专门识别溶酶体上的 t-SNARE 蛋白（靶膜-敏感因子附着蛋白受体）。一旦开始对接，NSF 蛋白（敏感性融合蛋白）和 SNAP 蛋白（敏感因子附着蛋白）就会将囊泡融合到溶酶体中去。现在"废物处理工"已经到达目的地，可以开始履行它的使命了。❒

我们虚构的航天探测器是如此复杂，人们甚至连它最原始的形态都还没虚构出来。然而，细胞系统的确是真实存在的，并且每一分钟每一秒钟都在你的身体内发生着上亿次这样的过程。科学比科幻小说还要令人难以置信。

子黑匣 工作要求

"废物处理工"从细胞质到溶酶体的路程只有千分之一英寸（0.025 4毫米）。但是它需要调动许多不同的蛋白质来确保它的安全到达。在我们之前虚构的电影中，疫苗从疾病控制中心到达急需使用它的大城市也许只有1 000英里（1 609公里）的路程，这个距离要比"废物处理工"经过的路程远1万亿倍。但是，运输疫苗所需要的条件和将酶从细胞质运输到溶酶体所需要的条件在很多方面是相同的。这些条件取决于需要完成的任务类型，而不是取决于运输的距离，也不是所使用的运载工具的类型，或是制造标记所使用的材料。

有一本目前正在使用的教科书列出了细胞用3种方法将蛋白质送入分区的情形。第一种方法被称为门控运输（gated transport）。一个大的门道打开或者关闭，以控制蛋白质通过膜的通道。这个机制可以用来调节材料的流动，例如新造的mRNA在细胞核和细胞质之间的流动（如果是在航天探测器中，就是蓝图从图书馆流入主区的过程）。第二种方法是跨膜运输。当单个蛋白质通过蛋白质通道时，正如"废物运输工"从细胞质滑入内质网时，就是用的这个方法。第三种方法是囊泡运输。蛋白质货物被装入容器等待发货，就像是从高尔基体（最后一个加工室）中出发去往溶酶体（垃圾处理室）一样。

对我们来说，头两种可以被视为相同的方法：它们都用到了膜中的入口，选择性地让蛋白质通过。就门控运输来说，这个入口很大，并且蛋白质可以采用折叠的方式穿过。如果是跨膜运输，入口就比较小，并且蛋白质必须挤着才能通过。但基本上，如果想要扩大或者缩小入口的尺寸不会有任何困难，所以这两种方法是一样的。因此，我把这两种方法都叫做门控运输法。

门控运输法的最基本要求是什么呢？设想一下，某个室内停车场是专为持有外交牌照的人员预留的。车库没有设置管理员，只是安装了一个扫描器，可以读取牌照上的条形码。如果条形码是正确的，车库门就会打开。一辆外交牌照的汽车开了过来，扫描器扫描了牌照上的条形码，门打开了，汽车驶入车库。不管汽车刚才是行驶了 10 英尺（3 米）还是 10 000 英里（16 093 公里）才达到车库，也不管车子是卡车、吉普车还是摩托车，这都不重要。如果条形码是正确的，车就可以进入车库。因此，车库的门控运输法需要具备三个要素：标识牌、扫描器和可以通过扫描器开启的大门。如果这三者少了一个，那么要不就是车子无法驶入车库，要不就是车库不再是专为外交牌照的车辆预留的。

因为门控运输法最少需要 3 个单独的要素才能发挥作用，它具有不可简化的复杂性。为此，通常认为细胞中的门控运输是通过达尔文渐进进化而形成的这一观点面临着巨大的难题。如果蛋白质不包含运输信号，它们就无法得到识别。如果没有能够识别信号的受体，或是没有可以经过的通道，门控运输也不会发生。并且如果通道可以允许所有的蛋白质通过，那么闭合的小隔室和细胞的其余部分就没有任何不同。

囊泡运输甚至比门控运输还要复杂。假设，现在挨个进入车库的不是外交官们的汽车，而是所有外交官都必须把他们的汽车开到一辆大型牵引拖车的尾部进入车厢内，由这辆牵引拖车驶进这个特殊车库，并且所有汽车都要从这辆拖车上开下来，然后停放在车库中。现在，我们需要一种方法来让拖车识别哪些汽车才能驶到它的尾部进入车厢，以及另一种方法来让车库识别拖车，还要有一种方法来让进入车库后汽车从拖车上开下来。这种情况需要 6 个单独的要素：（1）汽车上的标识牌；（2）可以运载汽车的拖车；（3）拖车上的扫描器；（4）卡车上的标识牌；（5）安放在车库入口的扫描器；（6）可以开启的车库门。在细胞的囊泡运输系统中，这些要素分别与以下物质相对应：甘露糖-6-磷酸盐（M6P）、网格蛋白小泡、网格蛋白小泡上的 M6P 受体、囊泡膜-敏感因子附着蛋白受体（v-SNARE）、靶膜-敏感因子附着蛋白受休（t-SNARE）和敏感因子附着蛋白/敏感性融合蛋白（SNAP/NSF）。如果缺少了任何一个要素，囊泡运输就无法进行，或者最终将要到达的区域就无法保持它的完整性。

因为囊泡运输需要的要素比门控运输多好几个，它不能根据门控运输渐进演变而来。例如，如果外交官们的汽车上贴有条形码标签，汽车驶进拖车（运输囊泡）的尾部后，标签就会被挡住，这些汽车就无法进入车库。或者我们可以另外假设，拖车上也有一个和汽车上一样的标签，因此拖车可以进入车库。但是我们还是缺少一个可以让汽车驶上拖车的机制，因此拖车也发挥不了用处。如果让汽车随机地进入拖车，那么又会出现不是外交车辆的汽车也可以进入车库的情况。让我们再回到细胞的世界，如果只是"碰巧"形成了一个囊泡，就没有一个机制可以用来确认哪些蛋白质应该进入这个囊，也无法确认它的目的地。将包含有地址标签的蛋白质放入一个没有标签的囊泡中，将使这个地址标签无法得到识别，也会对那些门控运输系统运转良好的生物体造成危害。门控运输和囊泡运输是两种独立的机制，两者之间不存在任何关联。

本章对门控运输和囊泡运输做简要描述时，并没有涉及到这些系统具备的许多复杂性。因为谈到这些只会让系统更加复杂，但是，省略它们也无法改变靶向运输（targeted transport，或称定向运输）所具有的不可简化的复杂性。

二手玫瑰

像捕鼠器、鲁布·戈德堡机器以及胞内运输系统这些不可简化的复杂性系统，都无法按照达尔文的方式渐进演变而成。你不能从一开始仅凭着一个底座就可以逮住几只老鼠，再增加一个弹簧后再逮住几只老鼠，又增加一个金属锤后又逮住几只老鼠。而是整个系统需要马上组装起来，不然老鼠就会跑掉。同样，你没办法仅仅靠一个信号序列就能让蛋白质朝着溶酶体前进一点儿，再加一个信号受体蛋白后，再走一点儿。要么是一个完整的系统，要么就什么都不是。

然而，也许我们忽略了什么。也许捕鼠器的某个部分除了可以用来抓老鼠之外，还可以用于其他的目的，其他部分也是如此。在某个时候，原来有其他用途的几个部分突然组合到一起，形成了一个捕鼠器。也许胞内运输系统的构成部分本来是在细胞中执行其他的任务，然后转换到它们现在所承担的角色。会发生这种情况吗？

我们无法对某个特定的组件能够发挥什么作用做一个详尽的探讨。然而，我们可以设想出运输系统的某些组件可能承担的任务。这样做之后，我们会发现，如果组件本来是用于某个目的，那么就很难"随机地"在某个复杂系统中发挥新的作用。

假设我们从某个蛋白质开始。因为它位于细胞膜上，它有一个亲油区。进一步假设，处在这个位置对蛋白质来说是有好处的，因为它可以让膜更加坚韧，膜不会轻易被撕破和产生孔洞。这个蛋白质可以通过某种方式变成一个门控通道吗？这就好像在问，墙壁内的一根木梁能不能按照达尔文的方式，通过一个又一个微小的突变渐进转变为一扇带有扫描器的门。假设木梁被聚集在一起，而且它们之间的墙壁老化不堪，以至于灰泥开裂，墙上形成了一个洞。这能算得上是一个改进吗？墙上的洞可以让昆虫、老鼠、蛇和其他东西进入房间；它还会让房间里的暖气或冷气跑掉。同样，某个变异导致蛋白质聚集在膜上，留下了一个小孔，可以让储存的食物、盐、ATP和其他所需的材料漂流走。这算不上改进。墙上有一个洞的房子绝对卖不出去，有洞的细胞与其他细胞比起来也不会有竞争力。

❑ 反之假设，在核糖体将一些新蛋白质聚集在一起的时候，某个蛋白质可以和它们结合在一起。假设这是一种改进，因为新的未成型的蛋白质更加脆弱，因此将一个成型的蛋白质放置在它们上面可以起到保护作用，直到最后它们完全成型。那么，这种蛋白质能否发展成为信号识别粒子（SRP）呢？答案是不行。这种蛋白质可以帮助新蛋白质迅速成型，但无法让它一直保持未成型的状态，和现代信号识别粒子的作用正好相反。然而，成型的蛋白质无法在现代信号识别粒子的带领下通过门控通道。此外，如果一个原始信号识别粒子导致核糖体中断合成过程，就像现代信号识别粒子所做的那样，但是将核糖体重新启动的机器还没有到位，那么在这种情况下细胞就会被杀死（某些致命的毒药就是通过关闭细胞的核糖体来杀死细胞的）。因此，我们面临一个两难的境地：最初，一个不受控制的蛋白质合成抑制剂将杀死细胞，但是蛋白质合成的暂时中止在现代细胞中至关重要。如果核糖体不暂停工作，新蛋白质就会变得很大，以至于无法通过门控通道。因此看来，现代SRP（信号识别粒子）是不可能由某个通过和新蛋白质相结合来保护其免遭退化的蛋白质演变而来的。

假设在蛋白质的制造过程中，一种酶将一个大型的碳水化合物聚合体（我们称之为"小摆设"）放在蛋白质上。假设这样有助于稳定蛋白质，让它可以在细胞中更加持久。那这个步骤最后能够成为胞内运输链条上的一环吗？不会。因为这个小摆设让蛋白质变得更大，将会妨碍它之后穿过任何一个类似于内质网中现代门的通道。这个小摆设实际上可能会妨碍运输系统的形成。

同样，系统的其他独立部分实际上也会给细胞造成危害，而没有任何帮助。如果信号序列在原始细胞中发挥着积极作用，那么将信号序列（"修饰物"）剪掉的酶就会对细胞产生不利影响。如果那些所谓的小玩意还需要完成某项任务，那么将它们去掉就是一种退化。如果"废物处理工"这种蛋白质原本是要在开阔的外部工作，那么将它们捕捉到囊泡中就会带来危害。❑

在第 2 章我曾提到，我们不能把其他复杂系统的一些具有专业分工的组成部分（例如，祖父用过的闹钟中的弹簧）拿过来，将它们直接用到其他不可简化的复杂系统中去，除非已经对这个组件进行了全面的改造。某些相似的组件可以在其他系统发挥其他的作用，但这样也不会降低新系统的不可简化的复杂性。只不过是把重点从"制造"组件转移到了"改造"组件上了。在任何情况下，除非有某个智能体（intelligent agent）来对装配提供指导，否则也不会出现新的功能。在本章中，我们看到运输系统的建造面临着相同的问题：系统不能由新或旧的零件一件件地组装起来。

幼年夭折

在我们前面提到的 TV 电影的一个版本中，疫苗箱子上贴错了标签，最终导致孩子们的死亡。幸运的是，这些都是编造的情节。但在现实生活中，把标签搞混或弄丢真的会导致死亡。

一名哭喊不止的两岁女童在大人的搀扶下站在一张身高表前。她的身高只有 2 英尺（0.61 米）。她的脸和眼睛都肿胀着，腿是弯曲着的，动作僵硬。她对事物的反应也非常迟钝。通过医学检查发现，她的心脏、肝脏和脾脏体积大得不正常。她还在咳嗽和流鼻涕，这都说明这名年幼的女童一直患有上呼吸道感染。医生从女童的体内取出一份组织样本，送往实验室进行分析。实验室的工作人员将从样本中取出的细胞放在一个皮氏培养皿中培养，并通过显微镜进行检查。每个细胞都包含着成千上万个微小的密集颗粒。在正常的细胞中不会存在这种颗粒。这种颗粒被称做"内含体"（inclusion bodies）。幼小的女童患上了细胞内含物病（I-cell disease）。因为这种疾病是渐进性的，随着时间的推移，女童的骨骼和神经都将出现问题。女孩活不过五岁。

细胞内含物病是由于蛋白质运输路径出现故障而引起的。病人的细胞缺乏某种机制，这种机制本来可以将蛋白质从细胞质运送到溶酶体。由于这个故障，溶酶体无法得到它所需要的酶。相反，这些酶被装进了错误的囊泡，被送往细胞膜后，就被倒入细胞外间隙（胞外空间）中去了。

细胞是一个动力系统，并且正如它必须生产新的结构一样，它也要不断降解旧的结构。旧的材料被送至溶酶体进行分解。在患有细胞内含物病的孩子体内，垃圾被倒入它应该到达的处理室内，可是处理室是破败的，这儿既没有"废物处理工"，也没有任何可以用来分解旧结构的其他降解酶。由于废物不断地堆积，装满了溶酶体。细胞不得不制造新的溶酶体来储存这些不断增多的废物，但是新增的溶酶体小隔室最终又被这些细胞生命的碎屑所填满。随着时间的推移，整个细胞不断膨胀，组织不断增大，导致病人死亡。

仅仅因为众多将蛋白质送到溶酶体的机制中的某一个出现故障，孩子就会死亡。错综复杂的细胞内蛋白质运输路径出现的哪怕是一个小故障都是致命的。除非整个系统很快就恢复正常，否则我们的祖先将遭遇和女童同样的命运。蛋白质运输系统的渐进演化挽救了人类的命运。

由于运输系统的故障会引发疾病，并且因为这个系统是如此错综复杂又令人着迷，我们可以预期，囊泡的蛋白质运输的进化发展将成为一个主要的研究领域。这种系统是如何一步步进化形成的？从某个处理废物的其他方法到一个以溶酶体为目的地并且可以与之融合的网格蛋白被膜小泡，细胞需要克服什么障碍？同样，如果我们想从专业论文中为囊泡运输的进化找到某些解释，我们将失望透顶。因为对此没有任何解释。

《生物化学综合年刊》（*Annual Review of Biochemistry*，简称ARB）是一套系列图书，深受生物化学家的欢迎。这套书针对一些研究领域的当前研究水平作出评论。1992年，ARB刊登了一篇论文，涉及到"囊泡调节的蛋白质分类"。作者首先讲述了一些非常显而易见的事实：蛋白质在以膜为界的细胞器官之间的运输是一个非常复杂的过程。接下来，他们以专业的方式对这个系统和针对该领域当前的一些研究进行了描述。但是我们在将这篇46页的文章从头到尾读完后，还是找不到任何针对这种系统可能是如何渐进完成进化所做出的说明。这个课题还是一个未知之谜。

登录某个生物医学科学专业文献的计算机数据库，你可以在几十万篇论文的标题中快速搜到你想找的关键字。但是，如果你同时以"进化"和"囊泡"为关键词进行搜索，就得不到任何结果。如果我们采用传统的方法逐篇查找，也只能发现为数不多的几篇零散的论文是探讨真核细胞中各部分之间的门控运输是如何进化而成的。但是，所有这些论文都假设，运输系统来自先前存在的细菌运输系统，而且细菌已经具有现代细胞所具备的所有构成部分。这对我们毫无帮助。尽管这种推测或许可以解释运输系统是如何得到复制的，可是它们并没有解决初始系统是如何形成的这一问题。这个复杂的机器必须是在某个时间点上突然形成的，而且不可能是一步一步地渐进发展而来的。

如果想要得到一个较为令人满意的关于囊泡运输的概述，也许我们只能去《细胞分子生物学》（*Molecular Biology of the Cell*）这本教科书里去找了。这本书的作者包括美国国家科学院院长布鲁斯·艾伯茨（Bruce Alberts）、诺贝尔奖获得者詹姆斯·沃森（James Watson）和其他几位合著者。这本教科书用了100页的篇幅详细阐述了门控运输和囊泡运输。在这100页里，有一节名为"膜状细胞器之间的拓扑学关系可以根据它们的进化起源得到说明"的内容，篇幅为一页半。在这一节中，作者指出，如果一个囊泡被从细胞膜上剪断并进入细胞，那么它的内部就相当于细胞的外部。他们认为，正是在细胞膜的某个部分被剪断时，首次出现了核膜、内质网、高尔基体和溶酶体。这种观点正确与否暂且不谈，但是它甚至连蛋白质运输的起源（不管是囊泡运输还是门控运输）都没有谈到。在这个短短的章节中，并没有提到网格蛋白，也没有提到如何才能将正确的货物送入正确的囊泡以及运输到正确的区域（小隔室）。总而言之，这个讨论与我们的问题无关。虽然我们搜遍了专业文献，还是没有得到任何帮助。

子黑匣 总结与展望

囊泡运输是一个让人头昏脑涨的进程，它的复杂性丝毫不亚于将疫苗从存储区运送到千里之外的诊所这个完全自动化的过程。囊泡运输的故障所带来的致命后果也丝毫不亚于无法将疫苗运送到被疾病困扰城市的后果。通过分析证明，囊泡运输具有不可简化的复杂性，因此它的形成就根本不可能用达尔文进化论的渐进观点来解释。在对专业的生物化学文献和教科书进行检索之后，我们发现从来没有人提出过一个详细的路线——通过这个路线可以形成这样一个系统。在囊泡运输系统这种巨大的复杂性面前，达尔文理论缄默不语。

在下一章里，我们将探讨自我防卫艺术。当然是在分子的尺度上。正如机关枪、巡洋舰和核炸弹是我们这个更宏大的世界里所必须具备的精密机器一样，我们将会明白，极微观的细胞防御机制也是相当复杂的。在达尔文的黑匣子里，几乎没什么事情是简单的。

第6章　一个危险的世界

子黑匣 **所有的形式和规模**

这个世界到处都是敌人。我们并不是偏执狂。我们四面八方的生物出于这样或那样的原因一直想要取代我们。既然大多数人都还不想死，他们就采取了某些自卫措施。

入侵的威胁可能会以不同的形式和规模存在，因此自卫措施也必须是多种多样的。最大规模的威胁就是国与国之间的战争。国家统治者们似乎总是在觊觎邻国的资源，因此受到威胁的国家必须奋起自卫，要不然就会遭遇不幸的下场。在现代，国家具备的防御手段可谓尖端精密。美国有核武器库；如果某些国家公然在我们面前挥舞拳头，我们可以向它们扔原子弹。如果威胁升级为暴力，并且我们出于某种原因不想使用原子弹，那么可以部署其他的装备：可以投射"智能"炸弹的喷气式飞机，可以监测数十公里之外空域的配备有机载预警和控制系统的飞机，可以进行夜战的坦克，可以击落地对地导弹的地对空导弹防御系统，以及其他很多武器。对于热衷技术的战争贩子来说，这是一个黄金时代。

类似战争这样的威胁非常严峻，但是其他类型的攻击也是致命的。非常不幸的是，恐怖分子在飞机上放置炸弹，或是在地铁里面进行毒气袭击的事件屡屡发生，不禁让人心惊胆战。更糟糕的是，上面提到的众多武器中没有一件有助于防止地铁毒气袭击事件的发生。敌人的性质已发生了戏剧性的转变，从某个外来国家演变为某个国内的恐怖集团，因而自我防御的性质也必须随之转变。现在不能靠扔炸弹来解决问题了。政府官员们在机场安装金属探测器，在战略位置驻守着荷枪实弹的警卫人员。

恐怖主义和战争威胁着我们，但是它们不经常发生。在日常生活中，袭击我们的通常是街区附近的歹徒和流氓，而不是外籍群体或别的国家。老练世故的城市居民会在窗户上装上铁条，使用对讲机或是猫眼来看清楚敲门的人，并在遛狗的时候带上一罐胡椒粉。在缺乏这诸多现代化的便利设备的地方，人们会在小屋的周围砌上一堵石墙或者是木墙以防止（动物或者人类）侵入，还会在床边备上一根长矛以防有人破墙而入。

一根棍子、一块石头、一道屏障、一支手枪、一个警报器、一辆坦克和一枚原子弹都可以被用来抵挡袭击。由于袭击的情况千变万化，在不同的场合可能需要用到不同的武器，有时候某些武器也可以用于不同的场合。棍子和手枪可以吓住行凶抢劫者；手枪和坦克可以威吓恐怖组织；坦克和原子弹可以用于对付敌国。从这个角度来考虑，我们可以谈谈防御系统的"进化"。我们可以谈论一场军备竞赛，竞争双方的武器越来越精良。我们可以讲述一个故事，其中活着就是一场战斗，只有那些具备最佳防御能力的人或是国家才能存活。但是在我们蹦跳到匣子里面去，与卡尔文和霍布斯虎一起飞走之前，我们需要回想一下概念前身和物理前身的区别。石头和手枪都可以用于防卫，但是不可能通过一系列简单的步骤把石头变成手枪。一罐胡椒喷雾剂不是手榴弹的物理前身。不能通过每次加上一个螺母或是螺栓将喷气式飞机变成原子弹，尽管飞机和原子弹都含有螺母和螺栓。在达尔文的进化论中，只有物理前身才有价值。

人类和大型动物不是我们可能遇到的唯一威胁。还有一些小人国里的侵略者，对它们来说无论是原子弹、手枪或是石头都不起作用。细菌、病毒、真菌——如果能够将我们吃掉，估计它们早就这么做了。有时它们的确会这样做，但是大部分时候它们无法做到这一点，因为我们的身体有一系列的防御系统来对付这种微小的、连续不断的攻击。第一道防线是皮肤。它就像一道栅栏，采用一种技术含量不高的方法：它是一道难以突破的屏障。皮肤烧伤者常常死于大面积感染，因为这道皮肤屏障已经被突破，身体内在的防御无法应对海量的"入侵者"。尽管皮肤是身体防御系统的一个重要组成部分，但它并不是免疫系统的物理前身。

为了阻挡那些试图爬到栅栏顶端的外来者，有时栅栏壁上会钉上一些长钉。在我位于布朗克斯（Bronx）的家中，几乎所有的抗飓风围栏的顶部都装有刀片刺网，显然这比旧式的带刺铁丝网更能划破入侵者的身体。长钉和刀片刺网并不是围墙本身的一部分，它们只是用来增加屏障效力的小附加物。同样，就像围墙本身一样，刀片刺网也不是手枪或者地雷的物理前身。

同样，皮肤也有一些附加物来增强它作为屏障的有效性。在生物化学实验室中，你常常需要戴上手套来保护双手，免得让它们碰到实验的材料，但是有时你戴手套的目的是为了保护材料不被你的手碰到。进行核糖核酸（RNA）实验的人会戴上手套，因为人类的皮肤中会排泄出一种能切割核糖核酸的酶。为什么呢？原来很多病毒是由核糖核酸组成的。对这种病毒来说，酶就像皮肤上安装的刀片刺网，任何试图突破屏障的核糖核酸都会被划破。

皮肤上还有一些其他类型的"长钉子"。最有趣的是一类叫做蛙皮素的分子。它是由生物学家迈克·扎斯洛夫（Mike Zasloff）发现的。这位科学家不知道为什么实验室中的活青蛙在未经过消毒的环境下被剪开并缝合后，却很少被感染。他发现，青蛙的皮肤上会分泌一种可以杀死细菌细胞的物质。从那以后，在许多动物身上都发现了蛙皮素分子。但是就像破坏核糖核酸的酶一样，蛙皮素分子也不是动物皮肤下那些复杂的抵御系统的物理前身。

为了找到"重磅"武器，我们必须深入研究一下我们的皮肤。脊椎动物内部防御系统的复杂程度简直令人眼花缭乱，就像现代化的美国军队一样，它具有各种各样的武器装备，在用途上相互重叠。但是就像我们上面提到的武器一样，我们绝不能自我假设免疫系统的不同部分就是彼此的物理前身。尽管身体的防御系统仍然是一个活跃的研究领域，人们已经对某些特定方面有了非常详细的了解。在本章中，我想对免疫系统的某些部分进行讨论，并指出它们给渐进演化模型带来的挑战。如果你对这个系统的精妙复杂感兴趣，想要了解更多内容，我鼓励你去找一本免疫学的课本来深入了解一些具体内容。

黑匣子　就是这玩意儿

当微小的入侵物突破身体的外部防御系统（皮肤）时，免疫系统就开始行动了。这是自动发生的。就像星球大战中美国军方曾经部署过的反导弹系统一样，身体的分子系统就是依靠自动驾驶仪运转的机器人。既然防御系统是自动运行的，每个步骤都要能够通过某些机制来加以制定。自动化防御系统所面临的首要问题在于如何辨别入侵物。必须把细菌细胞和血细胞区分开来；病毒必须有别于结缔组织。与我们不同的是，免疫系统不具有视力，因此它不得不依赖于某些类似于触觉的东西。

❑ 抗体就是免疫系统的"手指"。它们能够让系统区分外来的入侵物和身体本身。抗体是由 4 根氨基酸链形成的一个集合体（图 6-1）：两根相同的轻链和两根相同的重链。重链大约是轻链的两倍大小。在细胞中，这 4 根链条形成一个复合物，很像字母 Y。因为两根重链是相同的，两个轻链也是相同的，所以这个 Y 是一个对称结构。如果你用一把刀，把这个 Y 从中间切开，你会得到相同的两半，每一半都有一根重链和一根轻链。在 Y 的每个叉状端部，都有一处凹陷（通常被称为结合部位）。沿着结合部位排列着轻链和重链，结合部位的形状并不规则。一个抗体的结合部位也许在这里凸出一块，那里又有个洞，边缘上还有亲油性小块；另一个抗体也许在左边带正电荷，中间有一个缝隙，右边又隆起一块。

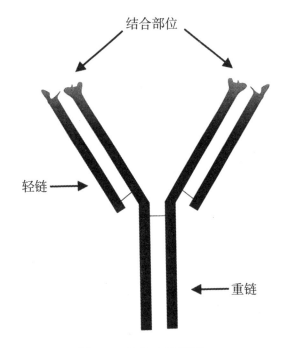

图 6-1　抗体分子简图

如果结合部位的形状正巧和某个入侵病毒或者细菌表面上某个分子的形状呈互补关系，那么这个抗体就会与这个分子结合起来。为了对此有所认识，让我们想象一下，就像某个家用物品上有个凹陷，有几个旋钮从里面鼓起来。我的小女儿有一辆玩具货车，有前后座。这样的一个玩具应该正好符合我所说的物体特征。现在拿起这辆货车或其他物品，在屋子里到处走走，看看有多少东西恰好能镶嵌到这个凹陷中，正好把前排座和后排座填满，不留下任何空隙。如果你正巧找到了一个这样的物品，那你比我幸运。我房子里没有一样东西可以正好镶嵌到玩具货车的座位中去，我办公室和实验室里也找不到这样的物品。我假设世界上总有某个东西和玩具货车的形状呈互补关系，但我至今还没有找到。

身体存在类似的问题：某个既定的抗体和某个既定的入侵物能够结合的几率是非常低的。为了确保至少有一种抗体可以适用于某一个入侵物，我们创造了 10 亿个甚至上万亿个的抗体。通常，对于某一个入侵物，10 万个抗体中只有一个能起作用。

当细菌侵入身体时，它们成倍地繁殖。当抗体同细菌相结合时，一个细菌可能会繁殖许许多多的复制体并四处游动。为了抵抗这种不断繁殖的"特洛伊木马"，身体准备好了 10 万支枪，但是只有一支枪可以对付这些细菌。对付一大群入侵者，一支枪可起不到什么作用。必须再来一些后援力量。有一个办法可对付大群入侵者，但是首先我要做一下铺垫，对抗体的来源稍加解释。

身体内有上亿种不同类型的抗体。每种抗体是在一个独立的细胞中制造的。制造抗体的细胞被称做 B 细胞，这个很好记，因为它们是在骨髓中产生的。[11]当 B 细胞最初产生时，它内部的机制会随机选择它的 DNA 中携带的众多抗体基因中的某一个。这个基因可以被称做"激活"了。其他所有的抗体基因被"关闭"了。因此细胞只会制造一种抗体，只有一个结合部位。接着产生的下一个细胞很可能会激活另一种抗体基因，因此它将制造另一种具有不同的结合部位的蛋白质。这个原则就是一个细胞制造一种抗体。

一旦某个细胞开始制造抗体，你可能会认为这个抗体会离开细胞，这样它才能在身体内来回"巡逻"。但是如果所有 B 细胞产生的抗体都被倾泻进入身体中，就无法判断抗体来自哪个细胞。细胞是制造某个特定种类抗体的工厂，如果抗体找到了一个细菌，我们必须通知细胞给我们派遣增援力量。但是如果是像刚才那种情况，我们就无法将信息反馈回去。

幸运的是，身体比我们想象的要聪明得多。当 B 细胞开始制造抗体时，抗体会固定在细胞膜上，Y 形叉头伸出来（图6-2）。细胞之所以能这样做，是因为它利用基因来制造普通的抗体，同时用一小片段基因来为抗体蛋白质上的亲油性尾部进行编码。由于细胞膜也是亲油性的，这一小片段基因就可以黏附在细胞膜上。这一步很关键，因为现在抗体的结合部位附着在制造它的"工厂"上了。完整的 B 细胞工厂在身体内"巡逻"，当外来侵略者进入身体时，黏附在细胞上的抗体就会将它"抓住"。

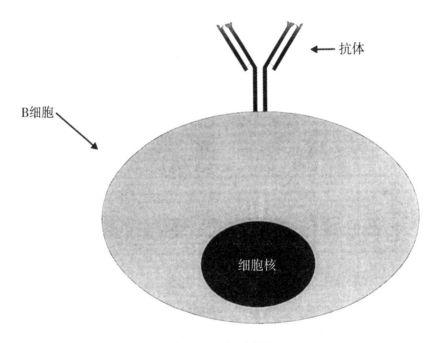

图6-2　B 细胞简图

现在制造抗体的工厂就在入侵者附近。如果可以向细胞发出制造更多抗体的信号，才能有增援力量加入这场战斗。幸运的是，有一种发送信号的方法；不幸的是，它非常的迂回复杂。当 B 细胞上的某个抗体与外来入侵物相结合时，它会触发一种复杂的机制来将入侵者吞噬。实际上，弹药工厂需要"人质"。然后抗体折断一小片细胞膜来制造一个小小的囊泡——相当于一个自制的出租车。通过乘坐这个出租车，"人质"被带入 B 细胞工厂。在细胞内部（人质仍然在出租车内），外来的蛋白质被剁成碎片，一片外来蛋白附着在另一个蛋白质上（被称为 MHC 蛋白质［主要组织相容性复合体蛋白质］）。然后出租车返回细胞膜中。在工厂外面，沿着刚才的路径又来了另一个细胞（被称为辅助性 T 细胞）。辅助性 T 细胞与 B 细胞相结合，此时 B 细胞向辅助性 T 细胞"出示"了被剁碎的入侵物的其中一碎片（MHC 蛋白质中的一片异物）。如果碎片正确，辅助性 T 细胞就会分泌出一种叫做白细胞介素的物质。这种物质就像是国防部发给弹药工厂的信息。通过与 B 细胞表面上的另一种蛋白质相结合，白细胞介素启动一连串的事件，进而导致信息被发送到 B 细胞的细胞核。这个信息就是：繁殖增生！

B 细胞开始快速复制。辅助性 T 细胞如果结合到 B 细胞上，就会继续分泌白细胞介素。最终，不断增生的 B 细胞工厂制造出一系列的派生工厂，这些工厂以某种被称为"血浆细胞"的特化细胞的形式出现。血浆细胞不会制造黏附在细胞膜内的抗体，而是伴随着抗体的产生会将最后一片亲油性的蛋白质碎片脱落掉。现在，自由态抗体被大量地挤压进入细胞外液中。这个转换非常关键。如果新的血浆细胞工厂像旧的 B 细胞工厂一样，抗体就会被全部束缚在某个狭小区域内，在阻击入侵者上发挥的效力将大大减弱。❏

渐进演化

这个系统是渐进发展形成的吗？想想 10 亿个甚至上万亿个 B 细胞工厂组成的巨大细胞库。将某个正确的细胞从一群抗体制造细胞中挑拣出来这一过程被称做克隆选择（clonal selection，又叫无性选择）。克隆选择是一种为了应对各式各样的可能的外来入侵者而大量出现的某种特定响应的精妙方法。这个过程取决于许多步骤，其中一些步骤我还没有加以讨论。现在暂且搁置不谈，先让我们来思考，克隆选择系统形成的最低要求是什么，那些最低条件是否可以循序渐进地得到满足。

系统的关键在于蛋白质的结合能力与蛋白质的遗传信息之间的物理联系。理论上，这种物理联系可以通过制造一个抗体来实现，抗体 Y 的尾端与为蛋白质编码的 DNA 结合。然而，在现实生活中，这种组合并不可行。蛋白质和它的遗传信息之间可以存在联系，但由于细胞被细胞膜所包围，抗体绝不会接触到只能够在细胞外液漂浮的外来物。如果在某个系统中，抗体及其附带的基因都是从细胞中输出的，那么这个问题就可以得到解决。但又会碰到另一个问题，那就是细胞外部没有能将 DNA 信息转变成更多蛋白质的细胞机器。

把抗体固定在细胞膜上可以很好地解决这个问题；现在抗体可以和外来细胞相互混合，同时仍然和它的 DNA 保持很近的距离。但是，尽管抗体可以既与外来物结合又不会漂离细胞，它就不会与 DNA 产生直接的物理接触。既然 DNA 和蛋白质都是无意识的，那么一定有一种方法将信息从一方传递到另一方。

但在目前，为了论证起见，让我们先避开联结信息实际传递到 B 细胞的细胞核期间所经历的曲折过程（涉及到出租车、摄取、主要组织相容性复合体蛋白质［MHC］、辅助性 T 细胞、白细胞介素等等）。相反，让我们来设想一个更简单的系统。在这个系统中，除了抗体之外，只有另外一个蛋白质。让我们假设，当抗体与一个外来的分子结合时，一些事情发生了并吸引了另一个蛋白质。这个蛋白质可以充当信使，将人质的信息带回给工厂的细胞核。也许当人质首次被发现时，抗体的形状会发生改变，也许抗体的尾部会稍稍翘起，也许抗体尾部的某个部分会插入细胞内部，从而触发了信使蛋白质。尾部的变化可以让信使蛋白质深入细胞核并在某个特定点与 DNA 相结合。附着到 DNA 上某个合适的地点才能导致细胞开始生长并开始制造没有亲油性尾部的抗体——就是那些可以从细胞中派出去对付外来入侵物的抗体。

即使是在这么一个简化的方案中，我们还需要 3 个要素：（1）与细胞膜结合的抗体形式；（2）信使；（3）输出形式的抗体。如果缺少了这 3 个要素中的任意一个，系统就无法发挥作用。如果细胞膜中没有抗体，那么在成功附着到外来入侵物上的抗体和包含有遗传信息的细胞这两者之间就无法产生联系。如果抗体没有被从细胞中大量输出，那么当信号被接收时，就没有可以被输出进行战斗的士兵了。如果没有信使蛋白质，那么在黏附到细胞膜上的抗体和激活正确的基因两者之间也不存在联系（就像电线被剪断的门铃不会发出响声一样，系统也无法发挥作用）。

即使一个细胞试图以达尔文的渐进方式进化成这样一个系统，那么它就会面临左右为难的境地。首先该做些什么？如果无法判断这样做是否有用的话，向庞大的外部区域分泌出一些抗体无疑是一种资源浪费。制造一个黏附在细胞膜上的抗体同样如此。并且，如果没有什么物质向它发送信息，并且就算获得信息也没有物质能接收到的话，何必要先制造一个信使蛋白质呢？我们只能得出一个不可辩驳的结论，即便是极其简化的克隆选择也无法以渐进的方式形成。

即使是在这种得到简化的层面上，所有 3 个要素必须同时进化。这 3 个要素中的每一个：被固定的抗体、信使蛋白质、被释放的抗体，必须通过一个独立的"历史事件"来产生。也许是经过将之前已经存在的、具有其他功能的蛋白质变成抗体系统的组成部分等一系列的突变来实现的。达尔文的微小步骤已经变成了一系列可能性极其微小的跳跃。然而，我们的分析忽略了很多复杂的问题：细胞是怎样从把一个额外的亲油性碎片放到细胞膜上改变为不这样做的？这样的话，信使系统比我们的简化版本要复杂得多。摄入外来蛋白质，将其剁碎，白细胞介素束缚到 B 细胞上，将白细胞介素已经进入细胞核的信号发送出去——如果要设计一个路径，通过这个路径渐进地形成这样一种系统，恐怕再强壮的人都会被这个艰巨的任务吓得腿脚发软。

子黑匣　混合与配对

数量巨大的工厂四处漂浮，随时准备制造抗体。这些抗体实际上可以和所有形状的入侵物结合在一起。但是身体是怎样制造出所有那些具有亿万个不同形状的抗体的呢？原来，有一种巧妙的方法可以用来制造出许多不同的抗体，而不需要对蛋白质进行编码的大量遗传物质。在下面几页中，我会详细地描述一下这个系统。我要再一次强调，如果你很快就忘掉了这些细节，没有关系，我的目的只是为了帮助你认识到免疫系统的复杂性。

❑ 一个令人着迷的发现使得科学家们开始思考免疫系统所具有的复杂性。这个发现是从一个可能有些残酷但必须进行的实验开始的。只是为了看看将会发生些什么，化学家制造了一些自然界中并不存在的小分子，然后将它们附着到一个蛋白质上。当带有合成分子的蛋白质被注入兔子体内后，科学家吃惊地发现，的确没错，兔子体内产生了一些抗体紧密地附着在合成分子上。怎么会这样？兔子或是它的祖先从未碰到过这种合成分子，那么它是怎么会知道要制造抗体来对付这种分子的呢？为什么它能够认出一种它从未见过的分子呢？

"抗体多样性"（antibody diversity）的难题激起了从事免疫学研究的科学家们的兴趣。人们提出了一些观点，试图对此做出解释。我们知道，蛋白质是灵活柔性的分子，并且抗体也是蛋白质。因此，也许当把一个新分子注入到身体中时，某个抗体会将它包围起来，将自己塑造成它的形状，并且以某种方式固定在这个形状上。或者大概因为防御系统是如此至关重要，生物体的 DNA 包含了对应许多不同形状抗体的基因。数量之大足以使它们辨别出从未见过的东西。但是数量如此巨大的抗体所占用的 DNA 的编码空间超过了它的承载能力范围，因此也许只有一些抗体，并且当细胞分裂时，大概有一些方法可以只在抗体的结合部位的编码区域制造出许多变异。通过这种方法，体内的每个 B 细胞可以运载不同的变异，为不同于所有其他 B 细胞的抗体进行编码。也许答案就是上述说法的综合，也许是另外完全不同的情况。

要回答有关抗体多样性的问题，就要等到人们获得的一个惊人发现。这个发现就是，一个蛋白质的基因编码并不一定总是 DNA 链上的连续段落，它可能是断裂的。[12] 如果我们将基因比做一个句子，那么某个蛋白质的编码，例如"敏捷的棕色狐狸跳过懒惰的狗"（*The quick brown fox jumps over the lazy dog*）可以读成（在不破坏蛋白质的情况下）"敏捷的棕 ABC 色狐狸跳过懒 DEF 惰的狗"（*The quick brdkdjf bufjwkw nhruown fox jumps over the la*pfeqmzda *lfybnek sybagjufu zy dog*）。有意义的 DNA 信息被无意义的字母打断，这些字母并不包含在蛋白质内。进一步的研究表明，对于大多数基因来说，可以进行修正。在 DNA 基因制造 RNA 副本后，将无意义的字母去除。即使 DNA 被"打断"了，RNA 内的信息经过编辑和修正之后，也可以被细胞机器用来制造正确的蛋白质。更令人惊讶的是，对于抗体基因来说，DNA 本身还可以得到拼接。换句话说，被继承的 DNA 也可以改变。太棒了！

DNA 的拼接和重组对于解释身体为何可以制造大量抗体来说非常关键。下面将对多名研究人员历经多年才完成的工作做一简要描述。正是因为他们的努力，抗体多样性之谜终于得以解开。

设想在受精细胞中存在一些基因片段，它们有助于制造抗体。这些基因成群排列，我将它们简单地称为群 1、群 2 等等。在人体中，群 1 大约是有 250 个基因的片段。沿着 DNA 链在群 1 下面的是组成群 2 的 10 个基因的片段，接下来是组成群 3 的一组 6 个基因的片段，再往下是组成群 4 的 8 个其他基因的片段。它们就是所有的参与者。

当小家伙在母亲体内长大了一点并决心来到世界上后，他要做的事情之一就是制造 B 细胞。在制造 B 细胞的过程中，发生了一件有趣的事情：基因组中的 DNA 得到重组，其中的一些被丢弃。群 1 中的一个基因片段显然是被随机地挑选出来，并同群 2 的一个基因片段相连接。介于其间的 DNA 被剪掉并丢弃。然后群 3 的一个基因片段也被随机地挑选出来，并与刚才的群 1-群 2 的基因片段连接起来。

基因片段之间的再次结合有些草率——并不是你通常认为的细胞那样。由于这些步骤比较草率，几个氨基酸的编码（请记住，氨基酸是蛋白质的组成结构）可能会被加上或丢失。一旦群 1-群 2-群 3 的基因片段连接起来，DNA 的重组就结束了。[13] 到了该制造抗体的时候了，细胞会制造出一个群 1-群 2-群 3 基因片段组合的 RNA 复制品，并将群 4 的一个基因片段的 RNA 复制品也添加上去。现在，最后为相邻的蛋白质片段进行编码的区域本身在 RNA 上也是相邻的排列。

这个过程又是怎样解释抗体多样性的呢？原来，来自群 1、群 2 和群 3 的基因片段部分组成了结合部位（Y 顶部）的一部分。通过对来自 3 个不同群的不同片段进行混合和配对，具有不同形状的结合部位的数量也得到成倍增加。例如，假设来自群 1 的一个片段对结合部位的一个隆起进行编码，并且另一个片段对正电荷进行编码。同时假设，来自群 2 的不同片段分别为亲油性碎片、负电荷和很深的凹陷部位进行编码。从群 1 和群 2 随机选取一个片段，你可以得到 6 种组合：紧挨着亲油性碎片的隆起、负电荷或很深的凹陷部位；或者是一个紧挨着亲油性碎片的正电荷、负电荷或很深的凹陷部位。（同时从一顶帽子中拿出 3 个数字，这就是彩票多样性的原理；从 0 到 9 这 10 个数字中只取 3 个数字，就可以总共得到 1 000 种组合。这和上述的组合实际上是同一个原理。）当制造一个抗体重链时，细胞可以从群 1 的 250 个片段中选 1 个，从群 2 的 10 个片段中选 1 个，从群 3 的 6 个片段中选 1 个。此外，重组过程所具有的随机性会导致各个片段"混成一团"（有的氨基酸会被挤进抗体链，有的氨基酸被挤出抗体链）。这样一来，多样性的系数又增加了大约 100 倍。通过对 DNA 片段进行混合和配对，你可以得到 250 × 10 × 6 × 100 个组合，这样重链的序列组合可以多达近 100 万个。大约 1 万个不同的轻链组合也是通过类似的过程制造出来的。随机地将细胞中的一个轻链基因同一个重链基因配对能得到总共 1 万 × 100 万也就是 100 亿个组合！为数众多的不同种类的抗体提供了如此多的不同结合部位，以至于几乎可以肯定的是，它们中至少有一个能和任何分子（即使是人工合成分子）相结合。并且，所有这些多样性都来自于总共约 400 个不同的基因片段。

细胞还有其他的办法用来增加可以制造的抗体数量。其中一种办法用在外来入侵发生之后。当细胞与外来异物结合时，它接收到一个复制信号。在许多轮的复制过程中，细胞"有意地"允许只在重链和轻链基因的可变区发生某种超高级别的变异。这种变异让抗体可以更好地发挥作用。因为母细胞为一种已知黏合良好的抗体进行编码，变换序列也许可以让黏合更加牢固。事实上，研究已经表明，比起传染病初期制造的抗体，在传染病后期细胞所制造的抗体可以与外来分子黏合得更为紧密。这种"体细胞高频突变"给可能的抗体多样性增加了另外一些重大的序列变化。

还记得 B 细胞工厂和血浆细胞工厂之间的区别吗？记得那些将抗体固定在 B 细胞膜上的那些 Y 形结构的亲油性碎片吗？对于血浆细胞来说，当基因的 RNA 副本形成后，细胞膜段并没有得到复制。这一段处在基因其余部分的下游位置。DNA 可以被比做一个信息，这个信息告诉我们"敏捷的棕 ABC 色狐狸跳过懒 DEF 惰的狗 GHI 并吃掉了 J 兔子"（*The quick* brdkdjf bufjwkw nhruo*wn fox jumps over the la*pfeqmzda lfybnek sybagjufu *zy dog* kdjyf jdjkekiwif vmnd *and eats the* mnaiuw *rabbit*）。最后几个单词可以留在句子中或是去掉，但这个信息仍然具有某种意

义。☐

子黑匣 渐进完善

抗体多样性系统需要几个构成部分才能发挥作用。第一个当然是基因自身。第二个是识别基因片段起始和结束的信号。在现代生物体中，每个基因片段都带有特异性信号，这样蛋白酶才能加入并将各个部分结合到一起。这就像一个句子写成"敏捷的棕 A［B］C 色狐狸跳过懒 D［E］F 惰的狗"（The quick br*cut here*［fjwkw］*cut here*own fox jumps over the la*cut here*［lfybnek sy］*cut here*zy dog）。只要有开头和结尾，细胞就知道要将它作为一个整体来看待。第三个部分是分子机器，专门识别切断信号，并按照正确的顺序将片段连接起来。如果没有分子机器，各个部分就无法得到剪切和连接。如果没有信号，就像指望一个随机切割纸张的机器能够制造出一个纸娃娃一样荒谬。当然，如果没有针对抗体的信息本身，其他的部件也不会有任何意义。

由于需要具备一些基本功能，系统具有的不可简化的复杂性得到了增强。想象在一个暴风骤雨的海域，你乘着一只救生筏漂浮着，偶然有一只箱子漂过来，里面有一台外置马达。你很高兴，但你获救的希望很快就破灭了。当你将这台马达安装到救生筏上后，舷外螺旋桨一天下来才转了一圈。即使这个复杂的系统可以运转，如果性能不符合标准，系统仍旧是一个失败。

抗体多样性的起源问题直接引发了对最低基本功能的要求。只有一个或者几个抗体分子的原始系统，就像一个一天才转动一圈的螺旋桨一样：不足以产生任何影响。（打个更为恰当的比喻，这就像是美国联邦调查局的国家身份数据库中只有两组指纹是一样的。在几十万名罪犯中，联邦调查局只能寄希望于抓住那两名罪犯。）因为一个抗体的形状可以与一大群入侵细菌的形状呈互补关系的可能性是如此之小，也许仅仅是十万分之一或更小。一个动物耗费能量去制造 5 个或 10 个抗体基因，它其实是在浪费资源，这些宝贵的资源本可以用于繁殖后代，或是形成更为坚固的皮肤层，或是制造一种酶来对付可能会降解 RNA 的分泌物。为了发挥更好作用，抗体生成系统从一开始就需要制造数量极为巨大的抗体。

子黑匣 入侵者

假设一千年前，你和一群人住在一个大院子里。因为靠近海岸，你不得不担心海盗的袭击。这个大院子被一排坚固高耸的木栅栏所包围着。如果海盗入侵，可以将一壶壶滚烫的沸油浇在试图爬上梯子的海盗身上将他们击退。在一个不寻常的日子，一名四处流浪的巫师敲开了大院门。他打开随身携带的包袱，提出卖给你一件来自未来世界的武器，他将它称之为"枪"。他解释说，当扣动扳机时，枪会朝着你瞄准的方向发射出一粒子弹。这把枪是便携式的，如果敌人悄悄地变换攻击方位，可以把它很快地从院子的一侧拿到另一侧。为了这件武器，你和院子里的其他人共同向这名巫师支付了 2 头牛和 4 只羊的价钱。

最终有一天，海盗们向你们居住的大院子发起了突然袭击。滚油四处流淌，但入侵者们使用了一根撞木。听着撞木重重地撞击着院门，你大踏步地走向大门口，手里持着那把枪，信心满满。最后大门被撞开，海盗们蜂拥而入，一边大叫着一边挥舞他们的战斧。你用枪瞄准他们的头领。子弹在空中飞行，划过一道优美的弧线，紧紧粘在了海盗头子的鼻子上。枪身上有一行字你看不懂，它写着"顶点牌玩具枪"（Acme Toy Dart Gun）。海盗头子停住脚步，怒目瞪着你，并开始狞笑，而你渐渐收起了笑容。他和他的手下向你冲过来。幸运的是，你在死后转世，投生成了 20 世纪的一名生物化学家。

抗体就像玩具枪：它们不会伤人。就像老房子上张贴的一张写有"鬼屋"字样的标牌或是涂有橙色"X"字样将要移走的树木一样，抗体只是把摧毁标记物体的信号传递给了其他系统。令人惊奇的是，人类的身体千辛万苦地形成了某个复杂的系统来产生抗体多样性，并且在它还颇费周折地通过克隆选择的迂回过程挑选了几个细胞之后，事实上它仍然无法对抗入侵者的攻击。

❑ 将抗体所标记的外来细胞杀死这一工作实际上大部分是由"补体"（complement）系统来完成的。它之所以叫这个名字，是因为它对抗体消灭入侵者的行为进行了补充。补体路径十分复杂（图 6-3）。

在许多方面，它和第 4 章讨论过的血凝串联蛋白质链相似。它包括大约 20 种不同的蛋白质。这些蛋白质形成了两条相关的路径，分别称为补体经典路径和补体替代路径。当被称为 C1（补体 1）的一大群蛋白质的聚合体黏附到一个抗体（抗体本身黏附到外来细胞的表面上）上时，经典路径就开始了。C1 复合体只认识其所黏附的抗体，这一点很重要。如果 C1 自身黏附到某个在血液中到处漂浮的抗体上，那么所有的 C1 就会被吸收掉而无法对付入侵物。或者，如果 C1 黏附到 B 细胞膜上黏附的抗体上，它将启动某些最终将杀死好细胞的反应。

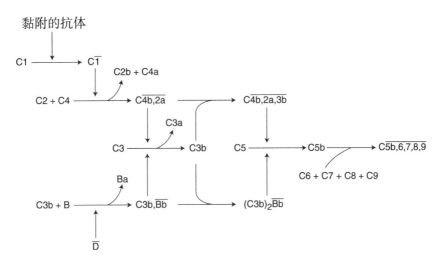

图 6-3　补体路径

C1 是由 22 条蛋白质链组成的。这些蛋白质链可以被分成 3 组。第一组被称做 C1q。它包含 3 种不同类型的蛋白质的 6 个复本，总数为 18 个。第二和第三组被称做 C1r 和 C1s，每个不同的蛋白质都有两个复本。C1q 中的 3 种不同类型的蛋白质都是从一种特殊的氨基酸序列开始的，这个序列类似于皮肤蛋白胶原的序列。在这种序列中，3 种 C1q 蛋白质的尾部像辫子一样相互卷绕在一起。由于这种结构，每种类型的蛋白质中各有一个可以被聚拢在一个微型复合体中。蛋白质链中的其余蛋白质随后聚拢在一起，在"辫子"的顶部形成一个复杂的球形。6 个这样的微型复合体聚集在一起。6 根辫子纵向相互黏附，形成一个中心轴，6 个头从它当中突出来。在 C1q 的电子显微镜照片中，我们能发现一些类似多头怪物的东西。（其他人将它比做一束郁金香，但是我喜欢更生动的形象。）C1q 的头部附着在抗体-外来细胞复合体上。在路径启动之前，其中至少 2 个头必须附着在复合体上。一旦它们黏附成功，C1q 中的一些物质会发生变化，而且 C1q 中的变化会导致 C1r 和 C1s 更加紧密地与 C1q 结合在一起。之后 C1r 自己将自己切断（头版头条新闻：狗咬狗！）并提供给 $\overline{C1r}$。（"被激活"蛋白质的数字顶部带有一根横线，字母用小写字体。）然后 $\overline{C1r}$ 可以切断 C1s 以产生 $\overline{C1s}$。

C1s 被切割后，我们仍然有很多工作要做，才能最终完成摧毁入侵细胞的任务。C1 的蛋白质被统称为"认识单元"。下一组蛋白质（叫做 C2、C3 和 C4 ［补体 2、补体 3 和补体 4］）被称为"激活单元"。与"识别单元"不同的是，激活单元不是原本就是一体的。它必须得到组装。形成激活单元的第一个步骤就是用 $\overline{C1s}$ 将 C4 切开。当 C4 被 $\overline{C1s}$ 切开后，某个片段（C4b）内部一个非常具有活性的蛋白质群被暴露在外部环境中。如果这个蛋白质群靠近细胞膜，它可以与细胞膜发生化学反应。C4b 的附着是必需的，这样激活单元中的其余蛋白质就可以被固定在靠近入侵者的区域。相反，如果 C4b 指向错误的方向或在溶液中到处漂浮，那么激活群在没有附着到合适的细胞膜的情况下就会迅速衰退。

C4b 自身附着到靶细胞膜上后，它与 $\overline{C1s}$ 一起将 C2 切成两块。较大的一块 C2a 仍然黏附到 C4b 上以形成 $\overline{C4b, 2a}$，也称为"C3 转化酶"。C3 转化酶必须迅速发挥作用，否则它就会散架，并且 C2a 也将漂走。如果一个 C3 分子就在附近，C3 转化酶会将它切成两块。C3b 黏附到 C3 转化酶上，形成了 $\overline{C4b, 2a, 3b}$，也被称为"C5 转化酶"。激活单元的最后一个反应是将 C5（补体 5）切成两个片段。

这时，系统已最终准备好要在入侵者身上插上一刀了（生成"攻膜单元"）。C5 的一个片段黏附在 C6 和 C7 上（补体 6、补体 7）。这个结构具有一种非凡的特性，可以自己插入细胞膜中。C 5b，6，7 随后黏附到一个 C8（补体 8）分子上，和数量不等的 C9 分子（从 1 到 18）黏附到 C5b，6，7 上。然而，蛋白质并不会形成未分化的一团。相反，它们会自己形成一个管状物，在入侵细菌的细胞膜上打开一个洞。因为细胞的内部是非常浓稠的溶液，渗透压会导致水流入细胞。

湍急流入的水会让细菌细胞膨胀直至破裂。

还有一种替代路途可以激活那些在感染后能迅速发挥作用的攻膜复合体（攻膜单元），而不必等到产生特定的抗体之后。在替代路径中，少量 C3b（显然在不断地少量生成）与一种叫做 B 因子的蛋白质相结合。随后 C3b，B 会被另一种 D 因子蛋白质切割，以生成 $\overline{C3b}$，$\overline{Bb}$。它现在可以充当 C3 转化酶。当更多的 C3b 生成后，第二个 C3b 分子可以附着并生成 $(C3b)_2\overline{Bb}$。要注意的是，现在这就是一个 C5 转化酶，可以制造 C5b。C5b 随即按照第一种路径（经典路径）中的方法开始形成攻膜复合体。

如果 C3b 四处漂泊就是一种危险的蛋白质，因为它可以激活补体路径中的有害部分。为了让随机性的破坏减到最小程度，两个蛋白质（I 因子［灭活剂因子］和 H 因子［灭活剂加速因子］）会找到、黏附住并破坏掉溶液中的 C3b。但如果 C3b 位于细胞表面，那么另一个蛋白质（P 因子，又称备解素）就会黏附到 C3b 上并保护它免于被降解，以便它能完成任务。在没有抗体的情况下，C3b 如何发现外来细胞呢？C3b 只有当附着在细胞表面时才能发挥作用。有一些分子通常会在许多细菌和病毒的表面存在，在有这种分子参与的情况下，就能更快地发生促使 C3b 黏附在细胞表面上的化学反应。❑

子黑匣　问题，问题

与血液凝结路径相似的是，补体路径是一个串联。在两种路径中，不可避免地都要遇到一个同样的问题，那就是都要试图去想象它们的渐进形成。问题并不在于某个串联的最终活动。并不一定需要某些不同的参与物才能让细胞膜上形成一个孔洞。一个"杀手"蛋白质就可以完成这项工作。血液凝结这样的蛋白质集合体的形成也不一定需要多个参与物质。在适当的条件下，任何蛋白质都可以发生聚集。（然而，补体洞-复合体和纤维蛋白聚合体的特殊形状专门适用于完成它们的任务，对此需要做出解释。）正如我们在第 4 章中看到的，仅仅一根电话线杆就可以将来亨鸡福亨砸倒在地。

问题就在于控制系统。在每个控制点上，调节蛋白质以及它所激活的隐蔽蛋白质从一开始就必须在场。如果 C5b 出现，串联的其余部分将很快得到触发。但是如果 C5 出现但没有任何东西来将它激活，那么整个路径将一直处于关闭状态。如果 C3b 出现，串联的其余部分将很快得到触发。但是如果 C3 出现但没有任何东西来将它激活，那么整个路径也将一直处于关闭状态。即使我们设想出一个短得多的路径（比方说在某个地方，C1s 直接割开了 C5），将辅助控制点插到串联中间也会遇到相同的问题：这些"开关"都具有不可简化的复杂性。

❑ 除了建立串联这种一般的问题之外，补体路径和血液凝结串联还都面临着另外一个问题：蛋白质黏附在膜上这一点非常重要。必须首先对几个凝结的要素加以修改，才能合成 γ-羧基谷氨酸（Gla）残基，才能让它们黏附到细胞膜上。在补体路径中，C3 和 C4 都具有非同一般的高度活跃的内在组群，在蛋白质被其他要素切开后，这些组群通过化学方式附着在膜上。在路径开始发挥作用之前，必须具备这些特性，这对它们的渐进发展形成了一个更加难以逾越的障碍。

补体系统所具有的无数的、微小的特性对它的渐进形成都造成了障碍。现在让我们单单考虑一下 C1 系统的一些微妙的特点。C1q 中的 3 种蛋白质相互卷绕形成辫子形状，但是它们自身不会卷绕。如果它们自身卷绕的话，复合体中不同类型的链条的比例将发生变化，那么形成带有 3 个不同链条的 6 个复本的 C1q 复合体的可能性就会很小。如果 C1q 与抗体外来细胞复合物的结合没有引发 C1r 的自我分裂，那么串联的形成就会半途而废。相反，如果在 C1q 与抗体复合物结合之前 C1r 就将自身切开，那么串联就会被过早触发。还有一些诸如此类的问题。❑

⟨子黑匣⟩ 西西弗斯也会怜悯

免疫系统的正常运行是身体健康的前提条件。对于一些重大疾病，要不就是病因，要不就是治疗方法，或是两者都和免疫系统的不正常状态有关，例如癌症和艾滋病。由于免疫系统对公众健康的巨大影响，人们对这门学科非常关注。世界上成千上万个研究实验室在对免疫系统的各个方面进行研究。他们的努力已经拯救了许多生命。在未来，将有更多的生命得到拯救。

虽然在了解免疫系统的运转方面我们已经取得了很大的进步，我们仍然不知道这个系统是怎样形成的。本章提出了一些问题，在这一研究领域的数千名科学家中还没有人能回答其中的任何一个问题，甚至没有人提出过这些问题。对涉及免疫系统的论文进行检索后，我们可以找到比较免疫学（对各种不同物种的免疫系统进行比较的学科）这一领域正在进行的研究。这些研究工作虽然很有价值，但是并不能从分子的层面上对免疫系统的起源这个问题做出解释。迄今为止，在探讨这一问题上做得最好的也许是下列的两篇短文。第一篇短文的作者是诺贝尔奖获得者大卫·巴尔的摩（David Baltimore）和其他两位知名科学家。这篇论文的题目十分吸引人——"脊椎动物免疫系统的分子进化"。但仅仅2页纸的篇幅根本不应该冠以这么宏大的标题。作者在文中指出：

> 对于具有类似哺乳动物的免疫系统的任何生物来说，最少必须具备抗原受体分子（免疫球蛋白和 TCR［T 细胞抗原受体］）、抗原递呈分子（如 MHC［主要组织相容性复合体］）以及基因重组蛋白质。

（免疫球蛋白就是抗体。T 细胞抗原受体［TCR］分子和抗体类似。）作者随后提出，鲨鱼作为哺乳动物的远房亲戚，似乎具备所有这 3 个组件。但是一种生物具有完整的功能系统是一回事，该系统是如何发展的又是另外一回事。作者当然认识到了这一点。他们提出：

> 免疫球蛋白和 TCR 基因都需要 RAG（重组激活基因）蛋白来重新进行重组。另一方面，RAG 蛋白需要某种特定的重组信号来对免疫球蛋白和 TCR 基因进行重组。

（重组激活基因［RAG］蛋白是对基因进行重组的要素。）他们做出了勇敢的尝试，想要解释这些要素，但最终只不过是在卡尔文和霍布斯虎的匣子里跳来跳去。作者推测，来自某个细菌的基因也许已经光凭运气被转移到动物身上去了。幸运的是，由这一基因进行编码的蛋白质自身可以重组基因。接下来，同样是凭运气，动物的 DNA 中具有接近抗体基因的信号等等。在最后的分析中，作者发现了免疫系统的渐进进化所面临的关键问题，但是他们所提出的解决方案实际上只不过反映了一种被掩饰的无奈。

另一篇短文的作者鼓足勇气试图对免疫系统的某一部分进行解释。这篇论文的标题是"补体系统的进化"。就像刚才讨论过的那篇论文一样，这篇论文非常简短，是一篇解说式的论文。换句话说，并不是一篇研究性的论文。作者对最初的过程和接着发生的一些事情做出了一些想象式的猜测，但他们却不可避免地和杜利特尔一样提出，那些没有得到解释的蛋白质是"被释放出来"和"涌出来"的。（他们写道："在某些时候，一个关键的基因融合产生了一种蛋白酶，为初始的 C3b 提供结合部位"；"其他替代性的途径构成部分的进化进一步促进了路径的扩增和专业性"；以及"由于 B 因子基因的复制生成的 C2 将允许两个路径实现进一步的分支和专门化"。）论文中没有出现任何的量化计算。也没有对基因复制无法迅速制造新的蛋白质进行确认。也没有对缺乏必要的控制措施来调节路径提出担忧。但是，由于这篇论文只有 4 段内容是讨论分子机制的，因此很难对这些问题进行解答。

还有一些论文和著作讨论了免疫系统的进化。然而，它们中的大多数都是在细胞生物学的层面上进行的，因此不涉及到具体的分子机制，要不然就只是对 DNA 或者蛋白质序列进行比较。对序列进行比较可能是一个研究关联性的好办法，但比较的结果也无法帮助我们了解最初形成免疫系统的机制。

我们可以翻遍所有的书籍和期刊，但是搜索的结果都是一样的。现有的科学文献对免疫系统的起源这一问题没有给出任何解答。

在本章中，我们已经讨论了免疫系统的 3 种特性：克隆选择、抗体多样性、补体系统，并且证明了每一种特性对人们通常持有的渐进进化观念都提出了巨大的挑战。但是证明这些组成部分无法通过循序渐进的方式来获得，也仅仅只是揭示了故事的一部分，因为这些组成部分是相互作用的。正如一辆汽车，如果没有方向盘、电池或是化油器就无法行驶一样，一个具有克隆选择系统的动物，如果没有办法产生抗体多样性，也无法从这个选择系统里获得任何好处。如果没有能够杀死入侵者的（补体）系统，就算抗体具有再多的功能也没有用。一个能杀死入侵者的系统，如果不能发现这些入侵者也没有什么用。在每个步骤中，我们遇到的困难不仅是局部系统的问题，还有整体系统所提出的要求。

我们已经讨论过了免疫系统所具有的一些优点，但是随身携带装满弹药的武器走来走去也有一些坏处。你必须确保不会射中自己的脚。免疫系统必须将自身和其他物质区分开来。比方说，当细菌入侵时，为什么身体会产生抗体来对付细菌而不是对付血液中不断循环的红细胞，或者抗体细胞经常碰撞到的任何其他组织呢？如果身体可以制造自动制导的抗体，通常意味着一场灾难。例如，患有多发性脑脊髓硬化症的病人体内产生的抗体专门指向包围神经的隔离组织。这将导致免疫系统对隔离层进行破坏，将神经暴露在外并使其短路，进而导致瘫痪。青少年糖尿病患者体内会产生对付胰腺细胞的抗体，进而导致这些细胞遭到破坏。这些不幸的患者体内再也无法产生胰岛素。如果不进行人工补充，他们通常会死去。我们还不清楚，身体到底如何容许自身组织的存在。但不管基于何种机制，我们清楚一点：自我容错系统（system of self-toleration）从免疫系统形成之初就一定存在。

多样性、识别、破坏、容错——这些特性和其他特性发生相互作用。无论我们选取哪条路径，想要对免疫系统从渐进发展的角度进行解释说明都会面临着许多错综复杂的问题。作为科学家，我们很想了解这个机制到底是如何形成的，但系统的复杂性注定了用达尔文学说进行解释都会失败。就连西西弗斯（Sisyphus，希腊神话中受惩罚推巨石上山的人）都会因为这种徒劳无功的努力而可怜我们。

这种构成免疫系统的类似"星球大战"的机器中居然蕴藏着如此难以解释的复杂性，这一点可能并不会让我们感到吃惊。但如果是更为简陋的系统呢？如果是负责制造构成分子机器的螺母和螺栓的工厂呢？在接下来的一章中，我将提供最后一些证据，对制造其中某种"基础材料"的系统进行研究。我们将看到复杂性一直贯穿到细胞的最根部。

第7章　公路毙命

子黑匣　两边都看看

宾夕法尼亚州有许多风景如画的大山。我家就住在离校园大约5英里（8.05公里）远的一座山上。这片地域虽然靠近城镇，却带有浓郁的乡村风味，一片郁郁葱葱的森林中没有可以建造房子的空地。通向我家房子的是一条窄窄的乡村公路，蜿蜒曲折，盘山而上。早上开车去工作或是晚上回家的途中，我总是能看见一些小动物蹲伏在公路旁，随时准备行动。它们到底是想一展身手去吸引异性的注意，还是急切渴望回到它们的家，我也不知道。但它们玩的是一场危险的游戏，并且有一些小动物已经为此付出了代价。

松鼠的情况最为糟糕，与那些更为聪明一点的动物不一样，松鼠不是直接冲过路面去。车还在很远的地方，你就可以看到它们蹲伏在公路的一侧。当你驶近时，它们才猛然冲过公路到达对面，然后停住，调转身来，又慌乱地蹿回到公路中间。你的车越来越近，但它们还在路面上。最后，当你从松鼠的一侧驶过时，它们似乎才明白你车所在的那一侧才是它们实际上想要去的地方。松鼠的高度比汽车的底盘低，因此总有可能当它们消失在车的前端后，你可以在后视镜中看到它们急匆匆地赶到安全的地方。有时它们可以有惊无险，有时却不行。

土拨鼠通常沿直线横穿过公路，因此它们的位置很好预测，但留给你的反应时间也很短。当你正在路上开着车，惦记着晚餐的时候，突然间，一只圆滚滚的小土拨鼠摇摇摆摆地从黑暗中走出来，来到你所在的车道上。这时，你所能做的就是咬紧牙关等着车被它碰撞一下。与松鼠不同的是，土拨鼠的高度车底可装不下。第二天早上，公路上只留下一点点血迹，其他驶过的车辆已经把它的尸体辗压得无影无踪。剩下的一些牙齿和爪子上带有殷红的血色，沥青路面上也是。

虽然近来公路上的车辆越来越多，车速还是比较慢的。在白天，几分钟才会开过来一辆，晚上每半个小时才会有一辆经过。因此，大部分横穿公路的动物都可以很轻松地到达路的另一侧。但并不是所有地方的情况都这样。斯库尔基尔（Schuylkill）高速公路是一条从西北面进入费城的主干道，某些路段足足有8~10个车道宽。车流量很容易就超过我家那条进山公路的成千上万倍。如果要打赌在高峰时段一只土拨鼠能够从斯库尔基尔高速公路的一侧横穿到另一侧，可不是个明智的想法。

假设你就是一只土拨鼠，正坐在一条比斯库尔基尔高速公路还要宽几百倍的公路一侧。有1 000条车道是向东行的，另外有1 000条车道是向西行的。每条车道上都挤满了以最快速度行驶着的卡车、轿车和小货车。你的土拨鼠恋人正在高速公路的对面动情地邀请你过去。你焦虑地注意到你的土拨鼠情敌们主要集中在第一车道上，有一些在第二车道上，还有几只分散在第三、第四车道上。除此之外其他车道上没有了。此时此刻，赢得这场爱情竞赛的规则就是你在穿过公路期间必须紧闭眼睛，将安全到达公路对面的希望完全寄托在命运身上。你看见恋人那丰腴的棕色脸庞正在甜甜地微笑，小胡须来回摆动着，温柔多情的眼睛在向你发出召唤。你听见18个车轮的重卡正在发出风驰电掣般的呼啸。你所能做的就是紧闭眼睛开始祈祷。

土拨鼠过高速公路的例子揭示了渐进进化理论所面临的一个问题。本书写到这里，我已经强调了不可简化的复杂性意味着系统需要几个构成部分才能运行，因此对渐进进化形成了巨大的挑战。我已经讨论了一些例子，若想寻找更多的例子可以去看生物化学教科书。但是有些生物化学系统不具有不可简化的复杂性。它们并不一定需要几个部分来实现功能，并且似乎有可能（至少是乍看起来）通过某种方式将它们一步步组装起来。尽管如此，在经过仔细分析后，棘手的问题就会突然出现。如果以天为单位来衡量的话，就算顺利穿过高速公路所需花费的时间也不过是短暂的一会儿。因此，即使一些系统不具有不可简化的复杂性，也未必意味着它们是按照达尔文进化论的方式来形成的。就像一只土拨鼠试图穿过一条有1 000个车道的高速公路一样，一些生物化学系统的渐进形成也不存在绝对的障碍。但是出错的几率会很高。

子黑匣 **建筑砖块**

在细胞中起作用的大分子——蛋白质和核酸——是一种聚合物。也就是说，它们是由各自分离的单元串联成一排而形成的。蛋白质的基础材料是氨基酸，核酸的基础材料是核苷酸。就像小孩子玩的弹簧锁珠（snap-lock beads）一样，氨基酸或核苷酸也可以串接起来形成一些不同的分子，几乎是无穷多种。但是这些珠子是从哪儿来的呢？弹簧锁珠要在工厂里生产，它们不是躺在森林里能随便捡到的。工厂制造出来的珠子形状是固定的，其中一端的小洞的尺寸要和另一端的突出旋钮的尺寸相对应。如果旋钮太大，珠子就不能对接起来；如果洞太大，珠串就会散开。弹簧锁珠的生产厂家非常仔细地将它们塑造成合适的形状，并且要使用合适的塑料。细胞在生产它的基础材料时，也是非常小心的。

DNA 这种最为知名的核酸是由 4 种核苷酸组成的：A（腺嘌呤）、C（胞嘧啶）、G（鸟嘌呤）和 T（胸腺嘧啶）。[14] 在本章中，我将主要讨论 A（腺嘌呤）这种基础材料。当基础材料还没有连接到聚合物上时，它可能有几种存在形式，分别称为 AMP（一磷酸腺苷）、ADP（二磷酸腺苷）和 ATP（三磷酸腺苷）。细胞中首先合成的是 AMP（一磷酸腺苷）。就像弹簧锁珠一样，可得小心制造 AMP。生物有机体中的大多数分子都只是由几种不同类型的原子组成的，AMP 也不例外。它是由 5 种不同的物质组成的：10 个碳原子、11 个氢原子、7 个氧原子、4 个氮原子和 1 个磷原子。

我刚才用到了弹簧锁珠的比喻来表达氨基酸和核苷酸到底是如何被拼接在长链上的。想要明白 AMP 的合成方式，让我们想象一个类似于"万能工匠"（Tinkertoys）的东西。有些读者可能对它们不太熟悉。"万能工匠"是一种玩具，主要有两种零件：一根外圈和中心被钻了许多孔眼的木轮，一根直径和孔眼直径相当的木棒。只要把木棒推入孔里，你就可以把几个轮子连起来。如果使用更多的木棒和轮子，你就可以搭建起一个整体网络。仅仅使用这两种零件，你就可以搭建城堡、汽车、玩具屋和桥梁等各种东西。你想得到什么，就可以搭建什么。原子就像一个"万能工匠"装置的零件。原子就是木轮，原子之间形成的化学键就是木棒。就像"万能工匠"一样，原子可以组成许多不同的形状。然而，一个很大的区别是：细胞是一架机器，所以组装生命分子的机制也必须是自动化的。想象一架可以将"万能工匠"自动组装成一个城堡形状的机器该有多么复杂啊！细胞用来生产 AMP 的机制是自动的，并且正如我们所预想的一样，它绝不简单。

原子几乎总是存在于分子之中。它们并不像"万能工匠"玩具的零件一样自在地躺在某个地方。因此要想制造一个新的分子，你通常不得不取出旧的分子，并把它们的某些部分组合在一起。就像将某个用"万能工匠"组装的城堡上的一个塔楼取下来用作车身，将一个用"万能工匠"组装的飞机上的螺旋桨取下来用作车轮一样，诸如此类。同样，新分子是用旧分子的零件构成的。被用来构造 AMP 的分子都有着冗长而枯燥的化学名称。除非万不得已，否则我在描述时不会使用这些名称。相反，我只会用文字来对这些分子进行描述，并赋予它们一些无害的名字，就像"中间体Ⅲ"和"酶Ⅶ"。

图 7-1 展示了一步接一步的合成过程中涉及到的一些分子。大部分读者或许会发现，如果经常参考这幅图，那么就会较为容易理解我在接下来的几页中的描述。不过也别担心，我并不打算谈论任何深奥的概念，只是描述一下哪些物质和哪些物质连接在一起。重点在于，能对系统的复杂性有所认识，对涉及的那些步骤有所了解，并明白在其中起作用的部件的专门性。生物分子的形成并不是以《卡尔文和霍布斯》漫画中所展现的那种头脑不清晰的方式进行的，它需要某些特定的、高度精密的分子机器人来完成工作。我希望你能连续读完接下来的两节内容，并感受其中的惊人之处。

建造开始

❏ 建造房子需要耗费能量。这种能量有时候来自于建筑工人的肌肉，有时候来自于为推土机提供动力的汽油或是驱动电钻的电力。细胞需要能量来制造 AMP。细胞的能量以独立包装的形式存在。我将它们称为"能量球"。将它们看做是能够为肌肉提供能量的由分子组成的糖果条，或是可以为机器提供动力的一箱汽油。包括 ATP（三磷酸腺苷）和 GTP（三磷酸鸟苷）在内的几种不同的能量球。不用担心它

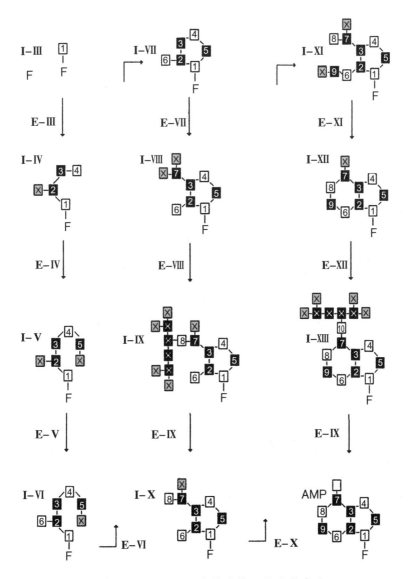

图7-1 AMP（一磷酸腺苷）的生物合成

从左上角中间体I-Ⅲ开始，E 代表酶。F 代表 5-磷酸核糖这一"基础物质"。白色盒子代表氮原子，黑色盒子代表碳原子，灰色盒子代表氧原子。根据原子黏附的先后顺序对其进行标记。只有构成最终产物的一部分的原子才会进行标记。那些刚开始被黏附但后来被替换或切断的原子用 X 记号进行标记。

们的外观或工作方式，我只会提到在哪个步骤我们需要用到这些能量。

　　AMP 合成过程中的前两个步骤并没有在图 7-1 中得到展现。它们是在幕后发生的。正如房屋的建造是从打地基开始，AMP 的合成也是如此。它的"地基"就是一种复杂的分子，关于这种分子的合成我就不在此讨论了。它由 1 组环形的原子组成：4 个碳原子和 1 个氧原子。其中 3 个碳原子上黏附着氧原子。第 4 个碳原子上黏附着另 1 个碳原子。这个碳原子上又钩着 1 个氧原子。这个氧原子上又黏附着 1 个磷原子和 3 个氧原子。在 AMP 合成的第一步中，由 2 个磷原子和 6 个氧原子组成的一组物资被酶 I 集体传递给"地基"中的 1 个氧原子，以便生成中间体 II。这就需要用到一个 ATP 的能量球。身体将中间体 II 作为起点，从而制造出包括 AMP 在内的几种不同的分子。

　　在下一步中，酶 II 从谷氨酰胺的氨基酸中取出 1 个氮原子，将它放在外环的一个碳原子上，从而得到中间体 III。在这一步中，上一个步骤中被黏附的磷或氧原子群被剔除出来。从这个时候开始，图 7-1 继续往下发展。为了让读者更容易理解这个图，我用字母 F 来表示"地基"。因此这时在图 1 中，我们看见 1 个氮原子附着在字母 F 上。[15] 在图中，氮原子用白色来表示，碳原子是黑色的，氧原子是灰色的。最终产物（AMP）中包含的原子是根据它们黏附的先后顺序来标记的。AMP 中不包含的原子用 X 来标记。

　　在酶 III 的指引下，一种叫做甘氨酸的氨基酸（由黏附到 1 个碳原子上的 1 个氮原子组成，这个碳原子又黏附到另 1 个碳原子上，后者又黏附到 2 个氧原子上）会滑入并通过其中某个碳原子钩附到中间体 III 的氮原子上。这个过程会用到一个 ATP 能量球。在此过程中，原本黏附到碳原子 #2 上的 2 个氧原子中的 1 个被踢出。此时的分子结构使 ATP 的"地基"看起来就像是长了一条在风中摇摆的尾巴。而最终产品 AMP 看起来将是一副完全不同的样子：附着在"地基"上的几个僵硬的、稠合环状物。为了从这个状态过渡到我们所了解的现状，分子必须按照正确的次序以化学的方式来制备。

　　在下一步中，由黏附到 1 个碳原子上的 2 个氧原子组成的 1 个甲酸分子（事实上是甲酸盐的相关离子）被黏结在中间体 IV 的氮原子 #4 上，以形成中间体 V。在此过程中，甲酸盐中的 1 个氧原子被踢出。

通常甲酸盐是不起反应的，所以想要使它钩在其他的分子上需要做一些准备工作。有一本生物化学教科书强调了这个问题：

在生理条件下，甲酸盐很难发生反应，因此必须经过激活才能作为一种有效的甲酰化剂。四氢呋喃（THF）最基本的作用就是使甲醛和甲酸盐保持在化学平衡状态，不会过于活跃以至于对细胞造成危害，但又要通过特定的酶催化作用使其能用于一些基本过程。

值得庆幸的是，正如引文所指出的，甲酸盐不仅仅是在溶液中四处漂浮。它首先被附着在一种叫做 THF（四氢呋喃）的维生素上。这种维生素是 B 族维生素叶酸（不问这种维生素是怎样合成的）的近亲。当它通过一种酶的作用附着到维生素上（在反应中需要一个 ATP 能量球），甲酸盐被激活，准备发生反应。然而，THF 甲酸盐合成物不会与中间体Ⅳ结合起来形成中间体Ⅴ，除非在酶Ⅳ的指向下才会这样做。它会在细胞中漂移开来，直到它与其他东西发生反应或是衰退，并且这会将我们的 AMP 合成搞砸。然而，这种情况并不会发生，因为酶会指引反应向正确产物的方向发展。

下一步就是将固定到中间体Ⅴ的碳原子#2 上的氧原子用 1 个氮原子来替换。可以通过将分子暴露在氨分子中的化学方式来做到这一点。但不是仅仅将氨分子扔进细胞中就行了，因为氨分子会胡乱地与很多东西发生不该发生的反应。所以氨基酸的一部分被用来贡献所需的氮原子。在酶Ⅴ的严密指引下，氨基酸的谷氨酰胺缓缓地靠近中间体Ⅴ，以便氨基酸的氮接近中间体Ⅴ的第一个氧原子。通过酶那极好的巫术般的催化作用，氮原子从氨基酸中跳离开来，中间体Ⅴ中的氧原子被踢出，氮原子取代了氧原子的位置以形成中间体Ⅵ。这个步骤会消耗一个 ATP 能量球。❑

环状结构

❑ 在构造我们身体的下一个步骤中，AMP 的一个分子在某些方面与上个步骤相类似。我们又将要拿走 1 个氮原子并用它来替换附着在

1 个碳原子上的某个氧原子，并且这个步骤也会消耗一个 ATP 能量球。但这次我们不用从外面借氮原子。相反，我们将用到氮原子#1，它已经在我们的分子中了。刚才放上"地基"的第一个氮原子——几个步骤之前将磷或氧原子群踢出的那个东西——现在开始起作用了。它取代了链中前 1 个氧原子的位置。但是不同于前一个步骤中来自氨基酸的氮，这个氮不会断开它同其他原子的键合。它只是形成了一个新的键合，如中间体Ⅶ中所示。这种安排的有趣之处在于，现在它形成了一个原子环。这个环有 5 个成员，还有 2 组原子伸出环外。第一组是上一步中提到过的氮原子#6，第二组就是"地基"。

当你摇晃一罐苏打水并打开瓶盖时，通常会有一股液体喷射出来。这是由于液体中溶解的二氧化碳气体的突然释放造成的。有些二氧化碳也被溶于细胞液中（虽然动物在被晃动时通常不会发出嘶嘶声），并且能被用于生物化学反应。这一点很好，因为 AMP 合成的下一个步骤需要用到二氧化碳。在反应中，气体分子（实际上是被水浸润的重碳酸盐）被酶Ⅶ放在碳原子#3 上以形成中间体Ⅷ。这个步骤会消耗一个 ATP 能量球。[16]

现在另一个氨分子可以加入了。这个步骤也要消耗一个 ATP 能量球。就像上一次氨分子的加入一样，你绝不会发现它在溶液中到处漂浮（二氧化碳就会）。它需要由氨基酸来提供。但是这次是一种叫做天冬氨酸的氨基酸。并且，再插一句，当氮原子与中间体Ⅷ发生反应时，它不会离开氨基酸。我们得到了所需要的氮原子，但同时一串外表不规则的原子链会悬挂在中间体Ⅸ的末端上。酶Ⅸ会通过只将不相关的部分锯断来去掉这些不需要的悬挂物。

形成的产物中间体Ⅹ是一种分子半成品。被激活的甲酸盐的另一个分子再次钩在了一个维生素上，即附着在中间体Ⅹ的氮原子#6 上以形成中间体Ⅺ。在下一步中，在酶Ⅺ的指向下，氮原子#8 将刚刚附着的甲酸盐的氧原子踢出，并与碳原子#9 键合，形成中间体Ⅻ。由于起作用的氮原子不会断开它与最初黏附的碳原子的键合，这个反应会形成另一个环状物。中间体Ⅻ的两个稠合环非常坚固，并不像环状物形成之前的原子链那样松散。这一步中，六元环的形成和前几个步骤中五元环的形成相似，并且上一个步骤中甲酸盐的反应与之前甲酸盐的加入在化学变化上具有相似之处。但是即使这两个步骤相似，它们也是在两种不同种类的酶的催化作用下发生的。这种不同是必需的，因为分子的形状在合成期间发生了变化，并且酶通常对形态的变化较为敏感。

中间体XII是一种叫做IMP（次黄嘌呤核苷酸）的核苷酸，可以用在某些生命分子中（例如，一种能促进蛋白质生产的特殊类型的核糖核酸就含有一些IMP）。通过IMP来制造AMP需要经过几个不同的步骤，如图7-1所示。就像之前发生的某个步骤中，酶XII将氨基酸的天冬氨酸分子黏附到六元环上，用进入分子中的氮原子将氧原子踢出。这样就形成了中间体XIII。这个反应会消耗一个能量球，但不是ATP（三磷酸腺苷）能量球。相反，出于某些我在下面将讨论到的原因，它消耗的是GTP（三磷酸鸟苷）能量球。就像之前发生的那样，天冬氨酸再一次被黏附，形成了一个外形不规则的悬荡的附件。酶IX回来（这条路径中唯一用过两次的酶）将不必要的部分去除，留下所需的氮原子。

最终我们得到AMP——核酸的"基础材料"之一。□

子黑匣 到达目的地

我猜想现在有大部分读者已经在这个迷宫里找不到方向了。那么下面让我再来对AMP的合成做个总结。这个合成过程分为13个步骤，涉及到12种酶。其中酶IX在两个步骤中起到了催化作用。此外，除基础分子5-磷酸核糖外，合成还需要5个ATP分子、1个GTP分子来为各个步骤中的化学反应提供能量；需要1个二氧化碳分子、2个谷氨酰胺分子分别在不同步骤中贡献出氮原子；还需要1个甘氨酸分子、在不同步骤中2个来自THF（四氢呋喃）的醛基，以及2个天冬氨酸分子在另外两个步骤中贡献氮原子。此外，在两个不同的步骤中，剩下的天冬氨酸分子必须得到切除，并且在两个不同的步骤中，形成的分子的某些部分必须相互发生反应来使两个环闭合。所有这13个步骤的发生只是为了形成一种分子。合成路径中的前体分子——中间体III至中间体XI——共同发挥着作用。它们就是仅仅被用来制造AMP或GMP的。

人们总爱说"条条大路通罗马"，同样，AMP的合成也有许多种方式。

我的书架上有一本专门针对化学家的书。这本书中列出了可以用来制造腺嘌呤（AMP 的最上端部分，不包括基础部分）的 8 种方式。分子的其余部分也可以用各种各样的方式来形成。然而，如果化学家们想要合成腺嘌呤，他们所使用的方法与细胞所使用的完全不同。因为人工合作涉及到在极端酸性环境下亲油性液体中的反应。这种环境会导致所有已知生物的迅速死亡。

在 20 世纪 60 年代初，对生命起源感兴趣的科学家们发现了合成腺嘌呤的一种有趣方式。[17] 他们发现，简单的氢氰酸分子和氨分子在合适的条件下将形成腺嘌呤，人们认为，在地球形成之初这两种分子曾大量存在。这个化学反应的发生是如此简单，以至于美国化学家斯坦利·米勒深深为之震动。他称其为是对生命起源研究者的"信念的冲击"。但是背后还潜伏着一个问题：氢氰酸和氨分子并没有被用于 AMP 的生物合成。而且，即使它们存在于早期的地球，并且即使生命起源与之相关（从很多方面来看这个假设都存在问题），化学家在烧瓶中用简单分子合成腺嘌呤绝对无法帮助我们了解分子最初是如何从细胞中产生的问题。

用简单分子就可以很容易地合成腺嘌呤，这让斯坦利·米勒十分惊讶。但是细胞无法用简单的方式来合成。事实上，如果我们将 5-磷酸核糖、谷氨酰胺、天冬氨酸、甘氨酸、N^{10}-甲酰-THF、二氧化碳和 ATP、GTP 的能量包——细胞用来构建 AMP 的所有小分子——放在水中溶解（以上均为正式的化学名称），并让它们长时间保持静止状态（比如说，1 000 年或 100 万年），我们也不会得到任何 AMP。[18] 如果斯坦利·米勒将这些化学物质混合到一起，希望能发生另外一种对信仰形成冲击的现象，他一定会非常失望。

我们从罗马去米兰，可能只需要走路就够了。但是如果我们要从罗马去西西里，光靠走路是不现实的，我们还需要一条船。如果要从罗马去火星，我们甚至还需要顶尖的高科技设备。要想采用细胞使用到的成分来制造 AMP，我们还需要非常高科技的技术设备：在路径中起催化作用的酶。在没有酶的情况下，图 7-1 中所展示的反应就无法产生 AMP。问题在于，即使可以通过简单的路径制造腺嘌呤或 AMP，那些路径也不会是合成的生物学路径的物理前身，就如同鞋子不是火箭飞船的物理前身一样。

$$A \rightarrow B \rightarrow C \rightarrow D$$

假设在一个代谢路径中，合成物 A 通过中间体 B 和 C 被转化成合成物 D。这个路径是否可以渐进进化而成？要视情况而定。如果 A、B 和 C 是对细胞有用的合成物，并且如果 B、C 和 D 并不是从一开始就具有的基本物质，那么也许这个路径可以缓慢地进化。在那种情况下，我们可以设想一个细胞使 A 发生了缓慢的变异，以至于最终形成了合成物 B。如果 B 不会对细胞带来危害，那么也许细胞会慢慢地为 B 发现某种用途。并且或许这种情形可以不断重复下去。一个随机的突变会导致细胞根据 B 产生某些 C，然后为 C 发现某些用途，诸如此类的循环。

然而，假定从一开始 D 就是必需的。地球上的生命需要 AMP：它被用来制造 DNA 和 RNA 以及其他一些重要的分子。也许有一些其他的方式可以在不需要 AMP 的情况下构建一个生命系统。即使存在这样一种系统，也没有人知道该如何构筑。达尔文进化论所面临的问题就是：如果一种复杂的生物合成路径只有它的最终产品被用在细胞中，这个路径是如何渐进进化而来的？如果 A、B 和 C 除了作为 D 的前身之外，没有其他用处，那么某个只制造 A 的生物体又能得到什么好处呢？或者，如果它为了制造 B 而制造 A，为的又是什么呢？如果一个细胞需要 AMP，那它仅仅制造中间体 Ⅲ、Ⅳ 或 Ⅴ 的好处是什么呢？很明显，如果代谢路径中的中间体没有用，会对达尔文的进化方案提出巨大的挑战。对于 AMP 这样的物质来说，肯定是这样的。因为细胞没有选择：AMP 是制造生命所必需的。细胞如果不能马上具备一条路径来生产或获得 AMP，就会死亡。

有几本教科书提到了这个问题，托马斯·克赖顿（Thomas Creighton）做出的简短解释具有一定的代表性：

> 代谢途径所具有的生物化学复杂性是如何进化而来的？就制造氨基酸、核苷酸、糖类等基础材料的生物合成路径而言，很可能这些基础材料原来就存在于"原生液"中，并且直接得到了利用。然而，随着生物体数目的增加，这些成分将变得供不应求。如果某个生物体可以利用一种新进化而成的酶，并根据"原生液"中的一些无用的部分来制造这些基础材料中的某一种，那么它就具备了一种选择性优势。一旦这种基础材料越来越难以获得，任何能够从"原生液"的其他成分中生产这种物质的有机物就能够被选中而存活下来。根据这种情

况，酶的代谢路径应该是以与现代路径相反的次序进化而来的。

简而言之，克赖顿认为，如果我们在一个现代生物体中发现了一种反应路径，顺序为 A→B→C→D，那么 D 就存在于原生液中——不需要酶的作用，而由简单的化学前身来合成。随着 D 数量的减少，一些生物体将"学会"通过 C 来制造 D。当 C 越用越少时，它就会用 B 来制造 C。当原材料耗尽的威胁再度来临时，它就会学会如何用 A 来制造 B，依此类推。《细胞分子生物学》一书也对同样的设想进行了描述。这本书是诺贝尔奖获得者詹姆斯·沃森、美国国家科学院院长布鲁斯·艾伯茨和其他几位科学家合著的一本颇受欢迎的教科书。在一份图例说明中他们提到，原始细胞是：

> 由生命起源以前合成的相关物质（A、B、C 和 D）来补给的。其中的一种物质 D 有助于代谢。当细胞将现有的 D 物质的储备用完时，如果它能够进化出一种可以利用相近物质来制造 D 的酶，它就占据了选择性优势。

没错，人人都同意这一点。如果你用完了 D，那么就要通过 C 来制造 D。而且，毫无疑问的是将 B 转化成 C 也应该是一件简单的事情。毕竟，在字母表上它们可是紧挨在一起的。但是我们从哪里得到 A、B 和其他物质呢？当然是从最初的"字母液"中。

事实上没有人给这个 A→B→C→D 故事中虚构的字母上安放过任何真正的化学名称。在上面提到的教科书中，以图例形式给出的解释没有得到更进一步的发展，即使这些教科书是用来给博士生授课的。这些学生可以很容易地听懂课本里给出的详细解释。当然也很容易设想，原生液中也许有一些 C 在四处漂浮，可以很容易转化成 D。不管怎样，如果是卡尔文和霍布斯虎就可以随心所欲地幻想。然而，我们要相信有许多的腺苷酸基琥珀酸（中间体ⅩⅢ）可以转化成 AMP 却难得多。要相信羧基胺基咪唑核苷酸（中间体Ⅷ）无所事事地等着被转化成 5-氨基咪唑-4-（N-琥珀酰胺）核糖核苷酸（中间体Ⅸ）就更难了。之所以难以置信是因为，当你给这些化学物质加上真名后，你就不得不拿出一个可以制造这些物质的真实的化学反应。没人能做到这一点。

A→B→C→D 理论面临着一大堆问题。让我们先来看看最突出的几个问题。首先，除中间体 X 外，前生物合成实验并没有产生 AMP 生物合成中的任何一个中间体。虽然腺嘌呤可以通过氨和氢氰酸分子的化学作用来制造，腺嘌呤的生物化学前身却不行。其次，从化学的角度来讲，我们有很好的理由来认为，生物化学路径中的中间体只能在酶的小心引导下才能得到制造。例如，如果没有合适的酶来引导化学反应朝着中间体 V 和 XI 的方向进行，甲酸盐将更可能以一种无法产生 AMP 的方式来发生反应，而不是以制造 AMP 所要求的方式。请注意，那些酶必须在接下来的步骤有可能产生的酶之前出现，否则后来的那些酶就没什么可以催化的了。此外，那些需要消耗能量球的步骤必须加以小心引导，这样能量才不会被浪费在一些无用功上。例如，汽油燃烧产生的能量使汽车发生移动，因为这些能量通过一个复杂的机器被导向正确的方向；在汽车下面的一个池塘里燃烧汽油就根本不会让车发生移动。除非有一种酶来对 ATP 能量球的使用加以引导，否则能量就会被浪费掉。请再一次注意，引导这些步骤所需要的酶必须要比路径下一个步骤所制造的化学物质更早出现。

A→B→C→D 故事存在的第三个问题是，路径中的一些中间体的化学性质并不稳定。因此即使它们是在一个未经指引的前生物反应中形成的，它们也将很快瓦解或是以错误的方式发生反应。而且，它们也不可能存在并让路径继续下去。对这个 A→B→C→D 故事还可以提出一些其他的反对理由，可是这些已经足够了。

子黑匣 那时和现在

几年前，我阅读了阿兰·布鲁姆（Allan Bloom）的《美国思想的终结》（*The Closing of the American Mind*）。他在书中声称，许多现代的美国思想实际上起源于过去的欧洲哲学。这种说法让我非常惊奇。尤其让我吃惊的是，"麦克的飞刀"（Mack the Knife）这首歌居然是从一首德语歌曲"暗刀麦奇"（Mackie Messer）翻译而来的，后者的灵感则可以追溯到尼采在《查拉图斯特拉如是说》（*Thus Spake Zarathrusta*）中描述过的一名杀人凶手的"刀之快感"（joy of the knife）。我们中的大多数人都喜欢认为，我们的思想是我们自己的。至少，如果有人提出过这些思想，那我们也是在有意识地审视和赞成之后才对此表示同意的。正如布鲁姆所说的，我们对世界的许多重要认识不过是从我们身处的外部文化中不假思索地获得的，这种想法不禁让人有些丧气。

A→B→C→D 的故事也是一种不假思索地被我们所继承的古老思想。它最初是由 N. H. 霍洛维茨（N. H. Horowitz）于 1945 年在《美国国家科学院院刊》（*Proceedings of the National Academy of Sciences*）中提出的。霍洛维茨对这个问题的看法是：

> 既然自然选择不能保存非功能性的特征，这一事实所具有的最为明显的含义莫过于，通过一次选择一个基因的突变来完成阶梯式的生物合成的进化是不可能的。

但是希望仍然存在：

> 实质上，所提出的假说认为，基本合成的进化是以一种阶梯式的方式进行的，一次发生一个突变，但是单个步骤的发生顺序与合成进行的方向正好相反。也就是说，链条上的最后一个步骤就是进化过程中要完成的第一个步骤，倒数第二个步骤就是进化过程中要完成的第二个步骤，依此类推。这个过程的进行需要一种特殊的化学环境。换句话说，在这个环境中，最终产物和可能的中间体都要具备。至于这样一个环境是怎样形成的，让我们暂且搁置这个问题，先来考虑所提出的机制的运行问题。物种在开始时被认为需要一个基本的有机分子 D。作为生物作用的结果，可用的 D 的数量会耗尽，此时它会对物种的进一步生长构成限制。此时，能够进行 B + C = D 这一反应的变异体就享有明显的选择优势。等到 B 的数量又对物种构成限制时，就会迫使物种通过其他物质来合成。[19]

这就是现代教科书对生物化学路径的发展做出的解释。但是在霍洛维茨那个时代，科学处于什么样的发展水平呢？1945 年他发表论文时，基因的性质还不为人知，核酸和蛋白质的结构同样如此。科学家们还没有进行实验来研究霍洛维茨所假定的"特殊的化学环境"是否可能存在。从那时到现在，生物化学已经取得了惊人的进步，但是还没有任何发现能够支持他的假设。我们知道，基因和蛋白质的结构比霍洛维茨那个年代的人们所想象的要复杂得多。从化学的角度出发，我们有充足的理由去认为 AMP 合成的中间体在活细胞外部不可能存在，并且还没有实验能够驳斥这一想法。霍洛维茨将"这种环境是如何形成的"这一问题推迟了 50 多年。尽管存在许多明显的漏洞，这个古老的故事在教科书中一再重复，好像它和你脸上长的鼻子一样再明白不过了。50 年的发展也无法让这个人们普遍认可的真理受到任何质疑。读一读现代的教科书，你几乎可以感受到"麦克的飞刀"（Mack the Knife）的旋律还在回荡。

虽然教科书记载的是标准思想，但是有些人还是对此感到不满。诺贝尔奖获得者克里斯蒂安·德迪韦（Christian de Duve）在他的《细胞蓝图》（*Blueprint for a Cell*）一书中，对氢氰酸/氨路径的重要性表示了怀疑。相反，他提出，AMP 是通过"原始代谢路径"产生的。在这个路径中，许多小蛋白质碰巧正好具有能力来制造许多不同的化学物质，其中一些就是 AMP 路径的中间体。他画了一张图来解释这个理论。在图中，箭头从"非生物合成"这个词语指向字母 A、B、C 和 D。但是，他的箭头创造性地从 A、B、C、D 指向了 M、N、S、T、W，从那儿又指向了 P、O、Q、R、U。在每个箭头旁边，他写上"Cat"（催化剂"catalyst"的缩写）以说明字母的来源，但是并没有解释它们，这个观点仅有的"证据"就是那幅图！他与其他的研究者也从未给这些虚构的字母附上真实化学制品的名称。生命起源的研究者们从未证明 AMP 合成的中间体本该或者可能存在于"原生液"中，更不用说那些导致中间体相互转化的复杂的酶了。没有证据表明，德迪韦提出的这些字母在客观世界中存在着对应物。

另一位对此不满的科学家就是圣菲研究所（Santa Fe Institute）的斯图亚特·考夫曼（Stuart Kauffman）。生物机体新陈代谢的复杂性让他对渐进进化是否能发挥作用感到怀疑：

> 为了能实实在在地发挥作用，新陈代谢最少必须是一连串的经过催化发生的变化，从食物指向所需要的产品。然而，与此相反，如果没有维持能量和产品流动的联系网络，又怎么会有一个生物来形成相互联系的新陈代谢路径呢？

为了回答这个问题，他用非常专业的数学术语提出了一种类似于德迪韦曾经提出过的理论：一种复杂的混合物，其中一些化学物质碰巧被转化成其他的化学物质，而这些化学物质又会被转化成另外的物质，并且无论如何，这个混合物会形成一个自给自足的网络。从考夫曼的表达可以看出，他是一个非常聪明的家伙。但即使从最宽泛的标准来看，他的数学术语和化学现象之间的联系也是非常脆弱的。考夫曼在题为"相互联系的新陈代谢的起源"的一个章节中对他的想法进行了探讨。但如果你从头到尾读完这一章，你也找不到任何一个化学物质的名称：没有 AMP，没有天冬氨酸，什么也没有。事实上，如果你查阅了整本书的全部标题索引，你也找不到任何一个化学名称。曾经担任过考夫曼导师的约翰·梅纳德·史密斯曾经指责过他，说他是在进行"无事实的科学"研究。这个指责非常严厉，但是他的著作完全缺乏化学细节这一事实似乎让这种指责合情合理。

考夫曼和德迪韦都认识到了渐进进化所面临的真正问题。然而，他们提出的解决方案只不过是对霍洛维茨之前想法加以变通。他们不过是把 A→B→C→D 改成了（A→B→C→D）×100。更糟糕的是，随着虚构的字母越来越多，结果就会离真实的化学世界越来越远，继而深陷于数学的精神世界里。

好得让人受不了

每个孩子都听过希腊神话中迈达斯（Midas）国王的故事。贪婪的国王对黄金的热爱胜过了其他任何事物，他自己大概也是这么认为的。当他被赋予了一种具有魔法的本领后，轻轻一摸，就可以将任何事物变成黄金，这让他非常高兴。破旧的花瓶、无用的石头、穿过的衣服，只要经过他的"金手指"触摸，所有的东西就都变成了美丽炫目的无价之宝。然而，当迈达斯触摸到已经绽放的鲜花时，这些鲜花马上就失去了它们的芬芳。这时，我们就可以嗅到一丝暴风雨即将来临的气息了。当国王拿起来想吃的食物也变成了黄金时，他知道他遇上了大麻烦。终于，愚蠢的行为导致了悲剧的发生。当他的女儿小玛丽古德（Marygold）拥抱父亲的时候，她也被变为一尊金色的雕像。

迈达斯国王的故事教会了我们一些显而易见的道理：不要贪得无厌，爱比金钱更加宝贵，还有其他一些道理。但是，还有一个不那么显而易见的道理，就是关于调节的重要性。仅仅有一架具备功能的机器或是程序（有魔法的或是其他的）是不够的，你必须能够根据需要将它打开或是关闭。如果国王希望的是拥有点石成金的手指，并且还可以随心所欲地启动或是关闭这种能力，他就可以把几块石头变成金子，而不是杀死自己的女儿。他可以把盘子变成黄金，而继续享用可口的美食。

很显然，我们在日常生活中使用的机器是需要调节的。无法关掉电源的链锯会变得非常危险，不带制动器和中间齿轮的汽车将毫无用处。生物化学系统也是我们在日常生活中使用的机器（不管我们是不是这样认为），因此它们也需要得到调节。为了对此进行说明，让我们在接下来的 3 个段落中看看 AMP 的合成是如何得到调节的（图 7-2 中做出了简要说明）。

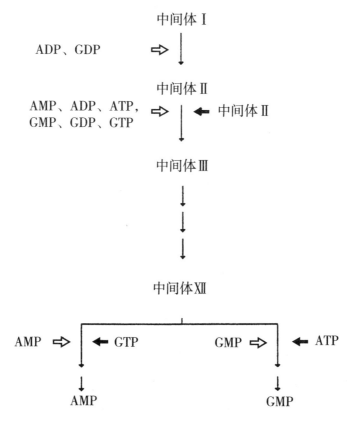

图 7-2　AMP 路径的调节
白色粗箭头代表让合成减慢的化合物；
黑色粗箭头代表让合成加速的化合物。

151

❑ 酶 I 需要一个 ATP 能量球才能将 5-磷酸核糖（基础）转变成中间体 II。如果细胞中存在过量的 ADP 或者 GDP，酶的表面上有一块区域可以结合这些物质。ADP 或者 GDP 的结合起着调节阀的作用，可以降低酶的活动性，并且减慢 AMP 的合成。这从生理学角度上来讲是有好处的：既然 ADP 是 ATP 消耗后的剩余物质（就像开过枪之后剩下的弹壳），细胞中 ADP 的浓度较高意味着 ATP 能量球的浓度较低。中间体 I 就会被用作燃料来制造更多的 ATP，而不是制造 AMP。

一般来说，在生物化学中，让分子沿着某个不可逆转的特别路径开始往下代谢的第一种酶具有高度的可调节性。AMP 的路径也不例外。虽然中间体 II 可以用于其他的目的，一旦它被转变成中间体 III，分子就必然会被路径上的其他酶清扫到 AMP 或是 GMP 上。因此对重要反应起催化作用的酶（酶 II）也会得到调节。酶 II 的表面上除了用来结合反应分子的部位之外，还有两个其他的结合部位：一个能够固定 AMP、ADP 或者 ATP，另外一个能够固定 GMP、GDP 或者 GTP。如果某一个部位被填满，酶的作用就会变慢；如果两个部位都被填满，酶发挥作用的速度就更慢了。而且，除了反应发生的部位之外，酶 II 还有另外一个部位，可以和中间体 II（本身就是一个反应物）结合。中间体 II 和这个部位的结合加快了酶的作用速度。这从生理学角度来看也是具有积极意义的。如果周围有这么多的中间体 II 可以结合到酶的两个部位，那么细胞进行合成的速度就有些跟不上了，需要加快处理中间体 II。

合成在其他一些地方同样得到了调节。在制造完 IMP（次黄嘌呤核苷酸）后，路径开始分叉，要么制造 AMP，要么制造 GMP。对从 IMP 到 AMP 的第一个步骤起催化作用的酶 XII 本身就会因为 AMP 的过量存在而减慢催化速度。同样，如果 GMP 过剩，从 IMP 到 GMP 的第一个步骤也无法得到催化。（不同于迈达斯国王的是，酶可以分辨出什么时候好东西过量了。）最后，酶 XII 将 GTP 当做一个能量球来使用。因为，如果周围存在大量的 GTP，就需要更多的"A"核苷酸（AMP、ADP 和 ATP）来保持供应的平衡。在 GMP 合成的最后一个步骤中，ATP 也是基于类似的理由被用做能量来源。❑

子黑匣　调节出现故障

当新陈代谢调节失败，结果就是生病或者死亡。糖尿病就是一个例子。细胞对糖类的吸收变慢，即使糖类分子拼命想要进入细胞，最终却被正常代谢掉。有一种远远没有糖尿病那么普遍的疾病，叫做莱施-尼亨综合征（Lesch-Nyhan syndrome，又叫自毁容貌综合征），就是因为对 AMP 合成的调节发生故障而引起的。在这种疾病中，将降解 DNA 或者 RNA 中用过的核苷酸进行重复利用所需要的一种酶不存在或是缺乏活性。这就间接导致中间体 II 开始累积。令人遗憾的是，正如上文所提到的，中间体 II 刺激了酶 II，后者又反过来促进了 AMP 和 GMP 的合成。合成的增多导致尿酸的产生过剩（AMP 和 GMP 的分解产物），这些尿酸从溶液中流出并结晶。尿酸结晶的随机沉淀会扰乱正常的身体功能，正如痛风病症中表现的那样。然而，在莱施-尼亨综合征中，后果要严重得多。这些后果包括智力迟钝和自残的冲动。病人会咬坏自己的嘴唇和手指。

AMP 生物合成的调节可以作为一个很好的例子来说明某种复杂的机制。我们需要这些机制来将生命分子的供应保持在合适的水平：不太多，不太少，和有关分子保持恰当的比例。达尔文渐进主义的问题就在于细胞在新的催化剂出现之前没有形成调节机制的理由。但是如果出现某个新的不经调节的路径，绝对不是一种好事，对于生物体而言就像是患上了一种遗传疾病。对于脆弱的古代细胞来说更是如此。一般认为，这些细胞应该是渐进形成的，它们几乎没有出现错误的可能。如果出错，细胞就会在无法获得和不易调节的两难境地中遭到毁灭。

没有人知道 AMP 的路径到底是如何形成的。虽然一些研究人员已经注意到路径本身对达尔文的渐进主义就是一个严峻的挑战，但对于细胞形成初期就马上面临的对代谢途径进行调节的这一需要所带来的难题，还没有人写书探讨过。那么没有人想要探讨"交通事故"这一点就更不奇怪了。

在很早以前，有一个细胞注视着宽阔的公路对面。在公路的对面，是一个全新的代谢路径。化学意义上的卡车、公共汽车、旅行车和摩托车飞驰而过，根本不会留意到这些穿过公路的小细胞们。在标注着"原生液中没有发现中间体"字样的第一条车道上，它听到过往车辆发出的警报声，看见了未幸存下来的大多数最早期细胞的一些残骸。在标注着"需要引导机制"的第二条车道上，看见了少量细胞的残骸。在标注着"中间体的不稳定"的第三条车道上，只有一两个细胞残骸。在标注着"调节"的第四条车道上，没有发现细胞的尸体。没有细胞能去到那么远的地方。公路的对面真的是离得太遥远了。

子黑匣 狭义解释

美国宪法第九条修正案规定："宪法对某些权利的列举，不能被看做是对他人所持有该权利的剥夺或是贬抑。"换一种简单的说法就是，一份简短的文件不可能涵盖所有的基本问题。因此，那些没有得到论述的问题并没有什么暗藏的含义。我对本书也抱着同样的态度。在第3章到第6章的内容中，我探讨了几种具有不可简化的复杂性的生物化学系统，深入谈到了许多细节，目的是说明为什么它们无法用一种渐进的方式来形成。这些必要的细节可以让读者正确地理解问题的本质。因为我花费了许多时间来探讨那些系统，以至于无法深入探讨其他的一些生物化学系统。但这并不意味着其他系统就不是达尔文理论所面临的问题了。还可以就不可简化的复杂性举出很多例子，包括DNA复制、电子传递、调聚物合成、光合作用、转录调节等等方面。我鼓励读者去图书馆借一本生物化学教科书，看看自己到底可以发现达尔文的渐进主义面临着多少问题。

这一章多少有些与众不同。在本章中，我想要让你们看到，达尔文主义所面临的问题并不仅仅是不能还原的复杂性系统。即使是那些最初看来似乎和渐进式的观点相一致的系统，在经过仔细的研究之后（或经过实验结果证实）却成为了这一观点所面临的主要障碍，并且我们没有理由去相信，这些问题能够在达尔文的理论框架内得到解决。

霍洛维茨首先提出的观点在当时是一个了不起的想法。它或许起过作用，它也许是正确的。当然，如果某个复杂的代谢路径的形成采取了渐进的方式，那么它的发生一定是按照霍洛维茨所列出的简要方案。但是，随着岁月的流逝，科学不断在发展，他的方案所依赖的前提条件不复存在了。如果可以按照达尔文理论的观点对AMP的制造进行详细说明，也没有人知道这个解释会是什么。倔强的化学家们已经开始向数学寻求答案了。

AMP 不是达尔文理论在新陈代谢方面所面临的唯一问题。更大分子量的氨基酸、脂类、维生素、血红素以及其他物质的合成都遇上了同样的问题，并且还有比新陈代谢更难解决的问题。但是其他的问题不是我们在这里要关注的。现在我要结束对生物化学本身的探讨，将注意力集中在其他方面。在前面 5 章中讨论过的这些科学方面的难题，不过是再一次证明了达尔文主义对生命的解释面临着无法逾越的巨大鸿沟。

PART Ⅲ

WHAT DOES THE BOX TELL US?

第三部分

黑匣子揭示了什么

第8章　不发论文，自取灭亡

分子进化杂志

我们通过第3章至第7章已经了解，到目前为止还没有人解释复杂生物化学系统的起源问题。不过，在美国，却有成千上万的科学家对生命的分子基础饶有兴趣。他们花费大量时间分离蛋白质，分析结构，辨别微小分子的不同工作方式细节。然而，还有一些科学家沉湎于进化论中，并在专业文献上发表了大量的论著。如果复杂的生物化学系统尚未解释，那么在"进化"的标题下又能发表怎样的生物化学方面的论著呢？在这一章里，你会了解已涉猎的和尚未解决的问题。

当生命的分子基础被发现之后，进化论的思想才开始应用于分子。随着专业研究论文数量的不断增加，一本专业性杂志：《分子进化杂志》（*Journal of Molecular Evolution*）便应运而生。于1971年开始发行的《分子进化杂志》仅限于研究并解释分子水平下的生命究竟为何的问题。杂志由该领域的著名学者来运作，编辑及董事会成员超过50人，其中大约十几人是美国科学院的科学家。一个叫埃米尔·朱克坎德尔（Emile Zuckerkandl）的编辑（与诺贝尔奖得主莱纳斯·鲍林［Linus Pauling］）首次提出，不同物种的相似蛋白质的氨基酸序列差异，可以用来确定物种享有一个共同祖先的最近时间。

这本月刊杂志每期包含了约10篇分子进化方面的科学论文。每个月10篇意味着每年大约100篇，10年就是1 000篇论文的数量。纵览某个领域的1 000篇论文，你完全可以搞清楚该领域哪些问题已然解决、哪些问题正在解决、哪些问题被忽视了。回顾过去10年，《分子进化杂志》上发表的论文可简单分为三大类：生命起源所必需的分子化学合成的论述，

DNA 或蛋白质序列的比较，以及抽象的数学模型。

子黑匣 溯本清源

生命的起源是个至关重要和盎然有趣的问题。这是生物学最终必须要应对的问题：纵然生命的进化是经过不断演变后物竞天择的结果，然而生命最初到底是怎样出现的呢？《分子进化杂志》刊登的所有论文中有约10%的论文论述了对生命起源不可或缺的分子化学合成的问题。

斯坦利·米勒（Stanley Miller）的故事蜚声现代科学界。作为一个年轻的研究生，第二次世界大战后在芝加哥大学的诺贝尔奖得主哈罗德·尤里（Harold Urey）的实验室工作，米勒想确定在亿万年前尚无生命的地球究竟有什么样的化学物质。他知道氢是宇宙中的主要元素。当氢与碳、氮及氧这些地球常见元素产生化学反应时，就形成甲烷、氨和水。因此，米勒决定通过模拟含有甲烷、氨、水蒸气和氢的大气层，看看会产生何种化学物质。[20]

甲烷、氨、水蒸气和氢通常是不反应的。米勒知道，要想使气体产生潜在的、有趣的化学物质，他应该将一些能量输入系统中以扰乱这些元素。在亿万年前，古地球的能量来源之一是闪电。因此米勒在他的实验室中构建了一个装置，里面含有他预想的地球早期存在的气体，加上一个水池，以及可以模拟闪电的火花电极。

米勒用了大约一周的时间煮沸水并同时触发气体混合物的火花。与此同时，另外一边的烧瓶中的油性不溶解的焦状物也在培养中，伴随着新物质的不断增加，水池的颜色变得越来越红。一周结束时，米勒分析了水中溶解的化学物质的混合物，发现它包含几种氨基酸。这一结果震惊了全世界！由于氨基酸是蛋白质的构建块，似乎乍一看，在早期的地球上它使构成生命的这台机器的材料得以丰富。兴奋的科学家们不难想象，自然过程可能导致了氨基酸的聚拢并形成蛋白质，一部分蛋白质会催化重要的化学反应，这些蛋白质会被困在小小的细胞膜内，核酸可以通过类似的过程而产生，这样第一个真正的自我复制的细胞就会逐渐出现。正如玛丽·雪莱（Mary Shelley）在科幻小说中所虚构的怪物"弗兰肯斯坦"（Frankenstein），电流流过无生命的物质好像真的会产生生命。

其他实验人员开始追随斯坦利·米勒所做的开创性工作。米勒在他的实验中只发现了几种不同类型的氨基酸，但生物体中却含有20种。因此，其他研究人员改变了米勒的实验条件：气体在大气的模拟组合中进行了改变，能量的来源从电火花换成了紫外线辐射（模拟阳光）或很强的脉冲压力（模拟爆炸），采用更加复杂的分析方法来检测微量的化学物质。大家坚持不懈的努力最终如愿以偿：几乎所有的20种自然形成的氨基酸类型在生命起源的实验中得到证实。

在其他早期对生命起源的研究成果中，也许最显著的成就当属胡安·奥罗（Juan Orò）实验室。他们发现，氰化氢简单的自身化学反应会产生一系列元素，包括腺嘌呤（A），它是核酸中基本元素中的一种。这一成果轰然打开了把DNA（脱氧核糖核酸）和RNA（核糖核酸）作为生命起源的化学研究的大门。多年来，核酸的其他必备元素以及RNA组成部分的核糖都已在化工仿真实验中产生出来。

在这些广为人知的成就中，如果一个局外人因为偶然发现专业文献当中对生命起源的研究过于悲观的论述，可能会有些许震惊，这应该给予谅解。比如该领域中一位杰出的科学家克劳斯·多斯（Klaus Dose），他对于这个问题的现状评估就毫不留情。

> 这些对生命的起源所进行的化学及分子进化实验已做了30多年，这些实验对生命的起源只是增加了问题，而不是多了答案。目前该领域针对主要的理论和实验所进行的讨论最终若非陷入僵局，就是承认无知。

是什么导致这位专业人士对该领域如此悲观的论调，尤其是在米勒取得令人兴奋的开创性实验进展的日子里？撇开构成生命的简单化学成分的问题，连篇累牍的论文原来只是对所谓真实的成功大加赞赏而已。我们来研究其中一些问题。

通过化学过程制造细胞外的生命分子其实是相当容易的。任何有能力的化学家都可以从一家供应公司买一些化学品，按照正确的比例，将它们溶解在适当的溶剂中，按预定时间加热烧瓶，并纯化所需的化学品以便去掉由副反应产生的有害化学品。化学家不仅可以制造氨基酸和核苷酸这些生命分子，而且还能使它们自身构建出蛋白质和核酸。事实上，这样的过程都已然自动化，许多商业公司也在销售能够混合化学物质并反应生成蛋白质和核酸的机器。任何一个大学生通过阅读操作手册都可以生产出一长段 DNA，也许用不了一两天就能够得到某种已知蛋白质的基因编码。

大多数读者会很快发现问题所在了。40 亿年前，并没有什么化学家，更别提有化学品供应店、蒸馏烧瓶，以及现代的化学家为了得到满意的实验结果每天在实验室都赖以使用的任何其他设备。一个有说服力的生命起源的实验状况是，把智能化产生化学反应的需求尽可能最小化。尽管如此，一些智力的参与仍然不可避免。如斯坦利·米勒所找到的物质，推测早期的地球到底存在何种物质是研究的一个必要起点。研究人员的技巧是选择一个可能的起点，然后就放手进行。

打个比方，假如有一位著名厨师说，大自然的随机过程就可以产生出一个巧克力蛋糕。在他力证这一说法的过程中，我们不会在意他把整个植物包括小麦、可可和甘蔗放到温泉旁边，这样热水就可以帮助烹制出有用的食材。但是，如果这位厨师说他没有时间等待热水烹制出所需的食材，而是去商店买了精制面粉、可可和糖，我们就会有些担心了。如果为了"快马加鞭"，他再把实验从温泉旁移到电烤箱内，我们大概会摇头；如果他再仔细称一称各成分的分量、倒进碗里搅拌均匀、摆在烤盘里，然后放进烤箱里烤制，我们显然会拔腿走人。因为，这个结果与其初衷相违背，并不是采用自然过程来产生一个蛋糕。

1952 年斯坦利·米勒公布的实验震惊了世界。米勒还欣然解释道，这并不是他第一次做这类实验。早些时候，他曾采用稍微不同的方式配置了自己的设备，实验中发现有某种油质形成，但并无氨基酸。因为他认为氨基酸才应该是令人感兴趣的化学物质，所以他将设备稍加改进以期产生氨基酸。当然，如果远古地球上的条件真的很像米勒不成功的实验条件，那么氨基酸实际上就根本不会产生。

此外，将许多氨基酸聚合在一起形成一个有用的生物活性蛋白质，要比一开始形成氨基酸是更难的化学问题。聚合氨基酸的主要难点是，从化学的角度来讲，它涉及到每个氨基酸加进越来越长的蛋白质链中时去除水分子的问题。反过来说，水的存在会强烈抑制氨基酸形成蛋白质的过程。因为地球上的水是如此丰富，并且氨基酸很容易溶解于水，生命起源的研究人员被迫提出了一些不同寻常的方案以解决水的问题。例如，一位名叫西德尼·福克斯（Sidney Fox）的科学家提出，也许一些氨基酸从原始的海洋中被冲刷到一个很热的地表，诸如一座活火山的边缘。接下来的情景是，它们会被加热至水的沸点以上；水干了，氨基酸也就聚合在了一起。但大失所望的是，其他一些研究人员早就证明，加热干燥的氨基酸留下的只有难闻的暗褐色焦状物，却根本检测不到蛋白质。然而，福克斯的演示证实：如果将 3 种不同氨基酸中的其中一种的绝大部分添加到纯化后的氨基酸中，将其在实验室的炉子上加热后，确实可以聚合它们。即便如此，它们的聚合也不会形成蛋白质，其形成的结构在化学上与之迥异。因此，福克斯与合作者们把这种结构称为"类蛋白质"（proteinoids）。紧接着又说明，类蛋白质具有一些有趣的特性，包括适度的催化能力，令人不禁想到真正的蛋白质。

学术界对这些实验始终持怀疑态度。如同我们想象中的那位厨师，在类蛋白质的生成过程中掺杂了太多的人为成分。制成类蛋白质所需的特殊环境——炎热、干燥的条件（以火山边缘的不毛之地为场景）和预先称出确切重量的已经纯化的氨基酸——给这类实验罩上了一层阴影。更糟糕的是，由于类蛋白质不是真正的蛋白质，如何制造出真正的蛋白质仍是一大难题。罗伯特·夏皮罗（Robert Shapiro）在他的书中回顾了生命起源理论研究的种种困难，他指出，人们对类蛋白质问题的研究具有令人吃惊的一致观点。

> "类蛋白质理论"招致了众多激烈的批评，无论化学家斯坦利·米勒还是神创论者杜安·吉什（Duane Gish）。对生命起源理论而言，在反对西德尼·福克斯实验的这一看法上，也许再没有比进化论者和神创论者更为协调一致的了。

其他研究人员提出了氨基酸可能聚合形成蛋白质的一些其他方法。所有方法几乎都受挫于类蛋白质上，而且尚无一种方法得到过学术界的鼎力支持。

黑匣 RNA 的世界

20 世纪 80 年代，一位名叫托马斯·切赫（Thomas Cech）的科学家发现 RNA（核糖核酸）具有一定的催化能力。[21]因为 RNA 不像蛋白质，它可以作为模板运动，因此具有潜在的催化自身复制的能力。有人提出，是 RNA 而不是蛋白质开启了地球的生命之旅。自从切赫的研究被报道以来，粉丝们一直在夜以继日地浮想通向生命之路上的世界充满着 RNA 的那个时代，这个模式被称为"RNA 的世界"。不幸的是，对 RNA 世界的乐观情绪忽略了人们已知的化学成果。20 世纪 90 年代，风靡一时的 RNA 世界在许多方面让人联想到 20 世纪 60 年代的斯坦利·米勒现象：希望与实验数据进行的博弈。

猜想生命起源之前的地球通过自然演变进而生成蛋白质的一个现实情景——尽管确实很难——与想象 RNA 这种核酸的形成相比较起来，还是显得容易一些。最大的问题在于，每个核苷酸的"构成部件"本身又是由几种成分组成，并且形成这些成分的化学过程也是不能融合成一体的。尽管化学家在实验室里可以通过人工合成、净化、重新混合在一起相互反应的方法轻松地制造出核苷酸，但是，没有人为因素的化学反应也绝对产生不出人们所期盼的物质，只会在试管底部留下一些不成形的黏稠焦状物。杰拉尔德·乔伊斯（Gerald Joyce）和莱斯利·奥格尔（Leslie Orgel）这两位科学家对生命起源问题经过漫长而艰难的研究后，把 RNA 叫做"生命起源之前化学研究者的噩梦"。他们直言不讳道：

> 对生命起源感兴趣的科学家们似乎可以清晰地分为两大阵营。第一阵营通常但并非总是由分子生物学家组成，他们认为 RNA 一定是首先复制的分子，化学家们却夸大了核苷酸合成的困难……第二阵营的科学家更为悲观地认为，远古地球上的寡核苷酸的重新出现一定会是一个奇迹。（笔者赞同后一种观点）时间将会证明哪一方正确。

即使奇迹般的巧合真的发生而且 RNA 也能出现，然而乔伊斯和奥格尔看到的只有前方的重重困难。在一篇题为"另一个鸡和蛋的悖论"文章中，他们写道：

> 这场讨论……从某种意义上说是聚焦在一个站不住脚的理论上：即从随机的多核苷酸汤中首先产生一个能自我复制的 RNA 分子的神话。仅就我们目前对前生物化学的了解，这种概念不但脱离实际，而

且对 RNA 催化能力持乐观观点的人们也会产生动摇……没有进化，未必会产生自我复制的核酶；但是，没有某种形式的自我复制，人们就无法对第一个、最原始的、自我复制的核酶演化开展研究。

换句话说，仅在化学上制造完好的 RNA 的奇迹是不够的。鉴于绝大多数 RNA 没有有用的催化性能，要在化学上得到适当的、完好的 RNA 还需要有第二个奇迹般的巧合发生。

上一章讨论到生命起源的化学问题饱受道路交通事故所累。如同在交通高峰时段土拨鼠穿越有上千条车道的高速公路并非绝对不可能一样，制造蛋白质、核酸或任何其他通过自然化学过程产生的生物化学物质也并非大碍；然而，高速公路上的大量伤亡事故却让人难以接受。研究生命起源前的化学家们提出的解决方案很简单：他们在公路边放上 1 000 只土拨鼠，并且关注到有一只顺利通过了第一条车道；接下来，他们把另外 1 000 只土拨鼠放进直升机，直接飞到第二条车道并放出来。如果有一只在穿过第二条车道幸存下来，他们再把另外 1 000 只土拨鼠飞送到第三条车道。如同把土拨鼠飞送到第 700 条车道并看着其中的一只跑向第 701 条车道一样，RNA 世界的支持者们用提纯、经研究人员人工合成 RNA 的方式，开始他们长期的实验。勇气虽佳，若达彼岸，其成功可谓牵强了。

研究生命起源的科学家们值得赞许：因为他们通过实验和计算（科学本该如此），对此课题发起了进攻。尽管这些实验尚未尽如人愿，但是通过他们的努力，我们对自然化学变化引起的生命起源这一棘手问题有了一个清晰的认识。

许多科学家私下里承认，科学无法解释生命的起源。[22] 尽管本书概述了一些困难，但从另一方面来讲，许多科学家认为生命起源随后的进化还是很容易想象得到。这种特殊情形出现的原因是，当化学家们尽力用实验和计算的方法来检测生命起源的场景时，进化生物学家们却没有用此方法检测生命起源在分子水平上的进化场景。因此，20 世纪 50 年代初期的进化生物学停滞在主导生命起源研究的相同的思维框架中。在大部分的实验完成前，人们任凭想象力行事。事实上，生物化学揭示了一个分子世界，它绝不可以用长期以来一直应用于整个有机体的相同理论来解释。达尔文提出的两个论点——无论是生命的起源还是视觉的起源，都没能被他的理论所解释。达尔文绝对想象不到，即使在生命最基本的层面上竟然也存在着如此精致的复合物。

多年来，《分子进化杂志》发表的关于生命起源的学术论文涉及了许多问题，比如：未被米勒发现的其他氨基酸是否能够产生？倘若远古的大气中充满的不是甲烷而是二氧化碳又会怎么样？生命是否是从有别于现代的核苷酸开始的？这些问题在该杂志的论文中被冠以如下标题："大气中含有甲烷、一氧化碳和二氧化碳的前生物合成"，"氰化氢水溶液（pH 6）辐射分解：化学进化研究中的有益化合物"，"RNA 世界的其他基础：尿唑及其核苷酸的前生物合成"，以及"核苷酸类似物的环化对聚合的障碍作用"。这些对于科学家来说是非常有趣的问题，但是他们还没有准备好迎接由血液凝结、细胞运输、疾病防治等所带来的生物进化挑战。

缺失的论述

《分子进化杂志》中常见的第二类论文，约占全部论文的5%，涉及进化的数学模型或者用来比较和分析序列数据的新的数学方法。此类论文包括："不平衡异位模型的所有线性不变量的导出"和"蒙特卡罗（Monte Carlo）模拟法的系统发育：应用于测试进化速度的持续性"。虽然数学有助于我们理解进化伴随时间的渐进过程，它假设的是真实世界的进化是一个渐进的、随机的过程，但它却没有（而且不能）证明这一点。

到目前为止，《分子进化杂志》中发表最多的一类论文，占全部稿件的80%以上是有关序列比较的。序列比较是两种不同的蛋白质之间氨基酸的比较，或两段不同的 DNA 之间核苷酸的比较，指出其相同或相似之处以及差异所在。

20世纪50年代确定蛋白质序列的方法得到了完善，这才使得蛋白质之间进行的序列比较成为可能。但马上就有这样的问题提了出来：不同物种之间相似的蛋白质，比如人的血红蛋白与马的血红蛋白是否具有相同的氨基酸序列。答案很有趣：马和人的血红蛋白非常相似，但却不相同。在血红蛋白的其中一段蛋白链中，146 个位置中有 129 个相同，但其余的则不同。如果得到猴、鸡、青蛙和其他动物的血红蛋白序列，就可以拿它们与人的血红蛋白相比较或进行动物之间的相互比较。猴子的血红蛋白与人有 5 个不同点、鸡有 26 个不同点，青蛙则达到 46 个不同点。这种相似性极具启发性，许多研究人员由此推断，相似的蛋白质序列坚定地支持了人与动物源自一个共同祖先的观点。

　　这就足以说明，被看做是近亲的物种之间（如人与黑猩猩之间，或鸡与鸭之间），其类似蛋白质在序列上是非常相似的；而被看做远亲的物种之间（比如臭鼬和臭崧草之间），其蛋白质排序就不那么相似。事实上，因为不同的物种被认为曾经拥有共同的祖先，人们可以把某些蛋白质序列相似的数量与大致的进化时间联系起来，况且这种关联性相当密切。埃米尔·朱克坎德尔（Emile Zuckerkandl）和莱纳斯·鲍林（Linus Pauling）提出了分子钟理论（molecular clock theory），认为此种关联性是由于蛋白质随着时间的推移累积突变所致。分子钟理论自提出以来一直受到激辩，而且围绕它的许多问题仍在争论不休。但不管怎么说，分子钟理论仍然具有一定的可能性。

　　20 世纪 70 年代末，快捷而简单的方法开始应用于 DNA 的测序。因此，人们不仅可以研究蛋白质的序列，还可以研究蛋白质的基因，以及基因周围所包含的控制区和其他功能的 DNA。高等生物的基因在编码序列中显示含有一种阻断（称为内含子）。有些基因有几十个内含子，有些仅有一两个。所以，现在生物化学学家可以发表许多这方面的论文：比如，不同物种的基因中序列的比较及内含子总量、它们在基因中的相对位置、长度和基本成分，还有对十几个其他因素的研究。另外，也可以比较遗传器的其他方面：比如基因位置的相互比较，发现一种核酸与发现另一种核酸之间的频率、化学修饰的核苷酸的数目，不一而足。多年以来，《分子进化杂志》发表了很多诸如此类的论文，包括"蛋白质序列同源性检验之四：27 种细菌铁氧还蛋白"、"由海胆 cDNA 克隆的核苷酸序列推断α和β微管蛋白基因的进化"、"由 5S rRNA 基因序列推断原生动物的系统发育"和"大西洋鲑鱼α和β球蛋白基因的尾对尾方式"。

　　尽管序列比较对测定基因系谱有所帮助，这本身就是很有趣的问题，但是，它却表明不了复杂的生物化学系统是如何实现其功能的——这是我们在本书中最关心的一个问题。[23]　通过对比，同一家公司生产的两种不同型号的电脑操作手册可能会出现许多相同的单词、句子，甚至段落，这让人想到手册同出一门（也许两本手册是同一个作者写的），但是仅仅比较两本手册的字母排列顺序，我们永远也不会知道一台电脑是如何从一台打字机渐进成型的。

发表在《分子进化杂志》上的论文有三大类：生命的起源、进化的数学模型、序列分析，包含了许多复杂、艰深的研究。这些宝贵而有趣的研究是否与本书所传达的思想相矛盾？一点也不会。我们说达尔文的进化论无法解释自然界的一切，并非说进化、随机突变和自然选择没有发生；而这些已经屡次被观察到（至少在微观进化上如此）。如同序列分析家们分析的那样，我相信证据有力地支持了同一祖先的观点。但根本问题尚未解决：是什么造成了复杂系统的形成？突变和自然选择如何能够形成错综复杂的结构？至今尚无人用详尽、科学的方式阐明本书所讨论的这些问题。

事实上，《分子进化杂志》创刊以来所发表的论文中，竟然没有一篇提出过一个具体的模式，即复杂的生物化学系统有可能以一种渐进的、达尔文的方式产生出来。尽管许多科学家提出过诸如序列如何发生变化，以及在没有细胞的情况下生命必需的化合物如何才能产生之类的问题，但还有一些问题却从来无人在此刊物中提到过，比如：光合作用的反应中心是如何发展的？存在于分子内的运输是怎么开始的？胆固醇的生物合成是怎么开始的？视网膜是如何参与视觉的？磷蛋白信号转导通路是如何发展的？这些问题连提都没提到过，更不用说解决了。这一事实足以说明，达尔文的进化论对于理解复杂生物化学系统的起源是远远不够的。

要着手研究本书提出的问题，需要找到有以下标题的文章："导向细菌光合作用反应中心的 12 个中间步骤"、"一个原纤毛产生的动力冲程足以使细胞改变 10 个等级"、"腺苷生物合成的中间体在核糖核酸功能中可有效模仿腺苷本身"，以及"由随机排列的纤维构成的原始凝块能够阻塞小于 0.3 毫米血管的血液循环"。然而，这些论文却不知踪影。研究如此之深的论文从未发表过。

要想了解《分子进化杂志》缺失了有关分子进化具体模型文章的原因，我们不妨来看看一位满怀热忱的年轻科学家对捕鼠器的发展所做的真正科学研究是个什么样子。他首先会想到现代捕鼠器的前身，一定是比较简单的。他会从一个木制底座开始吗？不会的，这玩意儿捉不到老鼠。用现代的有一根缩短挡棒的捕鼠器可以吧？不行的，因为挡棒太短就够不着卡子而成了一件只会弹跳的摆设，它也捉不到老鼠。那如果用一个小点儿的夹子开始呢？也不可以，那也过于简单了。假如把所有的部件分别开发用做其他功能，比如把冰棒棍用做木底座、把闹钟弹簧用作捕鼠夹等等，然后碰巧把它们组合在一起，行吗？不行，因为它们以前的功能使其不适合用做捕鼠器。这样，他还是要解释它们是如何渐进变成一个捕鼠器的。他的任期考评快要到了，聪明的年轻科学家就会将自己的兴趣转向更容易处理的课题上去。

正如我们在前几章所看到的那样，试图通过渐进的路线来阐释非常确切的、不可简化的复杂系统的演变——无论捕鼠器、纤毛或血凝结，到目前为止的解释都是支离破碎的。任何一本科技刊物都不会发表前后矛盾、明显不一的论文，因此，关于分子进化具体问题的研究文章也就难觅其踪了。《卡尔文和霍布斯》的漫画故事有时会通过忽略关键的细节来杜撰，这很像进化论者罗素·杜利特尔（Russell Doolittle）推测血凝结的进化过程，即便浅尝辄止亦是难能可贵的。事实上，专业文献中就连具体的代谢途径这类不具有不可简化的复杂性系统的进化说明文章也全无踪影。这与无法解释生命起源的原因如出一辙：异乎寻常的复杂性让人望而却步。

子黑匣 上下求索

很多期刊专注于生物化学研究。尽管《分子进化杂志》专门刊登有关分子进化的文章，但还有一些杂志在刊登其他课题研究成果的同时，也登载这方面的论文。或许仅凭《分子进化杂志》的研究报告而得出结论过于武断，也许其他非专业期刊也发表关于复杂生物化学系统起源的研究报告。那么我们是否误入《分子进化杂志》之门呢？还是先来浏览一本在生物化学研究领域中覆盖广、威望高的杂志《美国国家科学院院刊》（*Proceedings of the National Academy of Sciences*，*PNAS*）。

1984—1994 年《院刊》（*PNAS*）发表了约 2 万篇论文，其中大部分都是关于生命科学的。该刊每年按年度论文类别编辑索引。索引显示，在这 10 年期间约有 400 篇是有关分子进化的论文[24]，约占《分子进化杂志》同期发表论文总数的 1/3。《院刊》每年发表此类论文的数量显著增加，从 1984 年的大约 15 篇增加到 1994 年的 100 篇左右，增长显而易见。然而，绝大部分（约85%）如同《分子进化杂志》中大部分的论文一样，关注的是序列分析，对如何进化的问题却置之不理。有关分子进化论的论文中大约 10% 是数学研究方面的，不是提高序列比对的新方法，就是高度抽象的模型。《院刊》中没有发表过任何有关复杂生物化学结构进化的具体途径的文章。对其他生物化学期刊的调查显示出相同的结果：唯有序列并无它类。

也许在期刊杂志中找不到答案，我们还可以到图书中去寻找。达尔文的进化论是在书中提出的，牛顿也是一样。图书的优点是能帮助作者阐明其观点提供大量空间。在上下文中提出新观点、举出恰当的例子、说明许多具体的步骤、回应预期的异议——所有这些都会占据相当大的篇幅。现代进化论文献中的一个范例是一本名为《分子进化的中性学说》（*The Neutral Theory of Molecular Evolution*）的书，作者是日本遗传学家木村资生（Motoo Kimura）。在书中他充分阐释了自己的观点，认为 DNA 和蛋白质中发生的大多数序列变异并不影响它们自身的工作方式，突变是中性的。第二个例子是斯图尔特·考夫曼著的《秩序的起源》（*The Origins of Order*），作者认为生命的起源、新陈代谢、遗传程序、生物体平面图都是达尔文学说无法解释的，但是有可能通过自组织（self-organization）作用而自发地产生。这两本书都没有解释生物化学结构：木村的著作仅与序列有关，而考夫曼的论述不过就是数学分析。但也许世界上某一个图书馆里有那么一本书，能告诉我们具体的生物化学结构到底是怎么产生的。

遗憾的是，计算机对图书馆目录的搜索显示并没有这样的书。在当今这个时代这不足为奇：甚至像木村和考夫曼提出新理论那样的著作，其相关课题的论文通常会首先发表在科学期刊上。有关生物化学结构演变的论文在期刊上的缺失恰恰葬送了出书的机会。

在计算机搜索生物进化书籍的过程中，你会看到一些有趣的标题。例如，1991 年出版的一本名字很吸眼球的书《分子进化的原因》（*The Causes of Molecular Evolution*），作者约翰·吉莱斯皮（John Gillespie）。但它并没有涉及具体的生物化学系统。与考夫曼的书一样，书中只有数学分析，去掉了生物体的所有特性，剩下的只有数学符号和对这些符号的分析，结果显然是苍白的。（在此我要说明的是，数学是一种非常强大的工具。但是只有当数学分析的假设开始成立时，数学才会对科学有用）。

同年出版的另一本书叫做《分子水平的进化》（*Evolution at the Molecular Level*）。虽然听起来是本引人入胜的书，但它并没有提出什么新的观点，而是一本汇集了不同作者文章的学术著作，每篇文章涉及某一个特定的课题，与期刊杂志上的文章相比也深不了多少。这也难怪书的内容与杂志如出一辙：一堆序列，许多数学，还是没有答案。

稍有不同的是一本汇报学术会议成果的书。长岛的冷泉港实验室（Cold Spring Harbor Laboratories）常年主办各种主题的研讨会。1987年召开了一次题为"催化作用的进化"的会议，参会人员的100篇左右的论文被汇集成书出版。这是一本典型的会议论文集，大约2/3的论文只是作者对自己当时在实验室研究的回顾，很少或几乎没有与书的题目沾边。其余的论文中大部分是序列分析，小部分涉及前生命化学或简单的催化剂（而不涉及已知生物体的复杂构造）。

搜索可以继续进行，但结果都是一样的。至今从未有哪个会议、哪本书、哪篇文章论及复杂生物化学系统进化的细节。

文化适应

尽管大多数科学家都在质疑达尔文学说的机制能否解释所有的生命现象，但深信不疑者也不乏其人。鉴于我们已经看到，生物化学专业文献中找不到能具体说明复杂生物化学系统如何产生的论文或专著，那为什么仍有这么多的生物化学家对达尔文学说深信不疑呢？主要原因是达尔文学说是他们所接受的生物化学教育的一部分。要想了解达尔文学说作为正统思想的成功和其在分子层面上作为科学的失败，我们有必要回顾一下那些雄心勃勃的科学家们所读过的课本。

在过去的几十年里，最成功的一本生物化学教科书是由美国约翰·霍普金斯大学的生物物理学教授艾伯特·赖宁格（Albert Lehninger）最初于1970年所编写的，该书此后曾被多次修订再版。在这本教科书的第一章第一页中提到了生物进化并追问：为什么几乎所有的细胞中所产生的生物分子都似乎那么的尽职尽责：

> 本章是十二章中的第一章，专门介绍生物大分子主要种类的结构和性能，我们将进一步阐述生物大分子应该从两个视角进行研究的理念。我们当然要像研究那些非生物分子那样，通过使用传统的化学原理和方法来研究它们的结构和性能。但我们也必须以这样的假说来研究：生物分子是进化选择的产物，它们也许是最适合生物功能的分子。

赖宁格作为一名优秀的教师，向他的学生们传授着生物化学专业人员应有的视野——进化对理解生物化学是重要的，它是学生们研究生命分子所必须坚持的两个"视角"之一。年轻的学子们也许会老老实实听赖宁格老师的话，但是一个冷静的旁观者则会去寻找对生物化学研究至关重要的证据。本书的索引就是一个很好的开端。

赖宁格在书中提供了一份非常详细的索引以便学生们快速查阅所需资料。索引中列出的许多标题均有多个条目，因为它们必须从不同的上下文中来通篇考虑。例如，在赖宁格第一版的索引中核糖体有 21 个条目；光合作用有 26 个条目；大肠杆菌有 42 个条目；在"蛋白质"名下有 70 条可供参考。总之，索引中有近 6 000 个条目，而在"进化"的标题下却只有 2 个条目。第一次的引用是在一个蛋白质序列的讨论中；但是，如前面所述，尽管序列数据可以用来推断生物体的关系，但却不能用来确定一个复杂生物化学结构的起源。第二次的引用是在生命的起源这一章中，他谈到了类蛋白质和其他一些未经时间验证的课题。

6 000 个条目中只有 2 个有关进化的条目，如此之少的引文跟赖宁格对其弟子们所宣讲的进化对研究的重要性主张大相径庭。在引文中，赖宁格把几乎所有与生物化学有关的内容都塞了进去。显然，这与进化并无多大关联。

1982 年，赖宁格出版了教材的新版本，在 7 000 个条目中仅仅包含了 2 个有关进化的引文。1986 年，赖宁格去世后，威斯康星大学的迈克尔·考克斯（Michael Cox）和戴维·纳尔逊（David Nelson）重新修订 1982 年的版本，两位作者在前言中的一系列课程目标下写道：

> 对主题一定要明确并反复强调，尤其是对那些有关进化、热力学、调节、结构与功能关系的科目。

的确如此，在新版本的索引中共有 8 000 个条目，有关进化的引文就占了 22 个，比上一版本增加了 10 倍之多。然而当我们跳过生命起源的化学和序列比对（赖宁格早期教材中的 2 个引文），我们发现，新版本不过是把"进化"这个词当成了神秘物体上炫耀的魔杖。例如，其中一个引文是关于"抹香鲸的进化与适应"。当我们翻到这页，我们得知其头部有几吨重的油脂，随温度的降低而变得更稠密，这得以使其适应深海中水的密度，更加自由自在地遨游。做完这一番描述后书中写道："因此我们从抹香鲸的身上看到其在结构上和生物化学上的显著适应性，是进化使其完美"。就这么一行文字的全部说明！他们给抹香鲸盖上了"进化使其完美"的图章后就认为万事大吉了。作者没有试图去解释抹香鲸的这种完善结构到底是如何形成的。

赖宁格教科书的最新版本中有关进化的新增参考条目可以分为三类：序列相似性、对细胞系谱的评论、对进化的特性所做的虔诚但尚无根据的说明。但是，即使在原理上，也没有任何人告诉我们分子构造是如何一步一步地形成的。按照达尔文学说而可能产生复杂的生物化学系统的具体路线图从来没有过。

对过去30年里主要大学使用的30部生物化学教材的调查（表8-1）表明，许多教科书完全忽视了进化课题。比如说费城杰弗逊（Jefferson）大学的托马斯·德夫林（Thomas Devlin）曾经编写过一本生物化学教科书，于1982年首次由约翰·威立国际出版公司（John Wiley & Sons）出版；随后在1986年和1992年又接连再版。第一版索引大约有2 500条；第二版也有2 500条；第三版则达5 000条。其中与进化有关的条目数量分别是0、0和0。牛津大学出版社出版了一本由北卡罗来纳州立大学弗兰克·阿姆斯特朗（Frank Armstrong）编写的教材，其中包括对弗里德里希·韦勒（Friedrich Wöhler）1828年所做的尿素合成，以及由此开始的生物化学领域重大发展的回顾这样一些具有历史意义的章节，这也是近年来唯一写有这种内容的书。但这一章并没有提到达尔文和进化论。阿姆斯特朗在三个版本中都觉得没有必要在索引中提到进化论。由约翰威立国际出版公司出版的另一本教科书共有约2 500条索引，其中只有一个引文与进化论有关，它指的是第4页上的一句话："生物体是依地质年代表来进化和适应不断变化的环境的，并且会继续这样持续下去。"除此之外别的什么也没有说。

表 8-1 生物化学教科书索引中有关进化的参考条目统计

作者	出版时间	出版社	索引条目总数	与进化相关的条目
赖宁格 Lehninger	1970	Worth	6 000	2
Lehninger	1982	Worth	7 000	2
Lehninger et al.	1993	Worth	8 000	22
德夫林 Devlin	1982	John Wiley & Sons	3 500	0
Devlin	1986	John Wiley & Sons	2 500	0
Devlin	1992	John Wiley & Sons	5 000	0
斯特雷尔 Stryer	1975	Freeman	3 000	0
Stryer	1981	Freeman	4 000	0
Stryer	1988	Freeman	4 000	14
Stryer	1995	Freeman	4 000	9
沃伊特-沃伊特 Voet & Voet	1990	John Wiley & Sons	9 000	12
Voet & Voet	1995	John Wiley & Sons	10 000	13
马修斯-范霍尔德 Mathews & van Holde	1990	Benjamin Cummings	6 000	9
霍顿 Horton et al.	1993	Prentice Hall	4 500	11
莫兰 Moran et al.	1994	Prentice Hall	9 000	12
祖代 Zuday	1983	Addison Wesley	5 000	1
Zuday	1988	Macmillan	5 000	3
Zuday	1993	Wm. C. Brown	6 000	19
Zubay et al.	1995	Wm. C. Brown	7 000	2
阿姆斯特朗-班尼特 Armstrong & Bennett	1979	Oxford University	2 500	0
阿姆斯特朗 Armstrong	1983	Oxford University	3 000	0
Armstrong	1989	Oxford University	4 000	0
舍韦 Scheve	1984	Allyn and Bacon	3 000	0
埃伯利斯 Abeles et al.	1992	Jones and Bartlett	4 500	0

续表

作者	出版时间	出版社	索引条目总数	与进化相关的条目
加勒特-格里沙姆 Garrett & Grisham	1995	Harcourt Brace	6 000	5
伍德 Wood et al.	1981	Benjamin Cummings	4 000	1
康恩-斯顿夫 Conn & Stumpf	1976	John Wiley & Sons	2 500	0
康恩 Conn et al.	1987	John Wiley & Sons	2 500	1
基克尔-罗斯顿 Kuchel & Ralston	1988	McGraw-Hill	3 500	0
吉尔伯特 Gilbert	1992	McGraw-Hill	1 000	0

　　有些教科书不遗余力地反复向学生们灌输进化论的世界观。例如，沃伊特-沃伊特（Voet and Voet）的教科书中有一幅奇妙的彩色插图，恰如其分地表达了这种正统观念。插图上方三分之一部分画的是火山、闪电、海洋和缕缕的阳光，寓意生命的开始。插图的中间部分是一个经过艺术处理的 DNA 分子率先从生命起源的汪洋中出来又进化成细菌细胞（bacterial cell），描绘了生命的发展。这幅画下方的三分之一部分——不开玩笑地讲——像是伊甸园，一群进化而来的动物正在东游西逛，人群中还有一个赤身裸体的男人和一个女人（女人正递给男人一个苹果），图画惟妙惟肖、引人注目。图画无疑会增加学生们的兴趣，但它本身就是一种揶揄，画面中所隐喻的生物进化的秘密定会被揭示出来的希冀从来就没有实现过。[25]

　　许多学生从教科书里学到怎样以进化的观点去看世界。然而，他们并没有学到达尔文进化论是如何产生出书中所描绘的极端复杂的生物化学系统的。

子黑匣 何以见得？

　　我们不从某种深奥的哲学意义上讲，而是从日常实际生活的层面上讲，何以见得"我们知道？……"某一天你可以告诉别人，你知道你的客厅是漆成绿色的，你知道费城老鹰队将赢得超级碗（Super Bowl，美国橄榄球超级杯大赛），你知道地球绕着太阳转，你知道民主是最好的政体形式，你知道去圣何塞（San Jose）的路。显然，不同的断言是基于不同的认知方式，那么这些方式是什么呢？

当然，知道某事的第一种方法是通过亲身经历。你知道你的客厅是漆成绿色的，因为你在自己的客厅里待过，看到那是绿色的（在此我并不担心你怎么知道你不是在做梦或在犯神经病什么的）。同样，你知道什么是鸟，知道重力如何作用（仍然从日常角度上讲），知道怎么去最近的购物中心，所有这一切都是通过直接经验获得。

知道某事的第二种方法是通过权威。也就是说，当你没有亲身经历的时候，你就会依赖某种信息源，相信它是可靠的。因此，几乎每个上过学的人都相信地球绕着太阳转，尽管没有什么人能告诉你如何才能探测到这种运动。如果你是依赖权威，那就是，当有人问你是否知道去圣何塞的路，你回答知道怎么去并随手拿出一张地图来。你也许会凭着这张地图亲自去一趟圣何塞来检验地图的可靠性，但在你没有付诸行动之前，你就是在依靠权威。很多人认为民主优于其他形式的政体，尽管他们并没有在其他政体下生活过。这种认识依从于教科书和政治家的权威，也许是对其他社会语言上或图片上的描述等。当然，其他社会也这样做，而且其大多数捍卫者也是依从于权威。

但是对老鹰队怎么看呢？你怎么知道他们今年会完胜呢？追问下去的话，你会承认并没有哪个体育评论员看好他们会赢，所以你不是在依从于权威。此外，你也没有任何第一手资料，说有些球员正在暗地里接受某位禅宗大师的训练，以期灵活性得以大大提升。你也不是基于他们近来的表现而作出判断，因为他们近来的成绩实在糟糕。如果再逼问下去，你会搬出他们在遥远的过去所取得的成功（如1948年、1949年、1960年取得的冠军，或1981年在超级碗赛上出现过），然后说，你就是知道他们今年该赢了。其实你并不知道老鹰队今年会不会赢，这只不过是一种说辞罢了。你的推断既不是基于经验也不是基于权威，只是夸夸其谈而已。

科学家也是人，因此我们会问，科学家们怎么就能知其所知呢？和其他人一样，科学家们知道的事情要么通过自己的经验，要么通过权威。20世纪50年代，沃森和克里克发现X射线照射在DNA的纤维上会产生衍射图形，运用他们的数学能力从而提出了DNA双螺旋结构。他们是通过亲力亲为来"知道"某个事情。上大学时，我也学到了DNA双螺旋结构，但我从未做个什么实验来验证它，因为我只信赖权威。所有的科学家都是通过权威获得几乎所有的科学知识。如果你问一位科学家，她怎么知道胆固醇的结构、血红蛋白的特性、维生素的作用，她几乎总是会指给你看专业文献，而不是她自己在实验室里所做的实验记录。

科学的一大幸事在于易于找到权威：那就是图书馆。沃森和克里克关于 DNA 结构的研究可以在《自然》杂志中查阅到。胆固醇的结构及其他资料也都可以在那里找到。所以，如果文献中有关于 DNA 或胆固醇的论文，我们就可以说我们是基于科学的权威知道这些课题的。如果詹姆斯·沃森或者总统科学委员会宣称 DNA 是由绿色奶酪制成的，但却没有公布任何文献佐证，那么我们就不能说奶酪 DNA 的概念是基于科学权威而得出的。科学的权威依从于已出版的著作，而不是依靠个人的揣测。此外，发表的著作必须包含相关的证据。如果沃森和克里克发表的 DNA 双螺旋结构论文中，言之无物而且没有相关的佐证，那么我们仍就不会支持没有科学权威的主张。

分子进化就不是基于科学权威。科学文献中没有一个出版物——无论是著名期刊、专业期刊或是书籍——描述过哪个真实的、复杂的生物化学系统的分子进化确实发生或本该如何发生的过程。人们断言这种进化确实发生过，但是完全没有相关的实验或是计算能证实这种断言。既然没有人是通过直接实验了解分子进化，而且这种推断也没有任何权威作为基础，我们完全可以说，达尔文学说的分子进化理论也只不过是夸夸其谈而已，如同老鹰队会赢得今年超级碗的观点一样。

"不发论文，自取灭亡"是学者们很重视的一句谚语。如果你不发表你的作品让其他人去评价，那么你在学术界就无市场。（而且如果你已不在任期，你就会销声匿迹。）对任何理论来说也是同样的道理。如果一个理论声称能够阐明一些现象，但却连解释的尝试都不做，那么就应该让它销声匿迹。虽然有序列比对和数学建模的方法，但分子进化论从来没有解决过复杂结构究竟如何产生的问题。实际上，达尔文学说的分子进化理论尚未发表过，因此它应该消亡。

第9章　智能设计论

子黑匣 **进展如何?**

正如本书第 8 章所展示的,达尔文理论对于解释生命的分子基础问题的重要性不仅由于本书的分析而彰显,而且由于专业的科学文献中极为缺少复杂生物化学系统可能产生的详细模型而愈加明显。现代生物化学已在细胞中发现大量的复合物,科学界对此错愕不解。哈佛大学没有人、美国国家卫生研究院没有人、美国科学院的院士里没有人、诺贝尔奖获得者里没有人——没有任何人可以细细道来纤毛、视觉、血液凝固或任何复杂的生物化学过程是如何以达尔文的方式渐进形成的。但我们人类的存在、动植物的存在、复杂的系统的存在,这所有一切的到来:如果不是以达尔文的方式渐进而来,那又是如何而至的呢?

显然,如果某物体不是渐进地组合成一体,那么它肯定是被迅速地或突然地聚合在一起的。如果添加单个部件不能够持续改善系统的功能,那么多个部件就必须添加进去。近年来科学家提出了快速组合成复杂系统的两种方法。让我们先简要地看看这些建议,然后再深入探讨一下第三个选择方案。

替代渐进主义的首选方案一直受到琳恩·马古利斯(Lynn Margulis)的拥护。她提出了通过协作与共生而发展的主张,从而取代了达尔文主义通过竞争和冲突而进化的观点。在她看来,生物体相互帮助、携手合作,共同完成它们各自所不能完成的任务。还是在读研究生的时候,她就把这一设想聚焦于细胞结构的问题上。尽管起初有些屈尊并被嘲笑,但她的观点最终还是被勉强接受了。此后,鉴于她关于细胞构成部分曾经是独立生命体的观点,琳恩备受称赞(她获选美国科学院院士)。

正如我们已经看到的，真核细胞充满了复杂的分子机器，整齐地分离成许多离散的小隔室。最大的隔室是细胞核，甚至用17世纪简陋的显微镜也可以看到。直到19世纪末和20世纪初，人们使用改进后的显微镜才得以发现较小的隔室。线粒体则是其中较小的隔室之一。

也许我应该说，许多较小隔室都是线粒体，典型的细胞含有大约2 000个线粒体，占细胞体积的20%左右。每个小隔室包含必要的机制来猎取食物，并在化学上以稳定且便捷的方式储存食物能量。线粒体的机制如法炮制则是相当地复杂。该系统利用酸的流动为分子机器提供动力，使电子在6个载体中来回穿梭移动，这的确需要各个部分之间精妙的相互作用。

线粒体是尺寸和形状大致相同的一些非寄生的细菌细胞。琳恩·马古利斯提出，远古地球的某个时期，较大的细胞"吞噬"了菌细胞，但并未将其吸收消化。相反，这两个细胞——一个细胞寄居在另一个细胞里——适应了这种状态。较小的细胞从较大的细胞那里获取营养，作为回报，较小的细胞又把它生成并储存的一些化学能传递给较大的细胞。当较大的细胞复制时，较小的细胞也复制，并且其后代继续寄居在宿主内。随着时间的推移，共生细胞的系统失去了许多非寄生细胞所需的机制，越来越专注为宿主提供能量，最终变成了一个线粒体。

马古利斯的理论提出之后，新的测序技术得到发展，表明线粒体蛋白要比宿主细胞蛋白更类似于细菌蛋白。对马古利斯主张的压制和嘲笑也随之渐渐消失。线粒体和细菌之间的其他相似性得到了人们的关注。此外，线粒体共生起源学说的拥趸者以现代生物体共生细胞来支持他们的理论。比如，一种扁形虫没有嘴巴，因为它根本用不着吃什么东西——它自身拥有的光合藻类已为其提供了能量！这样的证据占了上风。马古利斯有关线粒体的理论现已成为教科书的正统理论。

在过去的20年里，马古利斯和其他科学家间或提出其他细胞器是共生的结果。这些提法未被广泛接受。不过，为了更好地讨论，让我们假定马古利斯想象的共生现象实际上是贯穿整个生命史的一种很平常的事情。但对我们生物化学家来说，重要的问题是，共生现象能够解释复杂生物化学系统的起源吗？

显然不能。共生现象的实质是两个独立细胞或两个独立系统的合并，它们具有互补的功能。在线粒体的剧情中，一个已存在的细胞与另一个这样的细胞进入共生关系。无论是马古利斯还是其他人都没有提供一个详细的解释——先前存在的细胞是如何起源的。线粒体共生学说（symbiotic theory of mitochondria）的支持者清晰地假定，入侵细胞可能已经从食物中产生能源；他们清晰地假定，宿主细胞已能够保持一个使共生体寄生的稳定的内部环境。

由于共生现象是以复杂的、已运作的系统为开始的，所以它还不能用来解释本书所讨论的基本生物化学系统。共生学说或许对地球上生命的进化问题能点拨一二，但却无法解释复杂系统的最初起源。

近年来，第二种替换达尔文渐进主义的方法提了出来，叫做"复杂性理论"（complexity theory），其倡导者是斯图尔特·考夫曼。简言之，复杂性理论认为，由大量交互组件组成的系统会自发地组织成有序模式。有时复杂系统有几种模式，而系统的"微扰"（perturbations）可使它从一种模式转换成另外一种模式。考夫曼提出，生命起源前浓雾般的化合物能使自身进入复杂的代谢途径。他进一步指出，不同的细胞"类型"之间的转换（如同一个发育中的生物体，开始只是一个受精卵，但接下来却相继生成肝细胞、皮肤细胞，等等）是复杂系统的一种"微扰"，是考夫曼所设想的自组织（self-organization）的结果。

上述解释听起来或许有点模糊不清，这无疑是由于本人有限的描述能力。但很大的原因在于复杂性理论开始是作为一种数学概念，用来描述计算机某些程序的运行，该理论的拥趸者还没有将其成功地与活生生的生物联系起来。相反，到目前为止论证的主要模式一直是拥趸者在证明计算机某个程序的运行，并且断言，计算机的运行类似于生物系统的行为。例如，考夫曼在其所写的计算机程序的变化（他称之为突变）中提到：

> 由于生物系统自身具有的抗变性，大多数突变的后果都微不足道。然而，有些突变会引起较大的级联变化。平衡的系统通常会因此逐步适应变化的环境，不过，如有必要，系统偶尔也会迅速变化。这些特性可以在生物体中观察到。

换句话说，在计算机程序中的某些小变化会在程序输出时导致大变化（计算机屏幕上由圆点构成的图形就是一个典型的例子），那么DNA的小变化或许可以产生相应的大的生物学变化。这方面的争论也就到此为止了。复杂性理论的支持者们还没有一个人亲自走进实验室，将多种化学品混合在试管里，看看自给自足的代谢途径能否自发地组织起来。如果他们的确曾做了这样的实验，也不过是在重复前人们所做的那些令人沮丧的工作——生命起源的研究者们实验之后所看到的，除了在烧瓶的瓶壁有乱七八糟的混合物所产生的大量污物外，别的就什么都没有了。

就此课题考夫曼在书中若有所思地讲道，复杂性理论不仅可以解释生命的起源和代谢作用，而且可以解释体形、生态关系、心理学、文化形态以及经济学。不过，复杂性理论的含混不清已经使该理论的支持者开始失去往日的热情。科普杂志《科学美国人》（*Scientific American*）数年来刊登过不少一边倒的文章（其中就有考夫曼本人撰写的一篇）。然而，就在1995 年 6 月出版的一期杂志的封面上却提出了这样的问题，"复杂性理论是假的吗？"，在里面有一篇题为"从复杂到困惑"的文章写道：

> 如一位批评家所言，人工生命是复杂性研究中的一个主要分支，是"无事实根据的科学"。不过，它在计算机制图上倒是更胜一筹。

确实如此，有些支持者们能够写出简短的计算机程序，比如将类似于蚌壳这样的生物体显示在屏幕上，并从中发现重大意义。在电脑上这并不需要费什么神来做个蚌壳。但生物学家或生物化学家想知道的是，如果你打开这个电脑蚌壳，你会看到它里面的珍珠吗？如果你把图像放大到一定程度，你会看到纤毛、核糖体、线粒体、胞内运输系统以及活生生的生物体所必须的其他系统吗？所闻即所答。在这篇文章中，考夫曼评述道："在某一时刻，人工生命渐渐进入到一个连我也说不清楚的地方、一个分不清界限的世界——我是指那里的一切——与绝对好玩的电脑游戏、艺术形式和玩具之间分不清界限的世界。"越来越多的人开始认为这种渐渐而来的时刻出现得太早了。

然而，为了论证起见，让我们假设复杂性理论是正确的——复杂的混合物以某种方式进行自我组织，并且这与生命的起源有关。假定这一前提是正确的，那么复杂性理论能解释我们在本书所讨论的复杂生物化学系统吗？我不这么认为。复杂性理论所想象的复杂的、相互作用的化学混合物也许在生命形成之前就已经出现了（再说一次，即使连这点也几乎没有证据来佐证），但是一旦细胞的生命开始形成，它也就无关紧要了。细胞生命的本质是调节机制：细胞控制化学物质的数量和种类的生成；一旦失去控制就会死亡。受控制的细胞环境不允许考夫曼所需的化学物质（总是不详）之间偶然发生的相互作用。因为一个活细胞会牢牢控制它的化学物质，它就会从偶尔的自组织中来阻止新的、复杂的代谢途径。

让我们进一步假设，细胞中基因模式的开启和关闭，对应于不同的细胞类型，可以根据斯图尔特·考夫曼的理论进行转换。（不同基因的开启或关闭就会有不同的细胞类型形成。例如，血红蛋白——为组织携带氧气的蛋白质——的基因开启时，细胞中会生成红细胞，但关闭则生成其他细胞。）尽管没有证据可以证明这一点，但我们不妨假定，复杂性理论与将一个细胞转换成红血细胞，而将另一个细胞转换成神经细胞的转换有些关系。那么这就能够解释复杂生物化学系统的起源了吗？不能！就像共生学说一样，复杂性理论也同样需要先前存在的、已经发生作用的系统。因此，如果一个细胞关闭了除生成血红蛋白基因以外几乎所有的基因，它就可能会转变成一个红细胞；如果另一个细胞开启了另一组基因，它就可能生成神经细胞具有的蛋白质特性。但是没有真核细胞可以开启先前存在的基因，并使其突然间生成一根细菌的鞭毛，这是因为真核细胞内没有先前存在的蛋白质能够以此方式相互作用。真核细胞能够生出鞭毛的唯一途径就是其结构在 DNA 中已经被编码。事实上，考夫曼从未提出过如此新而复杂的结构可以依据复杂性理论突然产生出来。

复杂性理论也许会对数学作出重要贡献，它仍可能对生物化学有所贡献。但它却无法解释用以支撑生命的复杂生物化学结构的起源，甚至无须去尝试。

审视设计

想象一间屋子里平躺着一具像烙饼一样被压扁的尸体。十几个侦探在地板上爬来爬去，用放大镜在地板上搜寻识别罪犯身份的蛛丝马迹。在屋子的中间，紧挨着尸体旁边，站立着一头硕大的灰色大象。侦探们趴在地上，小心翼翼地唯恐碰到粗壮的象腿，但对大象却视而不见。过了一会儿，侦探们的搜索因毫无进展而倍感沮丧，但仍然坚持不懈地、更加仔细地在地板上继续寻找线索。你瞧，教科书上说侦探们必须"抓到要抓的人"，因此他们从不去考虑一下大象。

在一间挤满了试图解释生命进化问题的科学家的屋子里，也有一头大象，大象身上标着"智能设计"（intelligent design）。对一个并不乐意把自己的探索视为滑稽可笑的人来说，最直截了当的解决方案就是设计许多生物化学系统。设计它们并非依从于自然规律，亦非出自于偶然性和必要性；恰恰相反，它们是被计划出来的。设计者知道系统完成后的样子，然后采取具体步骤将其制造出来。地球上的生命，就其最根本的层面和最关键的组成部分而言，是智能活动的产物。

不用说，智能设计论是源于数据本身的结论，而不是从神圣经典或宗教信仰中得出的。推断生物化学系统由智能体所设计是一个平淡无奇的过程，因为不需要新的逻辑或科学原理。它不过是来自于生物化学在过去40年里所做的艰苦工作，再加上我们每天所完成的设计结论的思维方法。尽管如此，说生物化学系统是设计出来的还是会让很多人感觉为奇谈怪论，那么让我来试试使它听起来不那么奇怪吧。

什么是"设计"？设计不过是将各部分有目的地进行安排。依照如此宽泛的定义，我们可以发现任何东西都可能是被设计出来的。想象一个明媚的早晨，你开着车去上班，看到道路的一侧停着一辆燃烧的轿车——车的前脸凹了进去，四周全是碎玻璃渣。距轿车约20英尺（6.1米）处有个人蜷缩成一团一动不动地躺在地上，你看到后赶紧踩刹车，把车停在路边。你飞快地跑了过去，抓住伤者的手腕感觉还有脉搏，然后注意到有个年轻人拿着一个小型摄像机站在附近的一棵树后。你大声喊他打电话叫救护车，但他却继续拍摄。你回到伤者身旁，注意到这人正对着你微笑。原来，他是一个并未受伤的社会服务系研究生，正在做一项有关司机帮助陌生伤者的意愿研究。你怒气冲冲地瞪着这个咧着嘴皮笑的骗子，看着他擦去脸上的假血。然后你帮他实现了一个更加现实的模样，接着满意而去，而那个摄像的年轻人正匆匆跑去打电话叫救护车。

这场事故显然是设计出来的：几个部分是蓄意安排的，看上去像个意外事故。其他一些不太引人注目的事件也会被设计出来：餐馆里衣架上的外套也许是老板在你进来之前特意整理好的。高速公路边的垃圾和易拉罐可能是一个艺术家有意摆放的，以此来朦胧地展示环境问题。人与人之间的邂逅也许是一个绝妙设计的结果（那些搞阴谋的理论家们对此是行家里手）。在我们大学校园里有一些金属雕塑，如果我看到这些东西躺在了路边，我会猜想这可能是一阵大风把它们吹成了废金属碎片，而实际上它们是经过设计出来的结果。

最终的结论是：任何事情都可能是有意安排的结果，但我们能够知道什么事情是设计出来的。由此，科学问题就变成了"我们如何才能信心十足地甄别这种设计呢"？在缺少第一手资料或目击者描述的情况下，就下结论说某些东西是设计出来的是否合理呢？对离散的物理系统——如果没有它们产生的渐进路径可循——许多分离的、相互作用的部分就会以一种单独部分完成不了的方式来完成其功能，这种设计是显而易见的。[26] 产生功能所需要的相互作用部分的特异性越高，我们对设计结局的信心也就越强。

这一点可以从来自不同系统的例子中清楚地看到。假设某个星期天的下午，你们夫妻俩邀请另一对夫妻玩拼字游戏。游戏结束后，你离开房间休息了一会儿。当你回来后看到盒子里的拼字有些字母朝上，有些朝下。你并未在意，直到你看到朝上的字母拼在一起是这样一句话："带我们出去吃饭吝啬鬼。"此时，你立即推断这是设计的，而不会费力劳神去想是不是风或地震或家里的宠物猫可能偶然翻动了字母。你之所以推断为设计，是因为许多单独的部分（字母）被要求达成一个目标（传递信息），而单独的部分是做不到的。此外，这条信息具有高度的特异性，改动几个字母就认不出来了。同理，不存在通向这条信息的渐进路径：一个字母传递不了什么信息，多几个字母也传递不了更多的信息，再多也一样。

尽管我看不懂校园里的雕塑设计，可我还是很容易看懂校园里其他一些艺术作品的设计。比如，园丁们把学生中心附近的花卉摆出我们大学校名的形状。即使没有看到园丁们的工作，你也会轻易地看出这些花卉是经过精心安排的。就此而言，假如你在密林深处看到拼有"LEHIGH"（里海）字样的花卉，你会毫不迟疑地认为这个造型肯定是智能设计的结果。

说到设计，人们可能最容易联想到一些机械物体。穿过一个废品堆放场，你会看到拆散的螺栓、螺钉、塑料和玻璃碎片——大部分是散放的，有些是一个叠一个堆在一起，有些呈楔形挤在一起。假设你的目光落在一堆似乎特别紧凑的堆垛上，那么当你抓住一个从里边伸出来的杠杆时，整个堆垛就会随之而动。推动杠杆，整个堆垛向一侧平稳地滑动，并带动与之相连的链条。链条反过来有力地拉动齿轮并随之转动另外三个齿轮，接着带动杠杆，从而使整个堆垛转动起来。你会很快得出结论，废品堆并非偶然堆积之物，是设计而为之（也就是说，是通过智能设计后井然有序地码放在一起的），因为你看到的系统组件具有其特殊功用，互相协作履行其使命。

完全由天然成分组成的系统也可以表明设计。比如，假设你与一个朋友在树林里结伴而行。突然，你的朋友被托到半空中摇摇欲坠，脚被树枝上的藤蔓缠绕着挂在那里。砍断树枝藤蔓后，放下他，你又改造了一下机关。藤蔓缠在树枝上，一头紧紧地拉到地面，被一根分叉的树枝牢牢地固定在地面上。树枝被绑缚在另一根藤上，上面覆盖着树叶。树藤一旦被触动，就会拖倒叉形树枝，藤的弹性随即释放。藤的一端打成活结，用来套住猎物并将其拉到半空。尽管这个机关完全是天然材料做的，但你会很快得出结论，这是智能设计的玩意儿。

对于像钢棍这样简单的人造物体来说，你做出"设计"推断时的场合往往是比较关键的。如果你在钢厂外看到钢棍，你会联想到设计。但是，如果你乘坐一艘宇宙飞船到了一个从未被探索过的荒芜外星上，看到火山旁有很多圆柱形钢棍，你就会需要更多的信息来确认外星地质变化过程中——对该星球来说是自然的——尚不会生产出钢棍这种东西。相反，如果火山附近发现了几十个捕鼠器，你就会惶恐地搜寻一下有没有设计者留下的痕迹。

无论是想得出某些物体是非人造之物设计出来的结论（比如，在树林里用藤蔓和树枝布置的陷阱），还是想得出一些人造之物所组成的系统是设计出来的结论，都必须具有系统的识别功能。不过，在准确解释其功能时，我们要多加小心。一台精密电脑可以作为镇纸使用，但这是它的功能吗？一辆复杂的汽车可以用来阻止河水的流动；这是我们应该考虑的吗？不是的。我们在考虑设计时必须查看的系统功能是一种要求其内部复杂性达到最大化的功能。唯有如此，我们才可以判断出各部分功能的优劣。[27]

一个系统的功能由其内在逻辑所确定：设计者希望应用某一系统达到目的，而这一目的并不一定与功能相同。一个人第一次看到捕鼠器，也许不知道制造者希望用它来捕捉老鼠。他可能不是用它来防御盗贼，而是用作一个地震预警系统（如果振动会引发鼠夹子），但是通过观察，他仍然能够了解到所设计的各部分如何进行交互作用。与此类似的是，有人也许想把割草机当做风扇或舷外马达来使用，但是该设备的功能——转动叶片——其内在逻辑恰如其分地进行了诠释。

子黑匣 谁在那儿？

对设计进行推断并不要求我们具有设计者身份的资格。我们可以确定，系统是通过检验其本身而设计出来的，而且我们对设计的确信比对设计者身份的确信更加坚定。以上几个例子表明，设计者的身份并不明显。我们不知道是谁在废品堆放场安装了那个奇妙的装置，还有树藤陷阱及原因。即便如此，我们却知道所有这些都是被设计出来的，因为各个独立的部分有序的排列得以实现最终目的。

即使设计者离我们已经久远，我们也能够信心十足地对其设计进行推断。考古学家发掘一座消失的城市时，也许会发现一些埋在地下几十英尺（6米以上）的方形石块，上面可见骆驼和猫、狮身鹰首兽和龙的图案。哪怕这是他们所有的发现，他们也会得出这样的结论：这些石块是设计出来的。但是我们还可以更深入地探讨一下。我看电影《2001年太空漫游》（*2001: A Space Odyssey*）时还是个十几岁的孩子。说实话，我真的不喜欢这部片子，我也没怎么看明白。影片一开始是一群猴子拿着棍子相互厮打，然后转移到宇宙空间用杀人电脑接着打，最后以一个泼洒出酒的老人和一个未出生的孩子飘浮在宇宙空间而结束。我确信这部影片有它深远的寓意，但我们搞科学的人可弄不明白这些附庸风雅的艺术玩意儿。

然而，有一个场景我看得很明白——宇宙飞船首次登上月球，宇航员走出来进行探月活动。他行走在曲曲折折的月面上，偶然发现一个光滑的方尖塔矗立在月球表面。我、宇航员和其他观众马上就明白了，没有二话可说的，此物是设计出来的——某种智能生物到过月球并制作了这个方尖塔。随后影片向我们展示木星上有外星人存在，但我们不能判定月球上的方尖塔就是来自木星。虽然我们通过观看而了解了这个物体，但并不排除是那些可以穿梭于太空的外星人、天使、过去的人类（无论是俄罗斯人或已失落的亚特兰蒂斯文明原住民）所为；甚至是飞船上的其中一位宇航员（他搞了个恶作剧，在同伴发现之前偷放在月球上）所为。如果情节的确按其中的任何一个线索发展下去，观众就不会说这一情节与方尖塔的出现相矛盾。如果这部电影强人所难地断言，方尖塔非设计之物，那么，观众就会嘘声连连直到放映员把电影关掉了事。

得出某事物是设计所为的结论与我们对设计者的了解多寡无关。就其程序而言，对设计的了解必须先于对设计者的进一步探究。对设计的推断应坚定不移，相信世事皆有可能，而无须了解设计者的什么情况。

子黑匣 难以定夺

谁都看得出来拉什莫尔山（Mt. Rushmore，位于美国南达科他州境内，正式名称是"国立拉什莫尔峰纪念地"，俗称"总统山"）是设计之作，正如暹罗国王所言，它也会消逝。时光流转，岁月无情，风侵雨蚀将会改变拉什莫尔山的形状。千年以后，人们经过此山时也只能看到光秃秃的岩石上残留的头像痕迹。又有谁能得出被侵蚀的拉什莫尔山是设计之作呢？那要随情况而定。对设计进行推断要求明确各个独立的部分有序地排列得以实现最终目的，而量化推理的力度并非易事。如果未来的考古学家对照每位总统的画像仅仅能看到哪个部分像是总统的耳朵、鼻子、下唇或下巴，那么被侵蚀的拉什莫尔山会令他们大失所望。这些部分之间的确没有被人为安排，或许仅仅是一块奇特的岩层而已。

月球表面显现出一个人脸。人们可以指出黑暗的部分看上去很像人的眼睛和嘴巴。也许这是经过设计出来的，或许是外星人所为，但是其组成部分的数量和特征都不足以确定这个图案的用意是有意而为之。意大利可能被故意设计成看起来像一只靴子，但也许不是。没有足够的数据来达到一个令人信服的结论。八卦杂志《国家询问者》（*National Enquirer*）刊登过一篇报道，大意是说火星表面有个人脸；然而，只有那么一点相似之处。有鉴于此，我们也只能说，像任何事物一样，这也许是被设计出来的，但是我们不能肯定地告诉你。

随着整合形成系统的各组成部分的数量和质量的增加，我们做出设计的结论就会越来越有信心。几年前有报道说，田纳西州的一位妇女在其冰箱中利用霉菌生长的方法做了个埃尔维斯（Elvis，即"猫王"）的肖像。还是那样，能看出有点相似，但也只是一点点而已。然而，假设其相似性的确不错，假设肖像不只是黑霉做的。假设还有黏质沙雷氏菌，一种可再生出红色薄衣的细菌。假设还有酿酒酵母的亮白色菌落。还有绿色的瓜类细菌假单胞菌，紫色的微生物紫色色杆菌，黄色的金黄色葡萄球菌。假设绿色的微生物是按照猫王裤子的形状来培养，紫色的细菌则形成了他的衬衫形状。一个个红白交替的细菌小圆点使猫王的面部看上去有了肉色。

事实上，想象一下冰箱里培养的细菌和霉菌形成了猫王的肖像，它与你在各种商店里看到的猫王植绒画海报简直是如出一辙。如果是这样，我们可以得出这幅用各种菌培养的肖像画是设计出来的结论吗？是的，我们有这样的信心——就像我们坚信便利店的植绒海报是设计出来的一样。

如果"月亮里的人"有胡子、耳朵、眼镜和眉毛，我们就会得出这是设计出来的结论。如果意大利版图上有鞋眼和鞋带，如果西西里岛形似一只印着彩条和徽标的足球，我们会认为这些都是设计的产物。随着某一个相互作用的系统组成部分的数量和质量的增加和提升，我们对设计的判断力也在提高，进而达到肯定的程度。虽然我们很难量化这些东西[28]，但是却可以轻而易举地得出这样的结论：像细菌培养出的猫王肖像这样具有细节的系统是设计出来的。

子黑匣 ## 生物化学的设计

我们很容易发现猫王海报、捕鼠器和拼字游戏中的设计痕迹。但是生物化学系统并不是非生命体，它们是生命有机体的一部分。那么，有生命的生物化学系统能够通过智能的方式设计出来吗？直到不久前人们还认为生命是由某种特殊的物质构成，而不同于构成非生命体的物质。德国化学家弗里德里希·韦勒（Friedrich Wöhler）推翻了这种认识。在此之后的很长一段时间里，生命的复杂性让大多数试图了解和研究这一课题的人们望而却步。然而近几十年来，生物化学已经取得了重大进步，科学家能够设计生命有机体的基本变化。让我们来看几个生物化学设计的例子。

当血凝系统不奏效时，游移不定的血栓就会阻止通过心脏的血流而危及生命。目前采用的治疗方法是给病人注射一种自然产生的蛋白质，以助于打破血栓。但天然蛋白质有某些缺陷，所以创新研究人员试图在实验室里研制一种更为有效的新型蛋白质。简单来讲，其对策如下（图9-1）：血凝系统里的蛋白质中大部分是要靠其他因子来激活的——将一段靶蛋白激活。不过，作为靶蛋白的蛋白质是由其自身的激活剂所定，而非其他。纤溶酶原——血纤维蛋白溶酶（又称胞浆素）的前体，即溶解血栓的蛋白质——包含一个在血栓形成后、治疗开始时以很慢速度夹住的靶蛋白。然而，为了救治心脏病发作，一旦发现血栓阻碍了血液循环则必须立即使用血纤维蛋白溶酶。

（1）　　—DCGKPQVEPKKC**PGRV**VGGCVAHPHSWPWQ—

（2）　　—DCGKPQVEPKKC-　　-VGGCVAHPHSWPWQ—

-TTKIKPRI-

（3）　　—DCGKPQVEPKKC-　　　　-VGGCVAHPHSWPWQ—

（4）　　—DCGKPQVEPKKC**TTKIKPRI**VGGCVAHPHSWPWQ—

图 9-1　血纤维蛋白溶酶原激活

（1）形成纤溶酶原的基因被分离出来。图中显示的是该基因编码的氨基酸，而非 DNA。

（2）该基因的蛋白质编码区激活时被取出的部分。

（3）另一个基因的蛋白质编码区由凝血酶快速分割后嵌入纤溶酶原。

（4）一个被设计好的融合基因放入细胞之时就会出现，而且会产生纤溶酶原，迅速被凝血酶激活。

　　为了让血纤维蛋白溶酶在准确的部位上即刻发挥其效用，研究人员分离并改变了纤溶酶原基因。纤溶酶原被切割后用以激活蛋白质的基因编码区有一部分被替换。这部分是由凝血系统的另一个组元（比如，血浆凝血致活酶前体，简称 PTA）所替换，可被凝血酶迅速切割。其实设想是这样的：已改变基因结构的纤溶酶原，携带着凝血酶切割片，会很快在紧挨血块处切开并激活，因为凝血酶就在血栓部位。然而，迅速释放出来的活性并不是 PTA 的，而是血纤维蛋白溶酶的活性。将这种蛋白质迅速注入心脏病患者，就是希望血纤维蛋白溶酶能够帮助病人以最小的永久性损害来恢复健康。

　　这种新型蛋白质是智能设计的产物。了解凝血系统的人坐在书桌旁就可以拟定一份制造蛋白质的程序，这种蛋白质兼具血纤维蛋白溶酶将血栓溶解的特性和凝血酶切割蛋白质并快速活化的性能。设计者知道其工作成果为何，所以他会尽力去实现这一目标。计划一旦拟定，设计者（或其研究生）会进入实验室，按部就班地实施计划。结果就是一种前所未见的蛋白质诞生了——这是一种能够执行设计者计划的蛋白质。生物化学系统的确可以被设计出来。

如今，生物化学系统的智能设计是件再寻常不过的事情了。为了向糖尿病患者提供难以得到的人胰岛素，10 年前研究人员就已分离出人胰岛素基因。他们把基因放进 DNA 片段中，使之能在菌细胞中生存下来并成长为改性细菌。之后，菌细胞组织所产生的人胰岛素就会被分离出来用于治疗患者。一些实验室目前正在改良高等生物，就是采取将改性 DNA 直接导入细胞中的方法。播种设计出来的抗冻害或抗虫害的庄稼已经有一段时间了；稍微新点儿的是奶牛工程，其生产出来的牛奶含有大量有用蛋白质。（从事此项工作的人将外源基因注射到牛胚胎中，并喜欢称自己为"药学农民"［pharmers］，即"制药的农民"的简称。）

我们也许会观察到，尽管上述系统展示是生物化学设计的实例，但是在每个例子中，设计者也只不过是重组一下自然界存在的一些片段；他们并没有从零开始制造出一种新的系统。的确如此，但是这种情况也许不会持续多久了。如今的科学家们正在积极致力于揭开了蛋白质特有活性的秘密。进展虽然缓慢但循序渐进。用不了多长时间，以特效且新颖为目的而设计的蛋白质就会从零开始，制造出来。更给人留下深刻印象的是，有机化学家正在开发可模拟生命活动的新型化学系统。这一直被大众媒体大肆渲染为"人工合成生命"。尽管这是为了多卖杂志而有意进行的夸张宣传，但这项工作确实表明，智能体可以设计出一种具有生物化学特性的系统，而无须使用任何生物系统中的生物化学物质。

近年来，科学家甚至已经开始利用突变和选择的微进化原理（principles of microevolution）设计新的生物化学物质。这一概念很简单：利用化学手段制造大量不同的 DNA 片段或 RNA 片段，然后将这些片段从混合体中取出，设计者需要的这些片段具有黏附在维生素或蛋白质上的能力。其做法是，将固体颗粒混合于含有维生素或蛋白质与 DNA 或 RNA 片段的混合溶液中，然后再把其中的溶液冲洗掉。这样，黏附在维生素或蛋白质上的 DNA 或 RNA 片段仍会黏结在固体颗粒上；而没有黏结住的片段随之被冲洗掉。筛选好合适的片段后，实验者利用酶制成这些片段的复制品。该领域的领导者杰拉尔德·乔伊斯（Gerald Joyce）把这一选配过程做了个比喻："如果你想要更红的玫瑰或绒毛更柔软些的波斯猫，你会选择最具特性的理想良种；同样的，如果你想要一个具有特殊化学特性的分子，你会从一大批最能显示这一特性的分子中进行筛选。"如同选择良种，该方法具有进化优势，但也有其局限性。简单的生物化学活动是可以产生的，但要产生本书所讨论的复杂系统却无能为力。

这种方法在许多方面很像我们在第7章所讨论过的抗体的克隆选择。事实上，其他科学家正在利用免疫系统的能力来生成可抵御几乎任何分子的抗体。科学家给动物注入相应的分子（例如某种药物），然后把抵御这个分子的抗体分离出来。该抗体可应用于临床或检测分子的商业试剂。在某些情况下，可以生产出来类似于简单的酶（称为抗体酶）这样性能的抗体。这两种方法——DNA/RNA 或抗体——在今后几年内有望在工业和医学领域得到一系列的应用。

生物化学系统可以通过智能体设计出来的这一事实得到了所有科学家的承认，甚至理查德·道金斯也不例外。在他最新出版的书中，道金斯想象出一个假设的故事情节：一位重要科学家遭到绑架，被迫为一个邪恶的军国主义国家研制生物武器。这位科学家在给流感病毒 DNA 序列的信息编码中得到了帮助：他使自己染上了改性病毒，在人群中打喷嚏，然后耐心地等待流感蔓延到全世界，因为他确信其他科学家定能将病毒分离，排好它的 DNA 序列，并最终破译其代码。既然道金斯认同生物化学系统可以被设计出来，而且那些没有看到或听到过设计的人们竟然还能察觉出来，那么关于某确定的生物化学系统是否是设计出来的问题就可以简单地归结为：凡举出证据即可证实这种观点。

我们还必须考虑自然规律的作用。自然规律能够组织物质，比如，水流会不断积聚淤泥，足以拦住部分河水迫其改道。其中最相关的规律当属生物繁殖、变异、自然选择。如果某种生物结构能够按照这些自然规律进行解释，那么我们不能就此下结论说该结构是设计出来的。然而，纵览全书我已表明，为什么许多生物化学系统是不能由自然选择的突变方式建立起来的；对这些不可简化的复杂性系统来说，不存在直接的、渐进的途径，况且生物化学系统（如生成 AMP 分子）的无向发展是完全违背化学规律的。研究非智能原因的渐进主义的其他理论，如共生理论和复杂性理论，也不能够（甚至也无须去尝试）解释生命的基本生物化学结构。如果生命特有的自然规律无法解释生物系统，那么推论设计的标准就会变成与无生命系统相同的标准。达尔文进化论从逻辑上来讲是行不通的，其不可简化的复杂性也并无神奇之处。但是，随着结构变得越来越复杂，越来越相互依存，渐进主义的障碍也越筑越高。

难道还有其他尚未被发现的自然过程能够解释生物化学复杂性吗？没有人会愚蠢到断然否认这种可能性。即便如此，我们可以说，如果真有这样的一个过程，也不会有人清楚此过程究竟如何发挥作用。此外，这将会挑战所有的人类经验，就如同假定某个自然过程或许能够解释计算机一样。我们认为不存在这样的过程是科学合理的，就像我们断定心灵感应是不可能的、尼斯湖水怪是不存在的一样。在大量证据面前，我们还是偏向生物化学设计。别去管虚构过程下的所谓证据，让生物化学设计去扮演对大象视而不见的侦探们的角色。

扫清道路上的这些先决问题，我们就可以断言，本书第 3 章至第 6 章中所讨论过的生物化学系统是由智能体设计出来的。我们对结论如此自信，就如同我们当初断定捕鼠器是设计之物、总统山或猫王的海报也是设计出来的一样。同样，我们对月亮上的人脸和意大利版图呈靴子形状的断言也就毫无疑问了。我们确信纤毛和胞内运输是设计出来的，如同我们相信任何事物都可能是设计的产物一样，都是基于相同的原理得出的结论：将单个成分排序是为了取得识别作用，而这很显然取决于各个组成成分。

我们可以把纤毛的作用当做一个机动桨。要想发挥这一作用，微管、蛋白连接器、动力蛋白都必须按部就班地加以排序。它们要彼此亲密识别并精准互动。任何一个组成部分的缺失都会使其作用尽失。此外，除所列因子之外还需要更多的因子才能使这一系统有益于活细胞：纤毛必须安放于正确的位置上，正确定位并且根据细胞的需要打开或关闭。

凝血系统的功能同样是一道坚固但又瞬变的屏障。系统组成部分始终要排序。纤维蛋白、纤溶酶原、抗凝血酶、C 蛋白、抗血友病因子（Christmas factor），以及路径上的其他成分共同完成的任务是任何单独成分做不到的。一旦无法得到维生素 K 或缺少抗血友病因子，系统就会崩溃，这就像鲁布·戈德堡机器少了一个部件就会停摆一样。（鲁布·戈德堡机器是一种被设计得过度复杂的机械装置，以迂回曲折的方式去完成一些非常简单的工作，例如倒一杯茶。）所有部件相互精确切割，彼此精准排列，如此形成了一个精美的结构以完成特定的任务。

细胞内运输系统的作用是将货物从一处输送到另一处。要想顺利完成，包装上必须贴上标签，明确目的地，装备好车辆。机制必须到位，这样才能离开细胞的一个封闭区域进入到另一个不同的封闭区域。系统如果出现故障会导致一处重要物料严重不足，而另一处却物满为患。在某一区域十分有用的酶会在另一封闭区大肆破坏。

笔者论述过其他生物化学系统的功能是很容易识别的，并且它们相互作用的部分也可以一一列举出来。由于功能主要取决于组成部件间错综复杂的相互作用，我们才因此断定，这些功能就像捕鼠器一样，是设计出来的。

目前，遍布世界各地的生物化学实验室所进行的设计工作——比如，设计一种新型的能被凝血酶切割的血纤维蛋白溶酶原，或设计一种可以在牛奶中产生生长激素的奶牛，或者设计一种能分泌人胰岛素的细菌——这些设计与前边讲的凝血系统的设计很相似。研究生们在实验室里刻意将基因片段拼凑在一起以期生成某种新东西，他们所做的与当初生成纤毛的工作是类似的。

分清差异

虽然我们能够推定某些生物化学系统是设计出来的，但这并不意味着所有的亚细胞系统都是明确无误的设计之作。此外，有些系统也许是经过设计的，但要证明却是困难的。猫王的脸或许清晰可辨，而他的（假设的）吉他却让人印象模糊。查看纤毛中的设计不是件难事，但要搞清另一系统中的设计就会难觅其踪、勉为其难了。原来，细胞所包含的系统范围囊括了明显的设计和不明显的设计。但请记住，任何事物都可能经过了设计。我们来简单了解几个很难看出设计的系统。

生命的基础是细胞，作为细胞赖以生存的生物化学过程封锁了其余的环境。把细胞密封起来的结构叫做细胞膜。它主要由分子组成，化学性质上与我们刷碗洗衣用的洗涤剂相似。与洗涤剂分子相似，用于膜状物的分子其确切类型从一种到另外一种区别巨大：有的长些，有的短些；有的松些，有的紧些；有的带正电荷，有的带负电荷，还有的不带电。大多数细胞在其细胞膜中包含不同类型的混合分子，而且不同类型的细胞其混合分子也不同。

洗涤剂分子在水中往往相互连接。这种连接的典型例子是我们在洗衣服时见到的搅动产生的气泡。气泡是由非常薄的洗涤剂（加些水）膜层组成，中间的分子并排挤在一起。气泡的球形形状是由于表面张力的作用而形成的，其作用是将气泡的面积减少到最小以容纳洗涤剂。如果将分子从细胞膜中取出加以纯化，使其与细胞的其他部分离开，然后溶于水中，这些分子通常会挤在一起形成一个封闭的球形体。

由于这些分子是靠自己的力量形成气泡的，分子的连接是随机的，况且每个单独的分子又没有必要形成膜，所以很难从细胞膜中推定出智能化设计。就像石墙里的石头，每一块很容易替换另一块。就像冰箱里的霉菌，其设计难以察觉。

或者来看看血红蛋白——我们的红细胞中的一种蛋白，能将氧气从肺部运载到周围组织中。血红蛋白由 4 个亚基构成，一个氧分子与血红蛋白 4 个亚基中的一个结合。4 个亚基中的两个完全相同，另外两个也是如此。事实上，由于血红蛋白的 4 个亚基相互盘绕的方式，使得第一个氧分子跳出来与亚基结合的强度远不如其他三个氧分子。我们把这种与氧分子结合在强度上形成的差异现象称为"协同效应"。简单来讲，这意味着大量的血红蛋白的氧结合量（如发生在血液中）不直接随着空气中氧的含量而增加。相反，当周围的氧含量很低时，几乎就没有氧与血红蛋白结合——如果加上没有协同效应，那么氧结合量会少之又少。而另一方面，当周围的氧量增加时，血液中与血红蛋白结合的氧量就会急速增加。我们可以把这看做是多米诺骨牌效应；这需要费一点儿力气先碰倒第一块骨牌（绑定第一个氧分子），其他骨牌也就随之顺势自动倒下。协同效应在生理学上具有重要意义：它能使血红蛋白变成完全饱和的状态，与大量的氧结合（如在肺部），而且能轻易地把氧运载到需要的地方（如周围组织）。

还有另一种蛋白，叫做肌红蛋白，与血红蛋白非常相似，只是它只有一个蛋白质链，而不是四个，因此也只与一个氧分子结合。氧肌红蛋白的结合不是协同效应。问题是，如果假定我们已经有了一个像肌红蛋白这样的与氧分子结合的蛋白，我们是否可以从血红蛋白的功能上推断出智能设计呢？设计的理由并不充分。作为起点，肌红蛋白已经能够与氧分子结合。血红蛋白的性能可以通过肌红蛋白的一个简单变化而获得，并且血红蛋白的个别蛋白质又与肌红蛋白非常相似。所以尽管血红蛋白可以看做是一个组成部分相互作用的系统，但是相互作用非常之少，明显超不过系统中的各个组成部分。就算把肌红蛋白作为起点，我要说血红蛋白显示出的设计证据与月球上人脸的设计毫无二致，迷人有余而信服不足。

最后一个生物化学系统是笔者已经在第7章中谈过的生成 AMP 分子的系统。此处推论设计就像是推断一幅出自一位已故著名艺术家之手的绘画，而实际上却是同一时期另一个人的赝品。也许你会看到画的左下角签有这位著名艺术家的名字，但其用笔、色调、题材、画布材质及颜料均有不同。

由于要制成 AMP 分子需要如此之多的连续步骤，又不使用中间体，更由于化学知识的最高标准极力反对无向途径的生产，所以 AMP 途径设计的根据就显得非常充分。这里对设计的推论在理论上免不了要受到斯图尔特·考夫曼之流的拷问；然而，复杂性理论目前充其量不过是个幻象，而且我们所了解的分子的化学性能完全与这种设想相左。此外，我们从其他生物化学系统所得出的智能设计的结论也再次支持了该系统产生设计的可信性。

既然任何事情都有可能是设计出来的，既然我们需要举出证据说明设计，那么我们可能很成功地对一个生物化学系统进行演示，而对另一个的演示或许就不那么成功，这是不足为奇的。细胞的某些特征似乎是简单的自然过程的结果，另一些备不住也是。还有其他一些特征几乎可以肯定是设计出来的。而且，根据其特征，我们足以确信它们是设计出来的。

第 10 章 与设计有关的问题

简单的想法

一个简单的想法纵然影响巨大，往往需要经历漫长的时间才能得以发展。轮子的发明也许就是最好的例证。轮子出现之前，人们坐在马拉的木车上，靠一根木头杆来滑动，由于与地面产生大量的摩擦，行走颇为费力。现在任何一个小学生也许都会建议古人们建造带轮子的车，那是因为学生们学习了轮子的知识才这么讲的。我们回过头来看，有关轮子的想法不但影响巨大，而且简单至极，它给我们的生活带来诸多便利。然而，这种想法在其形成和发展的过程中却是困难重重。

另一个影响巨大的想法是音标。音标是由代表声音的符号组成的：把几个符号拼在一起，就可以拼写出一个代表实词发音的字符串。音标与图形字符构成的象形文字书写系统形成了鲜明的比较。在很多方面，象形文字是一种更为自然的书写方式，尤其对那些初学者来说更是如此。没有什么文字知识的人更愿意在纸上画出狗啃骨头的画面，而不是以文字的形式写出 **"狗啃骨头"** （DOG EAT BONE），然后再向朋友们解释，半圆加个竖——"D" 表示的是 "Duh" （咄）的发音，圆圈——"O" 代表的是 "ahh" （啊）的发音，等等。如果当初就有音标，更为自然的象形文字系统或许会阻碍音标的使用，尽管随着语言的日益复杂化，音标系统确实已变得更简单、更通用。

上小学时，我们就学会了数字 "561" 中的 1 代表 1，而数字 6 代表 60，那么数字 5 代表 500。知道了这个小把戏，与数字打交道因而变得非常简单，连小孩子都会做。任何一个接受过适当教育的 10 岁孩子都能计算出 561 + 427 = 988；而任何一个 12 岁的孩子都能算得出 41 × 17 = 697。好了，让他们用罗马数字来做做看！比如来试试 X XIV + L X XVI = C（事先不把罗马数字换成阿拉伯数字。24 + 76 = 100），感受会怎么样？罗马数字在欧洲一直沿用到了中世纪，因此，绝大多数民众做不了对于现代的出纳或收银员来说很简单的计算。简单的数字计算都要求具有受过专门训练并以此为生的人才来做。

子黑匣 怠慢设计

智能设计的理念同样是简单、影响巨大并且引人注目的，然而却一直受到外来思想的挑战与侵蚀。严谨的设计假设从一开始的主要挑战者就对其有模糊不清的认识：如果事物按照我们的想法来发展，那么它就是设计的证据。早期的古希腊哲学家第欧根尼（Diogenes）从季节的变化规律中观察到设计：

> 如果智能不存在的话，任何事物的表现形式就不可能有这样的分布：冬季与夏季、白天与黑夜、风和雨及晴天的周期；其他的事情亦如此，如果你对事物精心进行研究，就会发现事物有其最佳安排。

据说苏格拉底（Socrates）曾经观察到：

> 这难道不值得赞美吗……输送食物的嘴放置在离鼻子和眼睛那么近的地方，不就是为了防止不好的食物误入口中吗？阿里斯托得摩斯（Aristodemus，古希腊美塞尼亚的国王和英雄），难道你还拿不准这样的安排到底是偶然之作，还是智能与设计的结果？

这样的情感，尽管是可以理解的，但它仅仅是建立在世界乃快乐之所在的感觉上面，而没有考虑到其他可能性。不难想象，如果第欧根尼生活在没有冬季的夏威夷，他就会认为没有四季的交替才是"最佳安排"。如果苏格拉底的嘴巴长在他的手旁边，我们可以想象得到，他会说这是便于手往嘴里输送食物。光靠事物本身的"正确性"来判断设计与否的论点面临着一点点质疑，就会像晨露一般消失殆尽。

在人类历史的进程中，大多数学者（乃至文盲）都认为在自然界里设计是天经地义的事情。事实上，在达尔文时代到来之前，无论哲学界还是科学界都以为世界是经过设计的，这种观点在当时不足为奇。然而，论证的知识性却比较低，也许因为当时没有其他与之挑战的观点。前达尔文主义者对于设计观点的信心在 19 世纪英国基督教辩护士威廉·佩利（William Paley）牧师的作品中达到了顶峰。作为上帝的一个热忱的仆人，佩利将其广博的科学学识带到了他的论著中，然而，具有讽刺意味的是，因其大言不惭而遭到反驳。

在佩利的《自然神学》（*Natural Theology*）的著名开篇中，他展现了其辩才，同时也隐含了导致其日后遭摈弃的一些缺陷。

假设，穿越荒原时我的脚碰到了一块石头，如果问我这石头怎么会在这儿，我也会这样回答：我知道所有相反的情况——我的脚没有碰到那块石头，而事实是那块石头却一直就在那里，所以我的脚碰到了它。也许，这样的回答显得很荒谬。但是，假如我在地上捡到了一块手表，或许有人会问，这手表怎么这么巧就在那儿呢？我简直不想再重复我之前的回答了，我知道所有相反的情况，而那块手表却一直在那儿。然而，为什么这个回答不能同时解释手表以及石头的存在呢？为什么第二种情况也像第一种情况那样不被接受呢？只有一个原因，而无其他理由，那就是我们检查这块手表时会发觉——我们无法在石头上发现的东西——它由几个部件构成，并且其组合是为了完成某种功能。例如，其构成和调整以便于产生运动，这种运动能够调节出一天中的具体时间；如果各个部件的形状有误，或者安装的方式、顺序与以往不同，结果是手表要么无法产生任何运动，要么无法报时。把几个最简单部件及其机关摸清楚，就会得出一个结论：我们眼前是一个圆柱形盒子，里面卷着一团螺旋弹性发条，发条放松时释放出的力使其在盒子里旋转。接下来我们看到一条柔性链……接着是一系列的轮子……轮子是用黄铜做的，以免生锈……表盘上装有一层玻璃，这里只能用玻璃，如果不用透明材料，就要打开盒子才能看到表上的时间刻度。要想观察这种结构——的确需要仪器才能看出来，也许还要有些相关方面的知识才能有所发觉和领悟。但正如我们说过的那样，一旦观察并理解了手表的工作原理，我们的推断也就理所应当了——这手表一定有它的制造者，于某时、某地存在着一个或几个能工巧匠，是他们使手表有了这样的结构和功能。事实上，我们会发现正是他们先领悟到了手表的结构并为其设计了功能。

与希腊人的论证相比，佩利则更进一步。尽管他在《自然神学》中列举了许多不太恰当的例子（类似于第欧根尼和苏格拉底），但他却不时能切中要害。在其他方面，佩利还描写过另外一些事物，诸如肌肉、骨骼、乳腺等离散系统，他认为该系统中若缺少其中任何一个部件，整个系统就会停止运转。这就是设计论的精髓。然而，必须向现代读者强调的是，即使在佩利鼎盛之时，他谈到也只是生物学的黑匣子：比细胞大得多的系统。相比而言，佩利所举手表的例子就非常精彩，因为手表不是黑匣子，其部件和功用众所周知。

子黑匣 被晾在一边

佩利把设计论点表述得如此精彩，他甚至赢得了忠实的进化论者的尊重。理查德·道金斯《盲眼钟表匠》的标题就取自于佩利对手表的比喻，但他却宣称是进化论而不是一个智能体充当了钟表匠的作用：

> 佩利以其优美而虔诚的笔触从人类的眼睛开始描述了分割的生命机制……他以此深入阐述了自己的观点。佩利的论点充满激情与诚意，他是那个时代号称最有生物学成就的一位学者。但他的论点是错误的，完完全全地错了……如果［自然选择］在自然界充当了钟表匠的角色，那么它一定是个盲眼钟表匠……但有一件事我不会去做，就是去贬低令佩利受到启发的活"手表"。相反，我要尽量表明我的感受，佩利本来可以更进一步。

道金斯对佩利的感觉是征服者对他敬重的战败者的那种感觉。在胜利面前显得宽宏大量的牛津科学家称赞了佩利牧师，因为他也分担了道金斯本人对自然界复杂性的忧虑。当然，道金斯有足够的理由认为佩利是他手下败将；不过，很少有哲学家或科学家再这么说他了。那些像道金斯一样的人们选择了放弃而不是坚持他的观点。由于佩利与地心天文学和燃烧的燃素学说（phlogiston theory）纠缠不休——他成为科学界又一个努力解释世界的失败者。

但我们也许会问，佩利究竟在哪方面被驳倒的呢？又是谁响应了他的论点呢？在没有智能设计者的情况下手表又是如何被制作出来的呢？出人意料但却千真万确，尽管名誉扫地，佩利的重要论点却从未被人驳倒过。无论是达尔文或道金斯，还是科学家或哲学家都从未解释过，如果没有设计者，像手表那样一个不可简化的复杂系统怎么会制作出来。相反，人们把佩利的论点晾在一边，攻击他那不着边际的例子及离题的神学辩论。当然，佩利应当受到指责，因为他没有把论点组织得更紧密一些。但是，许多贬低佩利的人们也同样应该受到指责，因为他们拒绝接受佩利的重要观点，装傻充愣为的是得到更为遂心如意的结论。

子黑匣 百宝囊

佩利在《自然神学》一书中谈到了一些生物学的例子，他认为，这些例子就像手表一样是诸多部件相互作用的系统，因此表明一定与设计者有关。佩利所举的例子就像个百宝囊，有让人大吃一惊的，有饶有趣味的，有没头没脑的，有机械系统的，有凭直觉的，有纯图形的，不一而足。通过论证即使没有设计者事物的特性也会出现这一观点，佩利所举的例子中尚无一个因此被明确驳倒的。但是，由于佩利的许多例子趋于无原则性，这就阻碍了渐进式进化，自达尔文提出进化论以来，人们以为这种渐进式进化是可能的。

佩利在其最佳状态时描述了机械系统。关于心脏他做了如下观察：

> 显而易见，心脏的成功跳动必须依靠它的瓣膜的介入；当心脏中的任何一个腔室收缩时，产生的力量将把封闭的血液冲到它该去的动脉口，但流过来的血液也会回流到静脉口……如此构成的心脏若没有瓣膜将无法工作，那它还不如一个水泵。

在此，佩利识别了心脏系统的功能，并且告诉读者为什么心脏需要几个部分——不仅需要心房，而且还需要瓣膜。

然而，当佩利在描述本能时则略显平庸：

> 是什么会使雌鸟在产卵前就准备筑巢呢？……随着雌鸟体内的卵日益成长、坚固化，它也许能感到体内某个特殊部位的丰满或膨胀，但这无法告诉它，它要生产什么，产后要如何保护和照顾……鸟怎么会知道卵里面是它们的孩子呢？

这个例子也许很有趣，但却很难确切地指出这个例子的准确作用。同时，系统的许多组成部分（也许是存在于鸟的头脑中）都是未知数，因此这是个黑匣子。

佩利可能是在过度疲劳的时候写的关于胎儿发育的状况：

> 眼睛在其形成时并无任何用途。它是黑牢里做出的一个光学仪器；它将光折射构建聚焦点，并在光线进入眼球前发挥其作用……它为未来做准备。

在这个例子中，佩利邀请我们欣赏的只是事件发生的时间，而不是某一特定的功能或识别系统。

佩利在描写他称做"补偿"（compensation）的时候似乎不含嗤笑：

> 大象长而灵活的鼻子是对其短而不易弯曲的脖子的一种补偿……
> 鹤类飞禽伴水而居并觅食；但没有脚蹼，故无法游泳。为了弥补这一缺陷，它们要么长有长腿以便涉水，要么长有长嘴以便觅食，或是二者并用。这就是补偿。

这样的推理倒是可以提供丰富的喜剧素材（他个子高以补偿其相貌的丑陋；她富有以补偿其愚蠢，等等），但这对他阐明设计起不到什么作用。为了表示他的慷慨，佩利或许以为用这么多有力度的例子来解释设计是理所当然的，并且他还用了些没有什么力度的例子为其解释锦上添花。他可能没有预料到，在日后，他的对手们会用这些"锦上添花"的例子来反驳他的论点。

⌗黑匣子 反驳佩利

尽管佩利举出了许多具有误导性的例子，但他关于手表的著名开篇却是完全正确的——没有人会否认，如果你发现一块手表会立即且肯定地推断出手表是经设计出来的。推断出这一结论的原因正像佩利暗示的那样：独立的部件按顺序组合所实现的功能要比单个部件实现的功能强大得多。手表的功能是计时。它的部件是各种齿轮、弹簧、链条等等以此类推，这与佩利所列部件一致。

到目前为止，一切良好。但是，要是佩利知道在他的机械范例中到底想找到什么，他为什么还会这么快地走下坡路呢？因为他被冲昏了头脑，转而错误地去检查手表的特征。

问题是这样出现的：佩利把讨论有关部件相互作用的系统偏离到完全去谈论那些以他思路来安排的事物上去。麻烦起自于佩利的开篇。他提到，为了防锈，手表的轮子是黄铜做的。问题是，这种精确的黄铜材料并非手表计时功能所必需的要求。它或许有些用处，但手表可以用任何其他硬质材料——说不定连木头或骨头都行——做轮子也能完成其功能。佩利提到了手表的玻璃表蒙子，这使事情变得更糟了。不仅因为不需要这种精确的材料，而且还因为整个部件也不是必要的：表蒙子对手表的功能并不是非有不可。表蒙子纯粹是附加在不可简化的复杂系统的一个便利部件，而不是系统本身的一部分。

佩利在他的整本书中偏离了手表的特征——相互作用的部件构成的系统——而正是因此他选择了手表作为首例。如果他少说点儿，他的论点会好许多。我们大家也常遇到这种情况。

由于佩利的轻率之举，他的论点多年来早已变得像个稻草人一样不堪一击。达尔文进化论的辩护者不去研究现实系统的复杂性问题（如视网膜或手表），他们反而满足于事物的表面特征。作个比喻，达尔文主义者对手表的"解释"要从表蒙子开始，又假设工厂生产的手表总是不带表蒙子！然后就解释表蒙子的出现是多么重大的进步。

可怜的佩利。他的现代对手认为，如果他们能够解释一个简单的进步（如手表的表蒙子或眼睛的曲率），他们就可以对假定极为复杂的起点（如手表或视网膜）作出正确的判断。没有提出进一步的论据，没有对现实的复杂性、不可简化的复杂性给出任何解释。对佩利夸大其词的描述的批驳一下子变成了对他主要观点的驳斥，甚至那些明白事理的人也加入其中。

反对设计的论点

正如对智能设计的争论已由来已久一样，反对设计的争论同样如此。达尔文及其继承者虽然给出了最佳论据，但有些论据却比达尔文的理论还久远。苏格兰哲学家戴维·休谟（David Hume）在其于 1779 年出版的《自然宗教对话录》（*Dialogues Concerning Natural Religion*）中就反对设计。在《盲眼钟表匠》一书中，理查德·道金斯回忆了与一位"著名的无神论者"就此话题进行的晚餐谈话：

> 我说，我不能想象在 1859 年达尔文发表《物种起源》之前自己竟是一个无神论者。"那休谟呢？"哲学家问道。"休谟会怎么解释现实世界的组织复杂性？"我问道。"不，他没解释，"哲学家说，"为何还要做什么特别的解释呢？"

道金斯接着解释道：

> 至于戴维·休谟其人，有时认为，这位伟大的苏格兰哲学家早在达尔文之前一个世纪就已着手设计的论证了。但休谟所做的只是对自然界显而易见的设计的逻辑性进行了分析，就如同上帝存在的实证。他对复杂的生物设计没能提供另一种解释。

威斯康星大学的现代哲学家艾利奥特·索伯（Elliott Sober）在他的《生物学哲学》（*Philosophy of Biology*）一书中，对于休谟的论证给我们做了更为详尽的解释：

> 休谟认为……我们必须弄清楚手表与生物体到底有什么相似之处。瞬间的反应表明，二者迥异。手表是由玻璃和金属制成的，不能

呼吸、排泄、代谢或繁殖……当然，最直接的后果是，这种设计的观点是软弱无力的类比推论。仅仅因为手表恰巧具有生物体的某种给定功能就因此做出简单推断是荒谬的。

但是索伯并不同意休谟的看法：

　　不管设计的论据是否是从推理当中得出的，休谟的批判也会具有破坏性，我认为这样解释设计毫无道理。无论手表和生物体是否赶巧具有相似之处，佩利对于生物体的论证自有其道理。讨论手表就是想让读者看到，有关生物的论证是多么的引人入胜。

　　换句话说，戴维·休谟认为，设计的论点依赖于生物与其他设计物之间在偶然细节存在的相同性。但这种思路会毁了所有的推理，因为任何两个不同的物体，其不相同多于相同。比如，按照休谟的想法，你不可把汽车看做飞机，即便都是运输工具，因为飞机有机翼而汽车却没有等等。索伯摈弃了休谟的想法，因为他认为，智能设计论是真正可以称得上推论的最佳解释。这就意味着，倘若从智能设计论与自然选择论二者具有竞争性的解释中做一选择，佩利的论点似乎更易被接受（索伯认为至少在达尔文理论出现之前如此）。

　　索伯的结论还算不错，但他早已注意到类推的论点依然好使；只是休谟把它扭曲变形了。类推的建立总是基于明确的或（常常是）含蓄的建议，即在一个受限制的特征子集中 A 像 B。生锈就像蛀牙一样，都是从小斑点开始向外腐蚀，尽管蛀牙产生于有机物质并由细菌引起，但可以通过氟化物加以抑制等等。鲁布·戈德堡机器就像凝血系统，都具有不可简化的复杂性，尽管二者有很大的不同。为了从类推中获得结论，必须从事物共有的特征中进行推理：具有不可简化复杂性的鲁布·戈德堡机器需要一个聪明的设计者来设计；因此，同样具有不可简化复杂性的凝血系统也需要一个设计者。

　　顺便说一句，即便以休谟的标准，手表与生物体之间的类比性也可以很强。现代生物化学可能用生物材料制作手表或计时装置——假如现在不行，不远的将来也肯定能行。许多生物化学系统具有守时功能，包括保持心脏节律的细胞、启动青春期的系统、预示细胞分裂的蛋白质。此外，生物化学部件可以起到齿轮和柔性链的作用，反馈机制（必要的调节表）在生物化学中是很常见的。休谟对于设计论据中机械系统与生物系统根本不同的批判已经落伍，以生命机制的发现为代表的科学进步取代了休谟的观点。

索伯接着对休谟评论道：

> 现在我来说一下休谟对于设计论的第二个批判，并没有比第一个强多少……休谟认为，如果我们有充足的理由认为在我们的世界里生物体是智能设计的产物，那么我们一定会接受其他世界里的众多生物体，而且我们会看到那里的生物体也是智能设计的产物。

休谟采用了归纳论来批判设计论。归纳论的一个例子——由于谁也没有见过会飞的猪，所以猪十有八九不会飞。基于归纳论而得出的设计论要求我们有生物体经过设计的经历。休谟认为，既然我们从未在我们的世界里看到过这类设计，那我们就该指望着去别的世界体验这种经历。然而，我们却对其他世界一无所知，那么我们也就毫无经验去做什么归纳了。索伯认为，休谟的观点是说不通的，他还是认为智能设计论实际上是对推论的最佳解释，而不是归纳论。

索伯再一次正确，但他本可以走得更远一些。尽管休谟反对归纳论在当时也许有效，但随着科学的进步他已经落伍了。现代生物化学可以设计常规的生物化学系统，这是人所共知的生命的基础。因此，我们真正有了观察生命构成要素的智能设计的经历。实验中新的生物化学系统可能有成千上万种组合方式，而且将来还会有更多更多。

戴维·休谟的论点失败了，设计论的现代反对者们应该提出其他理论依据来支持自己的观点。在本章的剩余部分，我会考虑分析一下设计论的现代反对者的常见论点。

类推显灵

理查德·道金斯的哲学家朋友认为，戴维·休谟反驳设计论不仅是犯了哲学上的错误，也是犯了科学上的错误。艾利奥特·索伯的哲学思想更成功一些，但他显然没有注意到相关科学的发展。虽然索伯认为休谟的观点是错误的，但他也不赞同智能设计论，因为他认为达尔文的进化论才是为生命的诞生提供的机制。他没有采用已公布的关于复杂生物化学系统是渐进产生的模式作为他结论的基础；他甚至不去考虑生命的分子基础。相反，他拒绝设计论，而去接受主要（同时具有讽刺意味地）基于类推的达尔文主义。他在《生物学哲学》一书中解释道：

> 事实上，突变选择过程分两部分……理查德·道金斯在他的《盲眼钟表匠》一书中生动地提了出来。想象一种类似密码锁的装置。它是由一系列并排排列的拨号圆盘构成。每个拨号圆盘边缘都会出现26个字母。拨号圆盘能够分别旋转，不同的字母排列就会出现在观察窗上。
>
> 观察窗上能出现多少种字母组合呢？每个拨号圆盘有26种可能，一共19个拨号圆盘，这样就会有26^{19}种可能的序列。其中之一是出现了 METHINKSITISAWEASEL（"我觉得它倒颇像只黄鼠狼"，出自莎士比亚的《哈姆雷特》）……将所有拨号圆盘旋转后出现这些字母的概率为$\left(\dfrac{1}{26}\right)^{19}$，这的确是一个非常小的数字……
>
> 现在想象一下，如果其中一个拨号圆盘在与另一个拨号圆盘组合时不动了，剩下的拨号圆盘随机转动并不断重复该过程。那么，观察窗上显示 METHINKSITISAWEASEL（我觉得它倒颇像只黄鼠狼）的几率会有多大呢，嗯，比方说重复50次吧？
>
> 答案是，经过无数次这样的重复过程才会出现令人难以置信的小几率……
>
> 变异是随机产生的，但变异的选择是非随机的。

这个推论意在说明，复杂的生物系统能够产生出来是一件多么复杂的事情。因此，我们可以基于拨号圆盘的类推得出这样的结论，纤毛是一步步进化而来的，而视觉在一开始也是渐进产生的等等。用类推代替实据表明，这些或其他复杂系统能够以达尔文主义方式进化而来。索伯进而觉得类推的确有说服力，怪不得达尔文的进化论能因此赢得最佳解释推论。道金斯的类推（细节上与索伯的解读稍有不同）尽管明显有误，但似乎由此激发了生物哲学家们的想象力。除了索伯之外，迈克尔·鲁斯（Michael Ruse）的《被保护的达尔文主义》（*Darwinism Defended*）和丹尼尔·丹尼特（Daniel Dennett）的《达尔文的危险思想》（*Darwin's Dangerous Idea*）这两部书中都用了类似的例子。

道金斯-索伯式的类推错在哪儿了呢？全都错了。他们的类推号称是对自然选择的推论，具有选择功能。但如果这种推论在密码组合中是错的，那它又有什么功能可言呢？假设把拨号圆盘旋转几圈，就会有一半的字母正确，类似于 MDTUIFKQINIOAFERSCL（每隔一个字母都是正确的）。这种类推表明，对一个随机字母串的改进，会帮助我们打开密码锁。但如果你这辈子就指望着打开一把像 METHINKSITISAWEASEL 这样密码组合的密码锁，或尝试打开 MDTUIFKQINIOAFERSCL 密码组合的其他锁具，你早晚会进到棺材里。要想多子多福就别指望着开锁了。具有讽刺意味的是，索伯和道金斯把密码锁看成是一个不可简化的复杂性系统，并且绘声绘色地说明了为什么对于这样如此复杂的系统其功能无法渐进完成。

进化论的支持者告诉我们，这个理论不是以目标为导向的。但是，如果我们从一个随机的字母串开始，为何最后是 METHINKSITISAWEASEL，而不是 MYDARLINGCLEMENTINE 或 MEBETARZANYOUBEJANE 呢？当拨号圆盘转动时，谁来决定哪个字母停下来，原因又何在呢？道金斯-索伯的方案实际上与自然选择作用下随机突变的类推法是完全相反的一个例子：智能体指导不可简化的复杂系统的构建。智能体（这里指索伯）头脑中有目标词组（指锁的密码组合），而且如同算命先生操纵卦签一样来推导出结果。这简直就不像是一个构成生物学哲学的稳定基础。

这种类推的致命问题并不难发现。纽约大学的化学教授罗伯特·夏皮罗（Robert Shapiro）在他的比索伯的书早七年出版的《起源：怀疑论者对地球生命创始的指南》（*Origins：A Skeptic's Guide to the Creation of Life on Earth*）一书中，把类推的问题像烤羊肉串一样有趣地给穿在了一起。化学家轻而易举就发现了著名哲学家所忽视的简单逻辑问题，这是否是在提示哲学家在公休的时候去拜访一下生物化学实验室也许是明智之举。

子黑匣　眼中的瑕疵

在智能设计的讨论中，最大的异议莫过于指出其瑕疵的论点了。简要概括为：如果地球存在一个可以设计生命的智能体，那么它就会有能力把生命创造得毫无瑕疵，而且它会这么做的。这个论点似乎受到一定程度的欢迎。然而，这不过是第欧根尼论点的再现：因为事情并不依我们的意志而发展，因此这就是反对设计论的论据。

这种观点引发了著名科学家和哲学家们的共鸣，并且其中表述尤为清晰的是布朗大学的生物学教授肯尼思·米勒（Kenneth Miller）：

> 另一种应对智能设计论的方法就是仔细检查复杂生物系统有无差错，这一种即使智能设计者都无法做到的事情。因为智能设计开始于一张白纸，故其设计的组织结构一定是能使他们完成任务的最佳设计方案。相反，因为进化只限于完善现有的结构，而它不一定要完美无缺。有这样的机体吗？

> 眼睛，即智能设计的所谓范例，为我们提供了答案。我们已经为这个特殊器官唱过不少赞歌了，但是还没有考虑其设计的具体方面，比如其感光单元中的神经线路。这些分布在视网膜上的感光细胞，通过向一系列互连的细胞间传送脉冲，最终将信息传递到视神经细胞并进入大脑。

> 智能设计者在安排部件的线路时会选择能够产生最高视觉质量的定位。比如说，没有人会建议把神经连接放置在感光细胞前——如果这样就会阻断光线到达感光细胞，而神经连接在视网膜后面才不会有问题。

> 令人难以置信的是，这正是人类视网膜的构造……

> 由于神经线路必须径直穿过视网膜壁才能把感光细胞产生的神经脉冲传递到大脑，所以这就会产生比较严重的瑕疵。其结果就是视网膜上会有盲点——盲点区内数以千计的传递脉冲细胞会把感光细胞挤到一旁……

> 这些无一样能说明眼睛的功能很差。相反它是一个为我们提供优

> 质服务的超棒的视觉器官……智能设计论的关键……不是一个器官或系统运作是否良好，而是其基本结构是否是明显的设计产物。眼睛的结构不是设计的产物。

米勒简洁地表达了一个基本的困惑：智能设计论的关键不在于"基本结构是否明显地出于设计"。本质上相互作用的系统在智能设计上的推论是基于对特定的而且不可简化复杂性的观察而得出的——单独的、适宜的部件进行有序排列后所得到的功能，远胜于任何单独部件本身的功能。尽管我强调要从检验分子系统中取得设计的证据，但还是让我们用米勒的论文作为跳板来检视一下与缺陷论有关的问题。

最基本的问题是，这种理论要求的是尽善尽美。显然，能把设计做得更好的设计者不一定会这样做。例如，在制造业中"内在陈旧性"产品并非少见——故意将产品的使用寿命缩短的原因，就是为了实现取代工程管理的卓越性这一简单的目标。另一个是我本人的例子：我不给孩子们买最好、最贵的玩具，是因为我不愿意把他们惯坏了，我想让他们懂得钱的价值。缺陷论忽略了设计者可能会有多种动机的可能性，工程管理的卓越性往往退居次要位置。历史上大多数人认为生命是设计的产物，尽管还有疾病、死亡，以及其他明显的缺陷。

缺陷论的另一个问题是，它过于依赖对未知设计者的精神分析。然而，除非设计者能具体告诉你其设计的动因，否则你无从知道他真正的打算。这就像一个人走进现代艺术馆，可能会看到一些设计意境极为朦胧的作品（至少对我来说是这样）。让我们感觉很奇怪的设计也许出于设计者的某一个特殊目的——为艺术，为变化，为炫耀，为某种不为人知的实用目的，为一些无法猜测的原因，要不就是根本没什么原因。这些作品或许奇怪，但它们仍然是智能的设计。科学所关注的并不是设计者内在心理状态，而是是否能够识别设计。在讨论其他星球的外星人为什么可能建造我们在地球上所观察的人工结构的时候，物理学家弗里曼·戴森（Freeman Dyson）写道：

> 我没有必要去讨论什么动机问题，诸如谁想做或为什么做这些事情。为什么人类要爆炸氢弹或者发送火箭到月球呢？很难确切地说为什么。

在谈到外星人是否会在其他星球上繁衍生命时，弗朗西斯·克里克（Francis Crick）和莱斯利·奥格尔（Leslie Orgel）写道：

> 对外星人社会心理的了解比不上我们对地球人心理的了解。外星人社会可能影响其他星球的原因或许与我们所猜测的截然不同，这种可能性很大。

两位作者在其著作中由此得出相应的结论，设计即使在不了解设计者动机的情况下也可以识别出来。

接下来的问题是，缺陷论的支持者们经常使用设计者的心理评估作为无向进化的确凿证据。我们可以把这种论证用三段论来表示出来：

1. 设计者本可以把脊椎动物的眼睛设计成无盲点的眼睛。
2. 脊椎动物的眼睛有盲点。
3. 因此眼睛是达尔文进化论的产物。

如此不合逻辑的说法当做推论真是一大创造。科学文献中没有证据表明，自然选择过程中的突变可以产生带盲点的眼睛还是不带盲点的眼睛或是眼睑、晶状体、视网膜、视网膜紫红质或视网膜类的其他部件。支持达尔文主义的辩论者所得出的结论只是基于想当然的情感因素。比较客观的观察者只会做出这样的结论，即脊椎动物的眼睛并不是由一个热衷于缺陷论的设计者设计出来的；外推到其他智能体是不可能的。

肯·米勒（Ken Miller）的文章并非为《读者文摘》（*Reader's Digest*）所写的，而是写给《科技评论》（*Technology Review*）。该杂志的读者群严格来讲都是行家里手，能够运用抽象的科学概念，并且善于从棘手的论据中取得让人信服的结论。米勒向读者提供论点的基础是心理与情感，而不是硬科学。实际情况与他原本打算将智能设计论对阵进化论形成的相对优势截然不同。

黑匣 设计有什么用？

"没有设计者会这样做"的论点的一个子类别需要不同的答案。作者并未说有用的结构不应该有缺陷，而是指出一些特征没有什么明显的用处。常常是这些特征与其他物种的实际特征很类似，因此似乎一时有用，但随之功能尽失。退化器官在此论点中功不可没。例如，进化生物学家道格拉斯·菲秋马（Douglas Futuyma）就引用了"穴居动物退化的眼睛；许多蛇形蜥蜴微小而无用的腿；以及蟒蛇退化了的骨盆"作为进化产生的证据。

既然我是个生物化学家，我还是更乐意用分子来解释此观点。肯·米勒讨论了人体中几种产生不同血红蛋白的基因：

> 这五种复杂的基因是精心设计的产物，还是进化自以为是产生的一系列错误？基因簇本身，更确切地说 β 珠蛋白基因为我们提供了答案。这个基因……与其他五个基因几乎一样。然而，奇怪的是，这个基因……在生产血红蛋白时不起什么作用。生物学家称此类区域为"假基因"，这反映出无论它们与基因何其相似，实际上它们都没有什么作用。

米勒告诉读者，假基因（pseudogene）缺乏向细胞机器的其他部分发出制造蛋白质的正确信号。然后他总结道：

> 智能设计理论无法对起不到作用的假基因的存在进行解释，除非该理论允许设计者去犯严重的错误：比如，在满是垃圾和涂鸦的蓝图上浪费了上百万个 DNA 碱基。相比之下，进化论就可以很容易地进行解释——假基因无非是进化的残余物而已，是在基因组上持续进行随机基因复制的失败实验的产物。

这种论证很难令人信服，原因有三点。第一，因为我们尚未发现某种结构的用途并不意味着它就真的没有用途了。扁桃体曾一度被认为是无用的器官，但在人体免疫系统方面却发现具有重要作用。蟒蛇的骨盆或许有些我们并不知晓的用途。这一点同样适用于分子范畴；血红蛋白中的假基因和其他假基因尽管在制造蛋白质上没什么作用，但是也许它们还有一些至今不为人知的作用。我坐在书桌前突然想到几种可能的用途，包括 DNA 复制时为使其稳定而结合在一起的活性血红蛋白基因、操纵 DNA 重组事件、调节与活性蛋白相关的蛋白因子。这些是不是血红蛋白假基因的功能并不紧要，这里的关键在于米勒的断言只是出于假设。

米勒的论证难以令人信服的第二个原因是，即使假基因没有功能，进化论对其出现的方式也从未做过任何"解释"。即便要得到假复制的基因也需要十几种复杂的蛋白质：把两条 DNA 链分开，在恰当的地方调节复制的结构，将核苷酸连成一线，把假复制插回 DNA 中，等等。米勒的文章既没有告诉我们在达尔文的渐进进化过程中这些功能如何才能出现，也没有指出我们如何能够在科学文献中找到这些信息。他无能为力，因为这些信息无处可寻。

把退化器官当做进化论证据的人们如同道格拉斯·菲秋马一样，也有同样的问题。菲秋马从未解释骨盆或眼睛最初是如何形成的，后来又是如何沦落到退化的器官了，而两者作为有效器官和退化器官都需要给予解释。本人并未标榜对设计或进化了如指掌——远非如此；只是我不能无视设计的证据。比如，我把一封信放进复印机，就会出来十几份复印好的副本和一份上面粘着几块墨迹的副本，除非我有毛病才会把那份带着墨迹的副本当做证据来用，因为这只是复印机的偶然之误。

基于感知的错误或退化的基因及器官而进行的争论就会冒第欧根尼式的风险，他当初认为四季更替就是智能设计的明证。对事物的本来面目进行假设从科学的角度上来讲是极不可靠的。

⟦子黑匣⟧ 很久很久以前

米勒的论证没有切中要害的第三个原因其实很好理解。这是因两种不同观念的混淆所引起的：一是智能设计生命理论；二是地球年轻理论。因为在过去的几十年中，宗教组织强烈地鼓吹这两种观念，大多公众便认为这两个观念有着必然的联系。由于肯尼思·米勒对假基因的论述并不明确，而要得出结论这又是必须的，所以最近才有了设计者不得不制造出生命的这一想法。但这并不是智能设计论的组成部分。即使在对设计何时发生一概不知的情形下也可以得出这样的结论：生命的某些特征是经过设计出来的。一个孩子看到拉什莫尔山的人形脸会立刻想到这些是经过设计的，但她或许并不知道这些人形脸的历史；她所知道的，那些人脸可能在她来之前就已经被设计好了，或许自古以来就有。艺术博物馆可能会展出一座据称是数千年前古埃及制作的青铜猫雕像——经过先进的技术检测后证实为现代仿品。然而，无论出现哪种情况，青铜猫肯定是出自于一个智能体的设计。

我在本书中讨论的不可简化复杂性的生物化学系统可不是近期才"制造"出来的。生物化学系统只需自我检查就完全有可能实现——系统在数十亿年前就设计好了，通过细胞繁殖的正常程序代代相传至今。也许用一个推理的方案能够说明这一点。假设大约40亿年前的设计者设计了第一个细胞，已经包含了我们在此及许多其他场合讨论过的所有不可简化复杂性的生物化学系统。（我们可以假定某系统的设计是留给以后再使用的，如凝血系统出现但并未"打开"。在当今的生物体中有很多基因会被关闭一段时间，有时一连关闭好几代，要等到以后再打开。）此外，假设设计者把细胞放入其他系统，而我们又无法引用足够的证据来得出设计结论。含有设计系统的细胞随后开启了"自动驾驶模式"（autopilot），开始复制、突变、相互吞噬、遭遇危险，并且经历地球上生命所有的变幻莫测。在此过程中，肯·米勒写道，偶尔会出现假基因，某个复杂器官也许变成了失效器官。这些偶然的事件并不意味着最初的生物化学系统不是设计出来的。米勒当做进化论证据的细胞疤及皱纹可能仅仅是年龄的证据而已。

有些简单的想法可能要花费很长的时间才能得到恰当的完善。一种简单的想法如果与外来思想混为一谈，它就会被晾在一边。如果从事物本身出发而不要考虑逻辑上毫不关联的思想，智能设计论就能够轻而易举地对缺陷论进行有力的回击。

复杂的世界

一些生物经过突变和自然选择会产生改良，即进化——这与智能设计理论完全相符。哈佛大学的古生物学家斯蒂芬·杰伊·古尔德（Stephen Jay Gould）对大熊猫的"拇指"进行了大量研究。大熊猫以竹子为生。大熊猫为了剥去竹笋上的竹叶，就会用长在手腕部位的骨隆突夹住竹笋；大熊猫也有正常的五趾。古尔德认为，设计者会赋予大熊猫真正的反生拇指，所以断定大熊猫的拇指是设计的产物。但是，古尔德的断言同样要面对我前面讨论过的问题。他假设的设计者如果那样做了，大熊猫的拇指"应该"是另外一种样子，然后他把那些断言当做是进化论的确凿证据。古尔德从来没用科学的方法来证明他的想法：他没有说明或计算腕骨究竟该多长才会有助于大熊猫取食；他没有去证明利用骨结构的变化影响大熊猫行为变化的必要性；他更没有提到大熊猫没有"拇指"前是如何取食的。除了编故事，他啥也没做。

　　不过，眼下还是让我们把这些问题放一放；我们来假设一下，如果故事真的发生了呢？如果这样，那为何古尔德的大熊猫情况与智能设计论不相符呢？大熊猫的拇指就是一个黑匣子。在大熊猫的拇指形成期间，细胞并不需要新的不可简化的复杂系统的参与，这完全有可能。这是因为，其体内已有的系统——制造肌肉蛋白和神经纤维，生成骨基质蛋白，引发细胞暂时分裂及终止分裂——已经足够了。这些系统完全有可能在偶然事件干扰正常运行模式的情况下足以引起骨突起，而自然选择就会青睐这一变化。只有了解系统的所有部件并且说明该系统是由多个相互作用的部件构成，才能将设计论应用到生物化学或生物系统中去。智能设计论与大熊猫的拇指完全可以和平共处。

　　我们生活在一个复杂的世界里，千奇百怪的事情都可能发生。地质学家判断岩石成因时可能要考虑一系列的因素：雨、风、冰川的运动、苔藓和地衣的活动、火山活动、核爆炸、小行星撞击或是雕塑家所为。一种岩石的形状可能主要由一种结构决定，而另一种岩石的形状则由其他结构决定。发生流星撞击的可能性并不意味着我们就此可以忽略火山本身的因素；雕刻家的存在也并不意味着形状各异的岩石就不是由气候因素所致。同样的，进化生物学家发现生命的进程受到许多因素的影响：共同的血统、自然选择、迁移、人口的规模、始祖效应（有限数量的生物体重新建立新的群体时出现的效应）、遗传漂变（"中性"传播，即非选择性突变的传播）、基因流动（从一个种群到另一个种群的基因转移）、连锁关系（两对等位基因位于一对同源染色体上）、减数分裂驱动（生殖细胞对复制亲本的两个基因之一进行的优先选择）、基因易位（广泛分布的物种间通过无性方式进行的基因转移）等等。有些生物化学系统可能是经过某一个智能体设计的，这并非说明任何其他因素就不起作用了、太一般了或无足轻重了。

科学将做什么?

设计论的发现扩展了人们在诠释生命时必须要考虑的科学因素。了解智能设计对科学的各个分支又会有着什么样的影响呢？与细胞或细胞水平以上的生物打交道的生物学家可以不用太关注设计而继续他们的研究，因为在细胞水平上的生物就像黑匣子，要证明设计的存在真是太难了。因此，在分子科学证明设计对较高水平上的生物确有影响之前，那些耕耘在古生物学领域、比较解剖学、生物地理学及种群遗传学的人们就别指望设计了。当然，设计的可能性将会导致生物领域的研究者在判断某个特定的生物特性是否由另一种机制（如自然选择或易位）所造成时而犹豫不决。有鉴于此，我们应该建立详细的模型以便证明提出的主张：某一个确定的机制产生了一种确定的生物学特性。

与达尔文进化论不同，智能设计论对于现代科学来讲还是全新的理念，因此尚有诸多问题有待解答，大量工作需要面对。对那些与分子水平以上的生物打交道的人们来说，他们面临的挑战是要精确地判断哪些系统是设计出来的，而哪些系统会是其他机制制造出来的。要想获得设计的结论则需要识别分子相互作用系统的组成及其所扮演的角色，并且确定该系统并不是几个可分离系统的复合体。若要做出非设计的有力推定，就需要证明系统并非具有不可简化的复杂性或组件之间并无多少特异性。而在定夺疑似设计时，则必须进行实验性的或理论上的模型探索，由此某个系统或许就会在一种不间断的方式下产生出来，或者能够证明系统的发展必须是间断的。

未来我们可以在几个方向上进行研究。通过工作可以判断设计系统的信息是否能够休眠很长时间，或信息是否要在临近系统开始运作时增加进来。既然最简单合理的设计方案是假定一个单细胞——形成于数十亿年前——已经包含了产生子代有机体的所有信息，那么其他的研究就可以通过计算出编码信息（记住，大部分信息可能不明确）所需要的 DNA 来测试这种方案。研究仅限于 DNA 还是不够的，我们还可以研究一下信息是否会以其他的方式存储于细胞之内，比如说位置的信息。其他的工作可以集中于判断是否较大的复合系统（包含两个或两个以上的不可简化的复杂系统）能够渐进地进化还是具有复杂的不可简化性。

　　以上只是设计论中一些显而易见的问题。毫无疑问，随着越来越多的科学家对设计论兴趣的增加，更多更好的问题就会随之而来。科学领域因为缺少解决棘手问题的可行方案而变得陈旧不堪，智能设计论有望重振这一领域。设计的发现带来的是学术的竞争，这会给专业的科技文献提供更为清晰的分析，而且必须要有过硬的数据做支持。这一理论将激发新的实验方式及原本未经尝试的新假说。严谨的智能设计理论将成为几十年来一直停滞不前的科学领域的一个实用工具。

第11章　科学、哲学、宗教

面临的困境

在过去的 40 余年里，现代生物化学揭开了细胞的秘密。这一进步来之不易，为此，成千上万的人们把他们最美好的年华奉献给了单调乏味的实验室工作。连鞋带都来不及系的研究生们在周六的夜晚依然流连于实验室之中；博士后每周 7 天，每天要工作 14 个小时；为了反复润色拨款申请，教授们顾不上自己的孩子，就是希望能让那些靠大量选民来养活的政客们稍微松松钱袋子——正是这些教授推动着科学研究向前发展。我们现在掌握的有关分子水平上的生命知识是无数次实验的结果：提纯蛋白质、基因克隆、电子显微镜图、细胞培养、结构测定、序列比对、参数变化和调节，发表论文、检查结果、撰写评论、探索死胡同以及开辟新课题，不一而足。

这些日积月累、努力研究细胞的结果——在分子水平上研究生命——最终发出了响亮、清晰、动人心魄的呐喊声"设计"！这一研究成果清晰明了、举足轻重，一定会成为人类历史上最伟大的成就之一，堪比牛顿、爱因斯坦、拉瓦锡（Lavoisier）、薛定谔（Schrödinger）、巴斯德和达尔文。对于生命的智能设计的观察，同观察地球围绕太阳转、疾病是由细菌引起、辐射是以量子形式传播等发现一样重大。以如此巨大的代价、耗费几十年的心血，通过坚持不懈的努力获得的重大胜利，值得世界各地的实验室开启香槟、举杯欢庆；这一科学的巨大成就值得成千上万个喉咙共同呼喊"找到了"！值得我们击掌相庆、欢呼雀跃，或许就此歇上一天。

但是，香槟并没有开启，也无人击掌相庆。恰恰相反，围绕着细胞赤裸裸的复杂性是令人奇异而尴尬的沉默。当这个主题公之于众时，人们

219

开始曳步而行，似乎呼吸都有点困难。人们在私下里稍显轻松；许多人明确承认显而易见的事实，但随后就盯着地面、摇摇头，就此罢休了。

为什么科学界并没有热切地拥抱令其震惊的发现呢？为什么对于设计的观察要披上智能的外衣呢？面临的困境是，大象的一侧标记的是智能设计，而大象的另一侧标记的也许就是上帝。

科学家圈子外的人可能会问一个显而易见的问题：那又会怎么样？世界存在上帝的想法并非不受欢迎——而且远非如此。民意调查显示，超过90%的美国人信仰上帝，有过半的人定期参加宗教仪式。政客们祈求上帝的时间极有规律（经常是在选举期间）。许多足球教练员在比赛前同队员们一起祈祷，音乐家创作赞美诗，艺术家以宗教事件为题材绘画，商会的商人们也聚集在一起祈祷。医院和机场有小教堂，军队和国会聘请牧师。我们国家尊重像马丁·路德·金（Martin Luther King）那样把行动深深根植于对上帝的信仰之中的人。拥有所有这一切的公众肯定，为什么科学让人们接受一个大家所支持的理论竟然如此之难呢？这里有几个原因。首先，我们当中的许多人都易倾向于简单的沙文主义。另外，取决于科学所特有的与历史和哲学的关系。各种原因都以复杂的方式相互作用，现在我们尽量把他们分开一下。

子黑匣 忠诚

献身于追求崇高的人们往往对事业忠贞不渝。例如，一个大学校长会尽其所能地管理好她的学校，因为教育是一项值得尊重的事业。职业军官会努力提高其部门的服务，因为保卫祖国是一个有价值的目标。然而，对某个特定机构的忠诚有时会与该机构的服务宗旨产生利益上的冲突。为了争取头功，陆军军官可能会率部抢先冲进战场，即使审慎的做法可能是让空军先采取行动。大学校长可能会说服本州议员将联邦政府的钱拨给她用作学校的新楼建设，尽管钱花在别的地方也许对教育事业更好一些。

科学是一项崇高的追求，会令人忠心耿耿。科学的目的在于解释物质性的世界———项非常严肃的事业。另外，其他学科（主要是哲学和神学）也参与了对世界的某些部分的解释工作。虽然在大部分的时间里各学科彼此远离，但有时也有冲突。当这种情况发生时，总有一些无私的科学家首先把科学崇尚的宗旨放在自己的学科之前。

学科上的沙文主义的一个很好的例子可以在罗伯特·夏皮罗的《起源：怀疑论者对地球生命创始的指南》一书中看到。这本书可读性很强，夏皮罗对生命起源的科学研究做了非常具有破坏性的批判。他表明了其矢志不渝的忠诚——不是对"解释物质性的世界"这一目标的忠诚，而是他对科学的忠诚：

> 将来会有那么一天告诉我们，所有想证明生命起源的大量化学实验都会明确无误地以失败告终。此外，会有新的地质证据表明地球上的生命是突然出现的。最后，我们会探索宇宙并发现那里根本没有生命的迹象或任何能产生生命的进程。在这种情况下，一些科学家可能会转向宗教寻求答案。然而，包括我自己在内的其他人会尽力从其余不太可能的科学解释中选择一个可能性更大的。

夏皮罗兴致勃勃地说，现在事情看起来并不那么了无指望，而且与他原来写的几乎完全相反。因为他知道不会出现所有的实验都会"明确无误地以失败告终"的那一天，所以可以感到放心了。这就如同尼斯湖怪兽的存在被完全排除的时代永远不会出现一样。并且，深入探索宇宙的时代还远远没有到来。

现在，无偏见的人可能会想，如果最有可能的科学假说也不奏效，那么完全不同的解释就该出现。毕竟，生命的起源是个历史事件——比如说，不像研究癌症的治疗方法，科学家可以不断尝试直到成功。如同夏皮罗希望的那样，或许生命的起源通过无向化学反应就出现不了。然而，对一个不遗余力地进行探索的科学家而言，设计的结论远远不能令其满足。当科学家们想到他们可能永远无法了解创造生命机制的知识时，他们肯定会万分沮丧。不过，我们必须注意，不要因为不喜欢某一理论就对它抱以偏见，从而影响我们对其资料的正确解读。

对某个机构的忠诚无可挑剔，但空洞的忠诚又能说明什么。总之，科学沙文主义对于生命发展理论的影响是一个要考虑的重要社会效应，但最终对智能设计这一主题的知识性来讲，其重要性为零。

子黑匣 历史课

　　科学不愿意对付这个大象的第二个原因来自历史。达尔文进化论甫一提出，科学家就与神学家开始了冲突。尽管许多科学家和神学家认为，达尔文进化论可以与大多数宗教的基本信仰轻松达成和解，但是宣传总是专注于冲突上。达尔文影响巨大的著作出版大约一年后，英国圣公会主教塞缪尔·威尔伯福斯（Samuel Wilberforce）与托马斯·亨利·赫胥黎（Thomas Henry Huxley）的辩论大概就定好了调子。赫胥黎是个科学家，他大力倡导进化论。据说，威尔伯福斯主教是个不错的神学家，但却是个糟糕的生物学家。有一次他在结束演讲时说道："恕我一问，赫胥黎声称他的祖先是只猴子，那他是从他的祖父呢，还是他的祖母那里知道的呢?"赫胥黎轻轻地嘀咕道："是上帝把他交到了我的手上。"之后就接着给观众和那个主教上他那博学的生物课。在阐述结束时，赫胥黎宣称，他不知道是通过祖父还是祖母才与猿搭上关系的，但他宁愿是类人猿的后裔，也不愿作为有着思考和理解天赋却被主教所利用的人。女士们昏倒了，科学家们欢呼起来，记者则赶发头条消息："科学和神学之战。"

　　在美国发生的"斯科普斯进化论审判案"（又称"美国猴子案件"）界定了大众对于科学与神学之间的关系。1925年田纳西州代顿（Dayton）小镇的高中生物教师约翰·斯科普斯（John Scopes），因为违反了先前规定的禁止讲授进化论的州立法律而自愿被捕。此案的辩护人是知名律师克拉伦斯·达罗（Clarence Darrow），控方则是三次竞选总统均告失利的威廉·詹宁斯·布赖恩（William Jennings Bryan），媒体为此蜂拥而至。尽管斯科普斯一方败诉，但对他的判决因技术性问题终被推翻。更重要的是，这种舆论使得宗教与科学之间确立了对抗性的基调。

　　斯科普斯进化论审判案和赫胥黎与威尔伯福斯的辩论是发生在很久以前的事了，但最近的一些事件又使这种冲突愈发恶化。在过去的几十年里，很多人出于宗教的原因，认为地球相对年轻（大约1万多年），并且他们还把这种观念灌输给公立学校的孩子们。这一情况所涉及到的社会和政治因素都比较复杂——其中混杂着一些很激进的话题，且极易引发争议，比如宗教自由、家长权利、政府对教育的管控、州府与联邦的权利等问题——因为争论是关于孩子们的，所以更趋情绪化。

因为地球的年龄可以从实际测量中推算出来，很多科学家就很自然地认为宗教团体已经进入了他们的专业领域，因此要求他们加以解释。当这些人提供了支持地球很年轻的证据时，科学家们却又嫌证据无用而且带着偏见，因此群起而攻之。双方群情激愤，由此种下了相互憎恶的种子。有些憎恶甚至都成了司空见惯的事情了，比如，十几年前成立的一个叫做国家科学教育中心的组织——就在有几个州正要批准有利于上帝神创论的法律时——只要是神创论者对公立学校的政策说三道四，他们就开始予以反击。

这些冲突一直波及至今。1990 年，《科学美国人》杂志邀请一位叫福里斯特·米姆斯（Forrest Mims）的科普作家为其"业余科学家"专栏写几篇文章。"业余科学家"专栏探讨的话题包括测量闪电的长度、建造便携式太阳能观测站、制造可以记录地球运动的家庭测震仪，以及为科学爱好者设立的类似娱乐项目。双方谈好，一旦编辑和读者都喜欢这个栏目，米姆斯就会被聘为永久作家。该栏目试刊顺利，可就在米姆斯来到纽约进行最后一次面谈时，他被问及是否相信进化论时，米姆斯说：哦，不，他相信圣经上说的神创论。

该杂志拒绝聘用他。《科学美国人》担心，员工中有个神创论者会损害其在科学家当中的声誉，即便米姆斯本人很胜任，而且他也没有打算写有关进化论的文章。毫无疑问，影片《向上帝挑战》（*Inherit the Wind*）的场景（电影大致基于斯科普斯进化论审判案）和神创论者与其政治对手间的论战片段，一定闪现在了杂志编辑的脑海中。这种像米姆斯事件被广为报道的小冲突——尽管这些与地球上的生命究竟如何而来的知识争议没有直接关系——为科学与宗教间的历史冲突火上浇油，这使很多人不得不去想他必须站在其中的一个阵营里才行。

科学家与宗教团体发生冲突的历史事件并非虚构，是人们真实情感的表现。这些事情的发生让一些善意的人们认识到，双方不要坚守火药味十足的状态，而应该保持友善的态度。然而，如同科学沙文主义，历史冲突对于现实中科学理解生命进化的重要性基本上等于零。我不会天真地认为在评估生物化学的发现时丝毫没有历史的影响，但它们应该最大程度地摆脱历史的影子。

与沙文主义和以往的论点不同，哲学论点追求的是从根本上改变智能设计论；它们凭理智来影响问题，而非情感。这里边涉及几个不同的哲学问题，让我们来看一下。

子黑匣 规则

理查德·迪克森（Richard Dickerson）是一位杰出的生物化学家。作为美国国家科学院精英团队中的一名院士，他致力于 X 射线蛋白质和 DNA 晶体学的研究。他与助手们在实验室中为我们更好地理解生命的分子结构做出了显著的贡献。迪克森在美国并非是最杰出的科学家，他的贡献也不是最耀眼的，然而，他在许多方面都是一个献身科学的典范。在他所从事的专业中他是这样一种人，就是在成千上万名研究生的心目中那种夜以继日在实验室里工作，并梦想着有朝一日也会成为科学界备受尊重的那种人。

迪克森所发表的观点，准确地捕捉到了许多科学家对于宗教世界的看法。几年前，迪克森写过一篇文章，总结了科学与宗教相对比的一些看法，并将文章同时发表在《分子进化杂志》（一本非宗教性的科学杂志）及《科学与基督教信仰观点》（*Perspectives on Science and Christian Faith*，一本由美国科学联合会出版的杂志，该组织的科学家也是福音派基督徒）。所以结论是，迪克森不仅仅是把他的言论说给那些支持他的人听的，他也是在坦诚地向那些在观点上有分歧的人们表达他所认为的合理且有说服力的观点。由于与大多数科学家的观点一致，迪克森的文章为考虑如何使智能设计理论与科学相适应上制造了一个有用的跳板。

从根本上说，科学就是一种游戏。它是一种否定并重新定义规则的游戏：

规则 1：让我们来看看，在没有超自然力介入的情况下，就纯粹的物理和材料而言，我们要达到什么样的广度和深度才能解释物质世界的行为。

运筹学对超自然力的存在与否不持立场；它唯一的要求就是在科

学的解释中不要借助自然力这个因素。特意把所谓的奇迹当做解释来用无异于知识上的"作弊"行为。一方棋手完全能够亲手从棋盘上拿走对方的王并在中盘取胜，但这并不能帮他成为国际象棋冠军，因为他没有遵守规则。运动员可能想横穿过一个椭圆形的跑道抄近道先于跑得更快的对手越过终点线，但他克制了自己没有这样做，因为根据比赛规则，他是不会"获胜"的。

让我们把迪克森的规则换一种说法表达：科学只能借助于自然因素，并且只能参照自然规律来解释。[29]新的阐述明确了"我们来看看要达到什么样的广度和深度才能解释"这句话所暗示的内容。

迪克森随后在他的文章中并未表明超自然力对自然界有什么影响的科学证据（关注超自然力定义的人可将其替换为"高智商"）。相反，他认为，原则上科学不应借助于任何超自然力。其言外之意很清楚，那就是不管超自然力真假与否都不应该借用。我们在评论迪克森的观点时往往会联想到他是美国科学协会的会员，所以他是信仰上帝的。此外，他没有任何先验的理由认为自然之外什么也不会存在。然而，他却认为用超自然力来解释自然事件是不够科学的。

（顺便说一下，相信上帝或超自然现实的科学家比大众媒体所报道的更为普遍——这也难怪科学家相信上帝的比例与90%的老百姓相信上帝的比例也差不了多少。肯·米勒，我在上一章讨论过他的缺陷论，同我一样是个罗马天主教徒。他在公开演讲中指出，进化论的观点与他的宗教观点是完全相容的。我同意他的观点，二者是兼容的。[30]但是相容与否却与科学对达尔文生化系统的进化是否真实的质疑毫无关系。）

需要注意的是，迪克森的观点本身并不科学——它并非在实验室经过实验才发现的；它也不是通过试管混合取得的化学品；它更不是一个经过验证的假说。相反，它是哲学。它或许是不错的哲学，或许不是。我们来仔细看一看。

大多数人听到"从根本上说，科学就是一种游戏"这样的说法都会感到惊讶。而每年为科学提供高达几十亿美元资金之多的纳税人也惊异于此就不足为怪了。纳税人可能以为他们花费这些钱是为了找到治愈癌症、艾滋病、心脏病的药物或医治方法。老百姓关注的是自己患了病或年岁大了得了病，科学能否治愈这些疾病，而不是去玩与现实毫不相干的游戏。我不敢肯定达尔文、牛顿或爱因斯坦是否对科学的看法也是这样。科学巨人的动力是渴望了解真实的世界，而且一些科学家（比如伽利略）为其追求的知识付出了代价。对于学生来讲，理科教科书并未把科学展现成一种游戏，而是作为一种对真理的崇高追求。大多数人，从普通的纳税人到杰出的科学家，更多地认为科学不是什么游戏，而是对物质世界进行正确表述的一种不懈追求。

即使是走马观花地看一眼，科学是一种游戏的说法也站不住脚。稍加推敲就不会有人再把它当回事儿。假如理查德·迪克森辩解他的说法时面对的是一群心存疑虑的观众，他自己很可能会马上收回他的说法。显然迪克森是别有所指。也许他的意思是说，科学像游戏一样是一项受规则限制的活动。其他严肃的活动，如刑事审判和政治运动，也是受规则限制的活动。科学也是吗？如果是这样的话，那规则又是什么呢？

我们来集中看一下第二个问题。迪克森只提到了一个规则，即把超自然力排除在外的规则。那么他是从哪里找到的呢？是写在教科书里的吗？是科学界的内部资料里找到的吗？不是，当然不是。你可以翻遍美国各个大学使用的所有教科书，你不会找到"否定并重新定义的规则"。你也不会发现什么科学活动禁令之类的规定（除了一些安全条例、诚信劝勉，等等）。

尽管如此，我们还是要问，迪克森的规则还有何用处呢？这个规则告诉我们哪些课题超出了科学范畴以外了吗？他是否给了我们一些分辨真假科学的指导了？他又是否为我们提供了一个科学的定义？对于所有这些问题的答案都是否定的。几年前，有一篇诺贝尔奖得主的文章发表在著名的科学杂志上，该文章就人类繁殖策略的进化因素对有些人放弃生育而去帮助别人的这种做法的合理性进行了分析（比如说，德肋撒［Teresa］修女一生都在帮助别人）。这样的"科学"并不违背迪克森的规则。迪克森的"否定并重新定义的规则"恰巧很适宜谁都不相信的19世纪的颅相学（phrenology，从头骨形状判断人的智力和性格）。针对马克思主义和弗洛伊德学说的合法性，无论就其历史的和理念的"科学"性哪个方面来说，迪克森的规则都给不出什么指导意见。如果把蚂蟥放在病人身上或是给病人放血就会退烧，这条规则也无法帮助我们预先判断这种做法到底管不管用。如此看来，按照迪克森的规则，很多事情都可以冠以"科学"的名义，只要运用的是物质力量，不管它是否清晰可辨或捉摸不定。

事实上，迪克森的规则更像是一句行业口头禅，就像"顾客总是对的"或"位置，位置，还是位置"。这是老一辈专业人士的法宝，他们觉得行之有效，希望将其中蕴含的某些智慧传递给年轻一代。迪克森规则的背后呈现出北欧海盗和女巫的模糊形象，前者将电闪雷鸣视为上帝的杰作，而后者竭力驱逐病人身上邪恶的病魔。与现代科学较近的艾萨克·牛顿让我们记忆犹新，他自认为上帝偶尔也会插手干预一下以稳定太阳系。令人焦虑的是，如果允许超自然力作为解释，那么就会一发不可收拾，就会被频繁地用来解释很多在现实中本来有其自然解释的事物。这难道不令人恐惧吗？

人类的行为捉摸不定，不过在我看来，对超自然力会在学术界遍地开花的恐惧就有些夸大其词了。如果学生来我的办公室说，死亡天使把她的菌株都杀死了，我是不会相信的。《生物化学杂志》不太可能为酶活性的精神调节开设一个新板块。在过去的500年里，科学家们了解到，宇宙在绝大多数时候运行很有规律，这一朴素的规律加上可预测的运行状况，解释了大多数自然现象。科学史家强调，科学产生于欧洲中世纪的宗教文化，在其宗教传统中，理性的上帝创造了一个合理的、易于理解的、由定律约束的宇宙。科学和宗教都期望世界能够永远按照一成不变的万有引力定律运转。

当然也有例外。有时候必须援引一些独特的历史事件来解释某一影响。化石记录表明，大约6 000万年以前，恐龙是在一个短暂的地质时期内完全灭绝的。一种理论对此的解释是，一颗巨大的流星撞击了地球，使大气中充满了尘埃云，这可能导致了大量植物的死亡并且破坏了食物链。一些间接的证据支持了这种假说，因为在地球上很少发现铱元素，但在流星中却很常见，从那时起铱元素的含量在岩石中却升高了。许多科学家接受了这一假说。尽管如此，还不能急于把流星想当然地当做事物的起因。没有人说流星造就了大峡谷或导致了北美洲马匹的灭绝，没有人说流星中细微的尘埃引发了哮喘，也没有人说流星引起了龙卷风。流星导致恐龙灭绝的假说是建立在这个特定历史事件的物证之上做出的。如果流星能够用来解释其他历史事件，那么我们有理由相信，证据也要按照具体情况具体评估的方式进行。

同样，智能体参与生命或其他历史事件发展的假说也必须按照具体情况具体评估的方式进行。正如在第9章中指出的那样，对一些生物化学系统来说证据非常明显，而对另外一些生物化学系统则查无踪影。如果哪位科学家提出智能介入某一事件中的假说，那么他（或她）就有责任用可观察到的证据来支持其主张。科学界不会那么脆弱，合理的怀疑不会变成轻信。

迪克森的文章涉及的另一个问题是"科学方法"。先提出假说，再仔细测试，然后验证其可复制性——所有这些都很符合科学性。但是如何对智能设计者进行测试呢？可以把设计者放进试管里吗？不能，当然不能，已灭绝的共同祖先也不能被放进试管中。问题是，每当科学设法去解释一个独特的历史事件时，仔细测试和可复制性按照定义来说都是不可能进行的。科学能够研究当代彗星的运动，测试描述彗星运动的牛顿运动定律，但是科学却永远无法研究几百万年前那个曾经撞击过地球的彗星。然而，科学可以观察彗星对现代地球历久犹存的影响。同样，科学也可以发现设计者给生命所带来的影响。

我想对理查德·迪克森的观点讲上最后一点，虽然他本人并无此意，但其提出的规则却是一个胆怯的药方。它总是把科学局限于雷同的境地，而不允许任何完全不同的解释；它把现实看得过于狭隘，而宇宙是不会那么地狭隘的。宇宙的起源和生命的进化是带来巨量意识体的物理基础。没有任何先验的理由认为，要用解释其他物理事件的同样方式来解释这些基本事件。科学不是游戏，我们的科学家们不要囿于人为的规则，而应追随物理证据的指引，无论它在何方。

不信神灵

科学不愿意接受智能设计论的第四个有力的理由是基于哲学方面的考虑。很多人，包括许多重要的和广受尊敬的科学家，只是不想让任何超出自然以外的东西存在。无论超自然的事物曾经发生得多么短暂或者相互之间的作用多么富有建设性，他们都不想让这种超自然的因素影响自然。换句话说，如同年轻地球理论的创世论者们，他们把先验哲学的承诺带入科学当中，这就制约了他们可以接受的关于物理世界的种种解释。有时这会导致极为怪异的行为。

仅仅约70年前，大多数科学家还认为宇宙的年龄和大小是无限的。不但古代希腊哲学家持此观点，形形色色的宗教团体和那些认为除了自然什么也不存在的人也如出一辙。相反，犹太教以及后来的基督教认为宇宙是实时创造的，而且不是永恒的。这些人当中几乎没有什么科学家，所以早期的犹太人没能找出什么证据来支持宇宙有限性这种说法。而在中世纪，著名的神学家托马斯·阿奎那（Thomas Aquinas）说他只有通过信仰才可能知道宇宙的开端。但随着时光的流逝，到了20世纪初，爱因斯坦发现，他的广义相对论预言了宇宙是不稳定的：要么会膨胀，要么会坍缩，但不会保持静止。爱因斯坦憎恶这样的一个宇宙，他后来承认，他职业生涯中的最大错误是在其方程中插入了一个"修正系数"（即Λ，拉姆达值），就是专门为了让它能预言宇宙是静止的和永恒的。

就像父母和老师常说的那样，骗子永远不会成功。不久后，天文学家埃德温·哈勃（Edwin Hubble）观测到，无论他把望远镜对准天空的任何地方，恒星似乎都在远离地球。（其实他并没有看到恒星在移动。相反，他所推断出的移动现象称为"多普勒频移"，即远离观察者的恒星发出比波长稍长的光线——恒星运动速度越高，波长的变化越大。）此外，恒星后退的速度是和它们与地球的距离成正比。这一首次观测到的证据表明，爱因斯坦并非捏造的方程在预测宇宙膨胀的问题上是正确的。不过，这并未使任何火箭科学家（虽然不在少数）在思想上改变对宇宙膨胀的看法，其结论是：在过去的某一时间，宇宙中所有的物质都集中到一个很小的空间。这就是大爆炸假说的开始。

对许多人来说，大爆炸的观念带有超自然事件的色彩——创世，宇宙的开端。著名物理学家亚瑟·斯坦利·爱丁顿（A. S. Eddington）表达了他对这种观念的极度厌恶，这也许代表了许多人：

> 从哲学的角度来讲，我对当今大自然形成的秩序是突然产生的这种观念非常反感，我想大多数人也会如此；甚至那些接受造物主干预证据的人或许也会认为，在某个遥远的时代，宇宙突然的消失并不是上帝与他心满意足世界之间真正所要的那种关系。

尽管宇宙大爆炸与宗教有些瓜葛，但它不失为一个科学的理论，因为它是从观测数据中自然而然产生出来的，而不是从《圣经》或先验幻象中得出的。大多数物理学家采用了大爆炸理论并相应安排其研究项目。在他们之前，像爱因斯坦这样的少数几个科学家就不喜欢这种夹杂科学以外因素的理论，他们更愿另辟蹊径。

20 世纪中叶，英国天文学家弗雷德·霍伊尔（Fred Hoyle）是另一种宇宙理论的捍卫者，该理论叫做稳恒态理论。霍伊尔提出宇宙是无限的和永恒的，并且还认同宇宙在膨胀的观点。因为宇宙在无限的时间中一直在膨胀，因此变得无限稀薄，尽管一开始时宇宙拥有无限的物质，霍伊尔不得不解释为什么我们现在的宇宙是相对密集的。这位知名科学家提出，新物质在外太空的空间不断产生，产生速度达到每年约每立方英里（1.609立方千米）一个氢原子。现在必须强调的是，霍伊尔所提出的氢是从无中创生，物质按照所需的速度跃然而出。既然霍伊尔并没有什么观测的证据来支持他的理论，那他为什么还提出来呢？原来，霍伊尔跟爱丁顿一样，认为大爆炸包含了太多超自然力的因素，因而对此十分反感。

霍伊尔的稳恒态理论常常难以解释天文学上的很多观测证据。20 世纪60 年代，天文学家彭齐亚斯（Penzias）和威尔逊（Wilson）终于用他们观测到的宇宙背景辐射把霍伊尔的稳恒态理论从痛苦中解脱出来。他们发现来自各个方向的微波冲击地球时在强度上具有惊人的一致性。这种背景辐射被推测为宇宙大爆炸的一个间接结果。宇宙背景辐射的发现无论过去还是现在，依然被看做是宇宙大爆炸理论至高无上的荣耀。

不可否认，大爆炸理论一直是宇宙卓有成效的物理模型，尽管还存在很多问题（在基础科学中难以避免），比如这个模型只是依据观测数据。像爱因斯坦、爱丁顿和霍伊尔这样一些科学家为了抵制那种从数据中自然形成的科学理论，他们辗转腾挪就是因为不愿被迫接受那些令其不快的哲学或神学结论。他们不甘于此，因为他们有其他的选择。

子黑匣 别约束我

宇宙大爆炸模型的成功与其宗教色彩没什么关系。它似乎同犹太教和基督教有关宇宙起源的信条一致；同时，它似乎与其他宗教有关宇宙是永恒的观点又不太一致。这个理论是参照观测数据来进行论证的，如宇宙的膨胀，而不是引经据典。该模型直接来自于观测证据；它并非是强求一致的宗教信条。

　　同时也应该看到，尽管大爆炸理论与宗教观点有些暧昧，但它并非一味强求这种宗教信条。谁也没要求你非要用逻辑推理的方法单凭科学观测和理论就得出某一超自然的结论。这种做法最初见于爱因斯坦和霍伊尔试图想出替代的模型之上，模型既要符合观测数据又要避免对于宇宙开端令人不快的想法。当稳恒态理论最终被扫地出门后，其他理论随即涌现，这样就可以挣脱最开始时的哲学羁绊。最普遍的学说就是循环宇宙论：宇宙从大爆炸开始，然后逐渐膨胀，最终会减慢下来，在引力的作用下所有的物质都会在"大挤压"下再次坍塌。那里接下来也许会发生另一场大爆炸，这种无休止的循环往复使得宇宙重新回到无限时间的自然状态。有趣的是（虽然与科学无关）循环宇宙的观念与许多宗教信条有些相符，这其中包括古埃及人的、阿兹台克人的（Aztecs，墨西哥原始居民）、印度人的。

　　如今循环宇宙的观念似乎已不再受物理学的推崇了。人们已经观察到没有足够的物质则会引起未来的引力坍缩——即使这样的物质存在，计算表明，逐次循环也会变得越来越长，最后的结局则是无收缩宇宙。但即使没人相信这个观点，还有比大爆炸理论更易让人接受的其他的想法。最近有一个提法，实际的宇宙比我们所观察到的要巨大得多，我们看到的那部分宇宙在浩瀚无垠的宇宙空间里仅仅是一个"气泡"而已。物理学家斯蒂芬·霍金提出，如果在他的数学模型中，他称之为"虚时间"（imaginary time）的东西确实存在，尽管宇宙是有限的，它也不会有开端。另一个提法是，无限多的宇宙存在着，而我们发现自己恰巧拥有生存所必需的最基本条件。这个提法以"人择原理"（anthropic principle）的名称而广为人知。人择原理从本质上讲就是，许许多多的（或无限多的）宇宙按照不同的物理法则存在着，只有那些条件适合生命存在的才能真正产生生命，也许还包括有意识的观察者。所以也许有无数贫瘠的宇宙在某处存在着；我们就生活在这无数的宇宙当中，同时也是第一个这样的宇宙，因为它具有适合生命存在的物理性质。

　　人择原理把大多数人给弄糊涂了，或许是因为大家搞不清我们把所有其他宇宙置于何方了。不过，还有其他一些提法可以让依旧不想借助超自然力的人们来参考一下。量子物理学认为，被称为"虚粒子"（virtual particles）的微观物质通过借助周围的能量而出现（周围被混称为"真空"［vacuum］，尽管物理学家不用这个词来表示"空虚"［nothing］）。有些物理学家又把这种观点稍微发挥了一下，提出整个宇宙的出现并非从周围而生，而是从无到有——"从无到有的量子波动"——而且没有理由。这表明，相比当年弗雷德·霍伊尔审慎地提出氢原子是偶然自行出现的产物，有些科学家太异想天开了。

目前尚无人做过任何实验来证实气泡宇宙观、虚时间、无限人择宇宙（zillion anthropic universes）。的确，从原则上来讲似乎没有哪种实验能够检测这些观点。因为它们或它们的作用是不可观测的，那么它们就是形而上学的假设，也就是说无可否认的超自然存在要比任何实验研究更能让人接受。这些观点对科学没什么帮助，唯一的用处就是权当摆脱超自然的一个出路。

上述讨论的要点是，即使大爆炸假说乍看可能支持某一个宗教思想，但是还没有一个科学理论可以完全通过逻辑推理的力量迫使人们相信纯粹的宗教信仰。因此，为了解释宇宙，你可以假设任何观测不到的东西，就如同前边提到那些理论一样，比如关于存在无限多的宇宙的理论，还有我们仅仅是在一个更大的宇宙气泡里的理论。或者，你可以怀抱这样的希望，就是有些理论现在看起来没什么道理，如稳恒态理论或振荡宇宙理论，那么明天经过重新计算或者采用新的测量方法可能看起来就有道理的理论。或者你还可以干脆抛弃因果原理，就像有人曾在某些理论中提出宇宙形成是理所当然的那样。其他一些人可能会认为这样的想法很轻率；然而，这并不违背观测证据。

外星人与时间旅行者

说宇宙开始于大爆炸是一回事，而说生命是由智能设计的则是另外一回事。"大爆炸"这个词本身只是唤起人们对爆炸情景的想象，但不一定是让你联想到是否是人为。而"智能设计"这个词则显得更加急迫地让你想到谁可能是设计者的问题。这个理论会不会让那些以哲学思想反对超自然的人们感到痛苦呢？不会的，人们多虑了。

无论以什么标准来衡量，弗朗西斯·哈里·康普顿·克里克爵士（Sir Francis H. C. Crick）都是一个聪明人。40 年前，仍是个研究生的克里克在剑桥大学和詹姆斯·沃森用 X 射线晶体学数据推断出了 DNA 的双螺旋结构，后来他们因此成就获得了诺贝尔生理及医学奖。克里克后续的贡献还有，阐明了遗传密码以及提出了引起争论的有关大脑功能的概念性问题。在他70多岁的时候，他比我们这些大多正值春秋鼎盛的人们更快地推动了科学的进一步发展。

弗朗西斯·克里克还认为，另一个星球的外星人向地球发送了带有孢子的火箭飞船，并将孢子散播到地球上，如此地球的生命才得以开始。这不是什么天方夜谭的想法；克里克与化学家莱斯利·奥格尔于1973年在一篇题为"定向胚种论"（Directed Panspermia，又称定向泛种论）的文章中首次提出了这一观点，那本专业的科学杂志叫《伊卡洛斯》（Icarus）。10年后，克里克又写了《生命本身》（Life Itself）一书，重申了他的理论；1992年，在他即将出版新书的前夕，他接受《科学美国人》采访时再次重申其理论的合理性。

克里克赞同这种非正统观点的主要原因，是因为他判断生命并非直接的起源是一个几乎不可逾越的障碍，他不过需要一个自然主义的解释。对我们现在的人来说，克里克的想法当中最有趣的部分是外星人的角色，他猜测是这些外星人把太空细菌散播到了地球。但他可以用尽可能多的证据来说明，外星人设计了不可简化的复杂生物化学系统并将系统送到了这里，这些设计好的不可简化的复杂系统后来得以在地球发展起来。唯一的区别是外星人构建生命的基础不同，而克里克原来的推测是外星人只是把生命送到了这里。这并非是非常大的飞跃，但是，要说一个能够发射火箭到其他星球的文明或许也能够设计出生命——特别是如果文明从来没有被注意过。我们可以说设计生命并不一定需要超自然力；相反，它需要极高的智慧。如果一个研究生在目前地球上的实验室中能够计划和创造一种可以绑定氧的人造蛋白质，那么从逻辑上讲，另一个世界的先进文明也就可能从头开始设计出人造细胞。

在此情况下仍然留下了悬而未决的问题：谁设计了设计者？生命最初是如何起源的？哲学的自然主义者现在陷入困境了吗？同样要说，没有。打消关于谁设计了设计者的疑问有几种方法。它可以通过调用观察到的实体：也许原始生命与我们完全不一样，由脉动电场或气体组成；也许它不需要不可简化的复杂性结构来维系。另一种可能性是时间旅行，近年来专业物理学家早已明明白白地提出了。《科学美国人》1994年3月刊告诉读者：

（时间旅行）根本谈不上是逻辑上的谬论……把这种尝试搬到早期的生命之中去从理论上讲其可能性是基本物理学原理的必然结果。

这样说来，也许未来的生物化学家会把细胞发送回早期的地球，这些细胞是我们现在所看到的包含不可简化的复杂性结构的信息。在这种情况下，人类就可以成为他们自己的外星人、他们自己的先进文明。当然，时间旅行也会导致明显自相矛盾的事情（比如出现还没有后代的孙子射击其父辈的情况），但至少有一些物理学家愿意准备接受它们。像我一样，大多数人会觉得这些假想完全不令人满意，然而对那些不愿与神学有瓜葛的人来讲，这不失为一种选择。

在《盲眼钟表匠》中，理查德·道金斯告诉他的读者，即便圣母马利亚的雕像向他们挥手，他们也不能就此说他们目睹了一个奇迹。也许所有雕像的胳膊恰巧朝一个方向移动，这种概率肯定很低，但却是可能的。大多数看见雕像复活了的人会告诉道金斯，天地间有他在哲学的梦境中见所未见的更多的事情，但这些人还是没能把他拉进英格兰圣公会。

各得其所

他们也不该这么做。从非常现实的意义上讲，科学与哲学及宗教界本来就应该各行其是。每个人都有他或她自己对现有信息的判断力，在大多数情况下，对此会与其他人的看法基本一致。在很大程度上，有不同哲学和神学倾向的人也可以在某些科学理论上达成共识以便准备相关数据（即使有些理论最终不正确），如引力、板块构造论、进化论等。以现实为基础的哲学基本原则、从哲学中获得的神学原则、无原则、历史经验，这些从本质上来讲都是个人的选择。无论男女都应该自由自在地去探求真善美。

拒绝给他人确信不已的信仰以广阔的空间，会导致一次又一次的灾难。每当我觉得找到真理的时候偏执就不会出现。相反，只有当我觉得找到了真理别人就应认同的时候，偏执才会出现。理查德·道金斯曾写道，任何否认进化论的人不是"无知、愚蠢，就是疯狂（也可说恶毒，但我不愿这样想）"。制止别人的所谓恶毒，这并非什么明智之举。《自然》杂志的编辑、著名物理学家约翰·马多克斯（John Maddox）在其刊物中写道：

"宗教行为被看做是反科学的时候已为时不远了。"哲学家丹尼尔·丹尼特在他的新书《达尔文的危险想法》中把宗教信徒（90%的人口）比做是应该关进笼子里的野兽；而且他还说，他非常清楚应该防止父母（大概是强迫）误导孩子们有关进化论的真相。这不是一剂让家庭安宁的良方。用辩论的方式去说服别人是一回事儿；而胁迫与你观点相左的人则迥然不同。随着科学证据的分量急剧变化，这一点应牢记于心。理查德·道金斯说，达尔文可以使人成为一个"在精神上自慰的无神论者"。达尔文理论在分子层面上的失败可能会使他感觉不那么称心如意，但是没有人可以阻止他一往无前的探索。

科学界许多优秀的科学家认为，确实存在一些超自然的东西，而有些科学家并不认可。那么，科学对设计者的身份问题又持何种"官方"态度呢？是否一定要让生物化学教科书明确写上"上帝创造了人类"？否。科学只会忽略设计者的身份问题。科学史充满着基本却难回答问题的例子，这些例子已被束之高阁。例如，牛顿拒绝解释重力是什么引起的，达尔文对于视觉或生命的起源未给任何解释，麦克斯韦（Maxwell）在以太被揭穿后而拒绝说明光波的媒介为何，而宇宙论者通常都不去理会大爆炸的起因问题。尽管在细胞的生物化学成分中很容易发现设计的存在，但用科学的方法来确定设计者却是难上加难。同样，牛顿很容易地观察到了重力，但要指定其原因那是未来几个世纪的事了。当科学一时难以应对某个棘手的问题时，就应该高高兴兴地把它忘记，去接手那些更容易的问题进行研究。当哲学和神学同时对某个问题要放手一搏时，我们作为科学家应该祝福他们，但是在科学有更多观点补充的时候，我们保留回过头来进行对话的权利。

黑匣子 越来越好奇

科学难以接受智能设计论的理由是站不住脚的，要知道设计论是经过长期艰苦努力才得出的。科学沙文主义是一种可以理解的情绪，但它不应该影响严肃的学术问题。宗教与科学之间的历史冲突令人遗憾，同时导致了广泛的不良情绪。然而，遗留下来的怒火不是进行科学判断的基础。有神论者发起的哲学争论——科学应该摈弃带有超自然色彩的理论——人为地限制了科学。他们恐惧超自然力的解释会压倒科学，这是毫无根据的。此外，大爆炸理论的例子表明，受到超自然力影响的科学理论是富有成效的。有些人坚守其自然之外别无存在的哲学信念，但这绝不应该去干涉那种通过观察到的科学数据而自然形成的理论。人们摈弃超自然的权利应真心给予尊重，可是他们的反感情绪却不会有什么决定性的意义。

在我们接近本书的结尾时，我们并没有什么实质性的论点可以反驳那个让人感觉奇怪的结论：生命是由某个智能体设计出来的。不过在某种程度上，科学在过去几百年里的所有进步正是朝着这个奇怪的结论稳步前进。直到中世纪，人们都生活在一个自然的世界里。稳定的地球曾是万物的中心；太阳、月亮和星星永无休止地转动并放出光芒，不舍昼夜；相同的植物与动物亘古未变；神授王权执掌朝政。惊奇之事并不多。

后来有人"荒谬地"提出，地球围绕太阳转动时本身也在自转。谁也没感觉到地球在自转；谁也没看到它在转动，但它确实在自转。从现代的角度来看，我们很难体会到当年哥白尼和伽利略要为他们犯下的观念性"罪行"承受什么样的攻击；他们说，实际上，人们可以完全无须亲眼所见就可以获取证据。

多年以来事情每况愈下。化石的发现已明显地说明，田野与森林中那些熟悉的动物也不一定就在地球上；巨大的外星生物曾经居住在这个世界，现在走了。过了一段时间，达尔文提出的观点震撼了世界：人们熟悉的生物种群源自于奇异的、已灭绝的生命之中，经过了人类无法理解的相当漫长的时间。爱因斯坦告诉我们，空间是弯曲的，时间是相对的。现代物理学认为，固体物质大部分是空虚的，亚原子粒子没有确切的位置，宇宙有一个开端。

现在轮到最主要的生命科学——现代生物化学——彻底革命的时候了。曾几何时，人们期望生命的基础是那么的简单，而这已被证明不过是个幻影；相反，令人吃惊的、不可简化的复杂性系统中寄居了大量细胞。由此人们意识到生命是由某个智能体设计出来的，这给20世纪的人们一个冲击，因为大家已经习惯地认为生命是简单的自然法则的结果。每个世纪都有各自的冲击事件，我们没有理由去回避它们。当天际的中心从地球转向太阳之外，当生命的历史扩展涵盖到灭绝已久的爬行动物，当永恒的宇宙被证实最终会消亡，这一切人类都承受住了。达尔文的黑匣子在打开之际，我们也一定能承受。

后记：十年之后

子黑匣 **正如我所言**

"现在轮到最主要的生命科学——现代生物化学——彻底革命的时候了。"在标题下面加上注释：口下留情、夸大其词（Big）的说法。当十年前我在《达尔文的黑匣子》一书的结语中写下这句话的时候，我一点都没有想到，智能设计（ID）[31]这个概念竟然会让一些人如此不安。今天，不管是科学团体还是报纸社论，几乎每周都对此提出新的批评，我要宣布已经取得胜利似乎是多少有些不成熟的表现。然而，在《达尔文的黑匣子》一书出版十余年之后，虽然反对派们仍然不断在媒体上展现他们的"文化活力"，但是支持智能设计的科学论据比以往更为充分。尽管从那时到现在，生物化学已经取得了巨大的进步，尽管像《纽约时报》、《自然》、《今日基督教》（*Christianity Today*）、《科学哲学》（*Philosophy of Science*）以及《高等教育编年史》（*Chronicle of Higher Education*）等多家报刊杂志针对这一问题发表了数以百计的试探性评论文章，尽管一些最顶尖的科学家对此表示了坚决的反对态度，本书对设计的论据仍然站得住脚。如果再写一次，除了在"致谢"部分中要加上我的孩子们的名字（多米尼克、海伦和杰拉德）外，我对本书的原文几乎不会做出任何修改。

然而，还是有许多可以加进去的内容。对于现代科学来说，十年就是一个"无限长的世代"（Eon）。打个比方，想想因特网发展的速度有多快。在20世纪90年代中期，人们还不习惯使用电子邮件，网络还只处于雏形状态。在同一时期内，从某些角度来衡量，生物化学取得的进步和因特网一样大。十三四年前（即1995年），自由生命有机体（一种被称为流感嗜血杆菌的微小细菌）的第一组基因组序列才刚刚被人们发现。真核细胞

237

（酿酒酵母）的第一个基因组序列在第二年又被人们发现。现在人们已经描绘了数以百计的基因组序列，大部分是单细胞动物，包括致命的疟原虫在内，以及它的多细胞"同伙"蚊子，还有大米这种主要的粮食作物，人类最好的朋友狗类，以及人类最近的亲戚黑猩猩。当然，也包括人类自己的基因组。2000 年，美国总统克林顿（Clinton）和英国首相托尼·布莱尔（Tony Blair）大张旗鼓地共同宣布了这一工作的完成。

除了绘制基因组工作取得的成绩外，人类对生命机器工作方式的认识也取得了进步。现在我们知道，细胞中的大部分蛋白质是以 6 个或以上数量形成团队共同工作的，而不是单打独斗。十年前，基因活性的调节被认为仅仅是蛋白质的任务。现在，一种新的、人类不曾想象过的、叫做微 RNA（micro RNAs，即小分子 RNA）的核酸种类已经获得了发现，它可以帮助控制许多基因。在第 4 章中我们描述过细胞用来构造纤毛和鞭毛的机制。当我刚开始写这本书的时候，人们对此还只有模糊的认识。现在我们知道，它们自身是一种具有令人不可想象复杂性的分子系统，就像是制造舷挂马达的自动化工厂。简而言之，随着科学的不断进步，构成生命的分子基础所具有的复杂性比起十年前来丝毫没有减少。从指数级别上来衡量，只会越来越复杂。实际上，支持生命智能设计的论据越来越充分了。

尽管如此，公共知识分子市场的喧嚣导致个人很难清醒地对某个处于争论中的思想作出正确的判断。所以在接下来的几页中，我将谈到关于智能设计这一论据的一些模糊之处。在过去的十余年中，在激烈的公众讨论中，每每有人对本书中的一些推论表示反对或是不熟悉时，这些模糊之处会不可避免地被提出来。模糊的最重要根源包括对不可简化的复杂性这一概念和支持设计观点的论据性质的误解。在简略谈到这些模糊之处后，我也会简要地回顾一下第 3 章至第 7 章中列出的几个生物化学例子，这样我们可以了解自 20 世纪 90 年代中期以来，达尔文理论在试图对这些例子进行解释时所遇到的困难。

名字代表了什么？

十年前，我使用了"不可简化的复杂性"（IC）[32]这个表达来强调达尔文进化论所面临的某个当时实际上还未被认识到的重大问题。就像捕鼠器一样，细胞中几乎所有的精巧的分子机器都需要很多部件才能完成任务。因为需要多个部件，我们特别难以精确地想象出诸如纤毛、鞭毛或是血液凝固串联这些系统是如何能从简单的系统开始，经过查尔斯·达尔文所设想的"无数的、连续的、细微的改进"而形成的。

我在第 38 页对不可简化的复杂性做出了定义，即"由几个相辅相成、相互作用的部分组成的单个系统，这些部分能保证该系统具有基本的功能，去掉任何一个部分都会导致这个系统无法有效地实现它的功能"。现在，我是一名科学家，而不是哲学家。定义的目的是为了强调在一个现实的生物学环境下，达尔文渐进主义在复杂的相互作用的系统面前所遇到的难题，而不是为了玩文字游戏。尽管如此，有些人对"不可简化的复杂性"这一表达吹毛求疵，或是悄悄改变它的定义，借此对《达尔文的黑匣子》提出反驳，从而试图掩饰自然选择在进化方面遇到的一些问题。让我们在接下来的 3 节内容中一起看看 3 个例子。

子黑匣 源自钟表的钟表

1999 年，科学哲学家罗伯特·彭诺克（Robert Pennock）在《巴别塔》（*Tower of Babel*）一书中提出，不可简化的复杂性对达尔文主义来说不是问题。就像哲学家通常的表现，他的注意力不在于科学，而在于定义，或者至少是他认为的定义：

> 即使某个系统就某个特定的基本功能而言具有不可简化的复杂性，这绝不意味着微小的变化不会导致系统发挥其他相近的功能。贝希认为，在形成不能还原的复杂系统期间，不可能存在任何自然选择本可以选择的功能意义上的中间物。但是他并不能通过"定义上的"概念性论据而得出经验主义的结论。他所需要的这个带有强烈经验主义色彩的前提是错误的。

然而，彭诺克只是简单地用他自己对不可简化的复杂性的定义代替了我的定义。我从来没有说过："在形成不能还原的复杂系统期间，不可能存在任何自然选择本可以选择的功能意义上的中间物。"这只是他自己的说法。相反，在第 38 页我指出，虽然不可简化的复杂性排除了直接路线，它并没有自动否定间接路线。我接下来还提出，间接路线似乎不太可能，并且系统越复杂，间接路线的可能性就越小。但是我并没有断言间接路线在理论上是不可能的。但他却暗示了这一点。这种提法是不明智的。没有科学证据可以证明某件事情在逻辑上是不可能的，因为逻辑上的不可能只和自相矛盾的陈述相关（就像"他是一个结了婚的单身汉"这种表达），而与大自然无关（就像"DNA 通常是一种双螺旋结构"表达）。例如，地球中心说（geocentrism，即全球中心主义）并不是在逻辑上不可能，它就是一种错误的观点。没有哪种科学理论曾经必须或可以通过证明其对手的解释在逻辑上的不可能来对其加以排除，对智能设计也是如此。科学理论只能通过比对手的理论更能对数据做出解释来获得胜利。

关键在于，彭诺克对不可简化的复杂性给出了他自己的僵化的"稻草人谬误"式定义，目的就在于极力削弱设计论据的说服力。那样的话，达尔文主义所面临的问题就会被人们忽视。在论据如此扭曲变形的情况下，彭诺克并不认为他还需要谈论什么生物学。相反，在《巴别塔》中，他提到了航行表（chronometer），这是一种非常精确的计时器，可以帮助水手在大海上确定经度。彭诺克认为，如果航行表只是破损了一点点，那么也许它还是可以被当做一只不再那么精确的手表来使用，仍然和陆地上的时间保持同步。

> 如果 [2 个哑铃形状的天平和 4 个螺旋形的平衡弹簧，每个部分都有助于补偿船的运动] 其中的某一个坏掉，时钟将无法发挥在船上的功能，但是它仍然可以在其他环境下发挥另一种稍有不同的功能，例如在平静的湖面上或是坚固的地面上。

是的。所以这种可以在逻辑上得到一只复杂手表的可行方法，就是先做一只更为复杂的航行表，然后再让它坏掉？当然，这个方法就是这样的。正如生物学家托马斯·赫胥黎曾经说过的："我多蠢啊，居然没有想到这一点！"但首先，我们怎样才能得到一只航行表呢？那么，你看，就是从一只表开始：

> 如果佩利（Paley）所设想的可以自我复制的表确实存在，并且以

达尔文主义的方式进行运转，即在复制过程中发生着随机变异，然后施加适当的选择压力，这些表就可能发生潜在的进化，以解决经度测量的问题。

所以哲学家的循环推理的中心内容就是，一只更为精确的航行表坏掉了，形成了一只精确度较低的表，然后这只表自身不知通过什么途径[33]又形成了原先那种更为精确的航行表。证明完毕。然而，这个过程和牵涉到进化的生物学相关问题之间到底有什么关系呢？我们并不清楚。

彭诺克的著作得到了著名的达尔文主义的哲学家和科学家的热烈认可，并且还获得了美国国家科学院的官方推荐。显然，如果可以的话，即便是再滑稽的论据，达尔文主义的拥护者们也不会介意拿来证明他们的观点。

子黑匣 从牙签构建捕鼠器

就像罗伯特·彭诺克一样，布朗大学的细胞生物学家肯尼思·米勒（Kenneth Miller）很想证明，不可简化的复杂性对达尔文主义来说不是问题。和彭诺克一样，米勒编造出他自己对不可简化的复杂性的"专用"定义，随后对此提出反驳。但不同于彭诺克的是，米勒在设想一个被解构的具有不可简化的复杂性系统可以完成的任务时，犯了极不严谨的错误。彭诺克至少还试着将功能保持在初始系统的状况下——毕竟，无论是手表还是航行表都是计时工具。米勒却没有考虑到这一点。在他的设想中，在每扇门后面都有一个达尔文主义的前身。这些前身不管是什么，都具有如同镇纸（paperweight）或者牙签这样的简单"功能"。

米勒将不可简化的复杂性重新定义为，在 IC（不可简化的复杂性）系统中没有哪一个构成部件可以具备自身独立于整个系统的功能。[34]在《华尔街日报》上刊登的一篇题为"进化论批评家因'智能设计'瑕疵遭炮轰"的故事中，专栏作家莎朗·贝格利（Sharon Begley）传达了米勒的观点：

> 1996 年，生物化学家迈克尔·贝希……对进化论提出了更为有力

的反驳。他在著作《达尔文的黑匣子》中称，复杂的生命结构具有"不可简化的复杂性"。也就是说，在系统的所有组合部件得到组装之前，它们无法发挥作用，就像捕鼠器在底座、弹簧、挡棒及其他部件连接完毕后才能发挥很好的作用。**此外，复杂结构的单个部件被认为不具备任何功能**［此处强调］。

遗憾的是，虽然前面几句话确实体现了我的论据，但标黑体的"**此外……**"这句话却是她自己编造的。贝格利所提到的智能设计存在的"瑕疵"是由米勒自己编造的！这就不难理解为什么她会将不可简化的复杂性重新定义为"复制结构的单个部件恐怕不能发挥任何作用"。出于措辞的考虑，就像彭诺克那样，米勒想要让支持智能设计的论据看起来尽可能地脆弱。在米勒的思维中，如果他可以指出，比如，捕鼠器的某个部件可以被用作镇纸（这并不难，因为几乎任何物体都可以用来压住书本），那么某个"单个部件"就可以发挥某个"功能"，"不可简化的复杂性"（IC）这一概念就会由于定义的缺陷而站不住脚，那么所有虔诚的进化论者就可以长舒一口气了。

然而，某个具有不可简化的复杂性系统的某个单独部件不能用来发挥单独的作用，或是多个独立的作用，这个说法并不成立，而且我从来没有说过它们不能。相反，对于不可简化的复杂系统，我曾经说过："除去任何一个部件会导致系统无法有效地发挥作用。"这里说的是系统，而不是部件。例如，米勒可以拆下捕鼠器的挡棒，但是捕鼠器系统就会立即失效。挡棒可以用作牙签，捕鼠器的剩余部分可以被用作镇纸，但没有什么东西可以继续发挥捕鼠器的功能了。[35] 为了进一步对此进行解释，几块儿童玩的乐高积木也许可以被用来单独当做——没错——镇纸，或是可以用来搭建各种物体，例如玩具船、飞机或是捕鼠器。即使这些部件可以被用来搭建很多东西，但是除非具备所有部件，否则一个类似于第2章中描述的捕鼠器的"乐高捕鼠器"还是不能发挥作用，并且如果某个部件被拿掉的话，这个系统也无法发挥作用。

具有不可简化的复杂性的是系统，而不是部件。根据米勒的论证，你是没办法将一堆乱糟糟的乐高部件和一个巧妙设计的乐高机器区别开来的。显然，对他来说，两者是一样的。

"就像是将捕鼠器的挡棒和其他部件聚集起来做成捕鼠器之前，早就发现这根挡棒是一根不错的牙签。"贝格利如是说，这和米勒的类比不谋而合。她本来应该好好读一读《达尔文的黑匣子》的第4章。

> 跟随杜利特尔教授的做法，我们也可以提出第一个捕鼠器到底是通过什么路径产生的：对车库中的某根撬棍进行复制，可以得到一个锤子。移动了几根冰棒棍，结果就是让锤子接触到了底座。弹簧是从祖父曾经用作计时工具的闹钟中弹出来。可乐罐中突出的一根吸管成了挡棒。卡子是从啤酒瓶盖上取下来的。但除非有人或是有某个东西来指导这一过程，否则事情是不会朝这个方向发展下去的。（第92页）

当然，我写这些话时是半开玩笑的。我相信大多数人都能看出来，通过将本来用于其他用途的一些物体随机地组装起来做成一个捕鼠器该有多么愚蠢。但是米勒和贝格利却是认真的。

米勒用一种更为专业的口吻兴奋地宣布，我所讨论的不可简化复杂性的生物化学系统的某些部件在细胞中具有其他的作用，例如纤毛蛋白质的微管蛋白和动力蛋白。但我在十年前写《达尔文的黑匣子》一书的时候，我自己也指出过这一点！例如，在第3章中，我写道："微管存在于许多细胞中，并且通常只是被用作像大梁一样的支撑结构，以固定细胞的形状。[36] 而且，动力蛋白质也和细胞的其他功能相关，例如将货物从细胞的一端运输到另一端。"尽管如此，我还是强调，这些其他的功能不会影响到纤毛的不可简化的复杂性："纤毛的进化故事必定被想象成一个迂回路线，或许对原本用于其他目的的部件进行改造来形成纤毛。"我接着证明了为什么间接路线是相当不可行的。[37]

单凭牙签无法对捕鼠器做出解释，微管蛋白和动力蛋白也无法对纤毛做出解释。米勒自己也根本没有用达尔文理论来对纤毛做出任何像样的解释，而只是满足于提出牙签这一例子。

子黑匣 部件（A）和部件（B）

应麻省理工学院出版的《波士顿书评》（*Boston Review*）的邀约，为

《达尔文的黑匣子》写书评的罗切斯特大学的进化生物学家艾伦·奥尔（Allen Orr）立即对肯尼思·米勒提出的"大概由一根牙签转变成了一个捕鼠器"的推论进行了反驳。

> 我们可能会认为，某个具有不可简化复杂性的系统的某个部分渐进地演变用于其他目的，随后整个被用于发挥某个新功能。但这也是不太可能的。你可能也希望汽车变速器的某一部分突然在安全气囊系统中发挥了作用。这种事情发生的可能性非常非常小，它们当然不能普遍用在不可简化的复杂性这一问题上。

尽管如此，奥尔确信，他有一个简单的方法来解决不可简化的复杂性这一问题。

> 贝希所犯的一个重大的错误在于，在否定这些可能性［不管是一个极为幸运的突发事件还是像肯·米勒所说的牙签到捕鼠器的进化］时，他得出了达尔文进化论无法解决问题的结论。但是，进化论是有办法的：一个不可简化的复杂系统可以通过渐进添加部件来构建。然而，在最初，这种添加只是可以带来好处，最后由于某些变化，添加部件却变成了一种必需。道理非常简单。某个部件（A）最初承担着某个任务（也许并不是做得很好）。另一个部件（B）后来加入进来，因为它有助于 A 完成任务。这个新加的部件并不是必需的，它仅仅起着完善的作用。但后来，A（或是别的什么东西）可能发生了变化，以至于现在 B 变得不可或缺。这个过程会继续，更多的部件被加入到系统中。最后，许多部件可能都成了必须具备的。

因此奥尔认为，与我的论据相反，一个不可简化的复杂系统也许真的可以直接制造出来。如果他将范围限制在某些极为简单的事物上，比如，一堆石头，那么他这种看法也许有一定的正确性，但这种正确性极为有限。如果垒一个高丘是一种进步（比如，作为障碍是越大越好），那么将石头垒高就是一件有好处的事情。因为将一块石头从底部取出来可能会让石堆坍塌，那么从某种无聊的角度来看，我们可以说石堆具有不可简化的复杂性，而且它还是一块石头一块石头地渐进垒成的。尽管如此，奥尔所给出的抽象论证根本就没有提到我所引用的几种具体的实例，也没有提到在细胞中普遍存在的例子，即各种不同的部件不得不相互作用。那个自身可以用作捕鼠器或是纤毛的奇妙"部件（A）"究竟是什么？接着"出场"并对其加以完善的"部件（B）"又是什么？他是怎样把他设想的路径细节解释清楚的？让人吃惊的是，不管是捕鼠器还是《达尔文的黑匣子》里列举的任何一个生物化学例子，奥尔根本就没说什么。显然，他所指的唯一一个剩余的达尔文式的解决方案，对于真正生物学意义上的不可简化的复杂性来说也是无能为力的。[38]

与罗伯特·彭诺克和肯尼思·米勒一样，艾伦·奥尔的兴趣似乎只在于将智能设计的"幽灵"从生物学中驱赶出去，而不是认真地解决我用不可简化的复杂性这个术语来强调的问题。因此，如果这种困窘可以用花言巧语的"部件（A）"和"部件（B）"来掩饰的话，那么这就够了，不必非要试着去给出一个真正的解释。奥尔最初的观点发表于1996年。9年后他为《纽约客》（The New Yorker）写了一篇长论文，将同样模糊不清的、胡猜乱想的解释重复了一遍。[39] 9年过去了，没有一点进步。显然，有些人愿意付出高昂的代价甚至更多，为的是避开智能设计这一观点。

强调积极一面

除了对不可简化的复杂性的概念存在混淆外，一些不满的评论家还对那些支持智能设计的论据表现出了困惑，或是明确地表示他们不知道是否存在这种事物。是不是正如有些人漫画嘲讽的，因为我们不知道该怎样用达尔文主义来解释生物的复杂性，所以我们才天真地得出智能设计的结论，我们的推论就是这样吗？它是不是就是一个"源于无知的论据"？

当然不是。正如我在第9章中说过的，在对部件有目的的构造中，设计发挥着积极的作用。从这个角度来看，例如捕鼠器和纤毛这样的不可简化的复杂性系统，既是对像达尔文主义等渐进式解释的反驳，也是对智能设计的佐证。反驳论据就是这种相互作用的系统不能用达尔文的路径所主张的渐进细微进化来解释。佐证就是这些系统的部件似乎就是为了实现某个目的而设置，这正是我们对设计的理解。

有一位科学家对生命中智能设计的出现非常关注。让我在这里引用一下他的评论来加强对这一观点的佐证："生物学就是对复杂生物的研究，这些生物表现出出于某种目的而得到设计的模样。"理查德·道金斯在他对达尔文主义进行辩护的经典著作《盲眼钟表匠》第1章的第1页中这样写道。让我重复一下，道金斯说，生物学的确切定义是——对看起来是经过设计的事物的研究。道金斯用他那特有的清晰表达，为生物学中的智能设计做出了简要的辩护，而智能设计正是他想要消灭的。到底是生物的哪种特性使它们看起来好像是经过设计的，以至于道金斯这样一位坚定的达尔文主义者也这么认为？设计并不是我们在想无可想的时候得出的一个错误的结论，它也不是建立在我们观看一场美丽的日落时产生的那种温暖、目眩的感觉基础之上。相反，道金斯认为，它是我们接触到自身内在的"工程师"后得出的结论：

> 如果生命体或是器官具备某些特性，一位智慧而博学的工程师让它拥有了这种特性以便达到某个合理的目的，例如飞行、游泳或是视力，那么我们就可以说它们是经过精心设计的……不必假设身体或是器官的设计就是工程师所能想到的最佳方案……但是任何工程师可以出于某个目的对设计好的物体进行重组，即使这种设计很糟糕，并且他通常可以只是看看物体的结构就能明白这个目的是什么。

换句话说，当我们看见许多要素集合在一起实现某个可以识别的功能，也就是部件得到有目的的组合时，我们从这些实物证据得出智能设计的结论。

道金斯并不是勉强承认了生命表现出来的一些微弱的设计证据。相反，他坚持认为，设计的出现——他将其归因于自然选择——是无处不在的。

"然而自然选择的鲜活产物以无处不在的方式让我们感受到设计的存在，就像这些设计是一位钟表大师所做出的，用设计和计划的假象来给我们留下深刻印象。"

生命中存在设计的正面例子正如道金斯所见：（1）它是基于部件的物理构造，在这个结构中部件共同发挥作用实现某个功能。（2）它无处不在。并且因为设计的正面例子实在是太多了，相对而言它不需要那么多的解释。另一方面，我们需要更多地注意并弄清楚，为什么随机变异和自然选择——特别是分子水平上——不像吹嘘的（此处我们心怀对道金斯的敬意）那样可以对生命做出有力的解释。这也是为什么《达尔文的黑匣子》大部分的内容都在讲这个方面。在本书的结尾，我们看到：几乎没有证据可以显示，达尔文主义的进程可以解释分子机器具有的精巧复杂性；这样一个机制可以完成任务这种想法会遇到一个可怕的结构性障碍（不可简化的复杂性）；并且，设计在分子层面上比在生物学的其他更高层面表现得更为普遍。

说到这里，那么在果壳中的智能设计的论据就是：（1）只要部件的构造看起来像是要实现某个功能，我们就认为是一种设计。（2）这种推理的正确性是可以量化的，这一点取决于证据。部件越多，功能越是精巧复杂，我们就越可以得出设计的结论。如果有充分的证据，我们对设计的信心就越趋于坚定。如果在穿越一片荒野时，我们发现了一块表（更不用说是航行表了），正如佩利曾经说过的，没有人会怀疑这块表是经过设计的。我们对该事物就如同对自然界其他任何事物一样坚信不疑。（3）生命的各个方面都以设计的外形出现，这让我们感到震撼。（4）既然我们对设计的强大外形找不到其他令人信服的解释，包括达尔文理论在内，那么我们得出生命的构成部分确实是某个智能体有目的地设计出来的这一结论就是合情合理的。

一个关键的但又常常被忽视的要点就是，设计无处不在的呈现深深地加重了提出证据的负担：在设计非常明显的情况下，举证责任在于否定他所看到的明显证据的那一方。例如，如果有人推测，复活节岛上或是拉什莫尔山上的雕像实际上是非智能力量的结果，他就需要承担起对他的声明进行举证的责任。在上述例子中，对部件进行有目的的布局以构成雕像，这种设计的正面证据是所有人都能看得到的。如果有人声称，这些雕像实际上是非智能进程的结果（也许是通过某些模糊的猜想的混沌力量的侵蚀而成为那种形状），他就需要提出证据，清楚地表明这种假定的非智能进程真的可以完成这个任务。如果提不出，那么我们倾向于采取设计这一解释就是合乎情理的。

我认为，这些原因可以在很大程度上说明，为什么让达尔文主义的生物学家惊慌失措的是，大部分公众认为非智能进程不足以解释生命。人们意识到了生命中设计的强烈存在，并不为达尔文主义的论据和例子所动，并且得出了他们自己的结论，非常感谢你们。在缺乏可信的证据来证明达尔文主义能获得成功的情况下，公众选择设计这一观点是相当明智的。[40]

子黑匣 多年以后仍在思考

在过去的十多年中，《达尔文的黑匣子》受到了来自科学界官方的严厉指责。几乎所有的专业科学社团都曾经对它的成员发表过一些紧急声明，呼吁他们帮助抵制"生命的智能设计"这一歪理邪说的传播。[41] 所以科学界中有相当一部分人非常积极地对设计的观点进行否定。当然，对设计进行否定的最佳合法手段，就是证明达尔文进程确实可以做到像它自我宣称的那样，对生命的分子基础具有的功能复杂性做出解释。然而，虽然积极性很高，尽管在过去的十多年中生命化学在描述生命的运转上取得了巨大的进步，除了又抛出几个猜想的故事外，还没有人能够认真地用达尔文主义的术语来解释《达尔文的黑匣子》中展示的例证。尽管达尔文主义在互联网上的拥护者们一直在忙于设想所有的变化方式，严肃的达尔文主义的陈述应该发表在科学期刊上。让我们看一下就在近期发表的对第3章至第7章中列举的例子进行讨论的几篇期刊论文。

第3章中讨论的第一个不可简化的复杂性系统的例证就是纤毛。它是一个极为复杂的分子机器，包含几百种蛋白质构成部分。在1996年这一年的时间里，研究者们只发表过几篇论文，试图用最为模糊的进化论术语对纤毛进行解释。然而，一篇正式的论文如果要用达尔文理论对一种如此精妙的机器进行论述，如果真想回答出这种装置的进化方式这一问题，它就必须要讨论到帮助纤毛进行工作的无数关键细节，而且还要说明它们是如何通过随机突变和自然选择以一种合理的可能性得到形成。每个微小的突变过程对最后的结果而言都是一种完善，而不会导致出现更多的问题，也不会导致脱离正确的轨道，从而形成暂时有用最后却无果而终的结构。至少这需要大量的工作去弄清楚，这样一种结构是如何通过随机突变和自然选择而进化而来，就像我们也需要大量的工作去弄清楚首先它到底是如何工作的。无疑，这些工作最少都需要几百篇论文才能完成，需要从理论和实验角度去阐述，此外还会涉及到大量的评论、著作、会议以及其他活动。所有这些都致力于回答一个问题：这样一种精密的结构是如何能够以达尔文主义的方式进化而成的。

在上个十年中（即1996—2006年），科学界已经在理解纤毛的工作原理包括它在疾病中扮演的意外角色上取得了惊人的进步。然而，同样在这段时期内，即便是一个又一个的基因组得到测序，即使细胞中复杂性的新层面被发现，对纤毛是如何进化而来的这一问题的解决仍遥遥无期。达尔文理论仍毫无进展。想要说明这一点，最快捷的方法就是看看近期发表的关于纤毛的论文标题。"对9＋2细胞器的进化和中央微管对作用的**猜想**"。（此处和下文均加以强调。）换句话说，更为有趣的猜想，更为诱人的推断，在达尔文主义的圈子里从来就不缺这些东西。论文的摘要表明，想象在整个故事中发挥着关键作用。

> 近期的一些进展……表明，这些细胞器**可能**在早期的真核细胞中发挥着多种作用……我们**推测**，原始纤毛是细胞多级性的主要决定因素，并决定着早期真核生物的运动性……我们认为，不对称中央器官的加入……提供了精细的指导性控制……这篇论文陈述了在该进化过程中的**猜想**步骤，以及一些支持该**猜想**的例证。

"选择"这个词在论文中并没有出现，更不用说"自然选择"了。"突变"一词也没有出现，更不用说"随机突变"或是任何特定的突变了。所有的科学都从猜想开始，只有达尔文主义通常是以猜想结束。[42]

黑匣子 "三个达尔文主义公理"

《达尔文的黑匣子》一书中列举的所有其他例子的情况和纤毛差不多。细菌鞭毛击打产生动力（正如在插画中可以看到的）这一特性使它成为了设计论据中也许是最广为人知的例子。著名的耶鲁大学生物化学家罗伯特·麦克纳布（Robert Macnab）在2003年突然离世之前，他在为《微生物学年鉴》（*AnnualReview of Microbiology*）撰写的一篇文章中对鞭毛进行了评论。除了在最后一句话中提到了"进化"，这篇7 000字的文章再也没有提到这个词或是它的任何衍生物。在提到鞭毛和另一种在某些方面与之类似的叫做三型分泌系统（type III secretory system，TTSS）的结构时，麦克纳布认为："显然，自然已经为这种精密的器官发现了两种很好的用途。尽管有人提出鞭毛是更为早期的器官……**它们是如何进化的是另一回事**（此处强调）。""自然选择"这个词根本就没有出现过。

鞭毛比人们最初想象的更为复杂，它还包含一种意想不到的、精密的蛋白质推进机制，并且那种类似于蛋白质推进器的结构可以独立出现，这些发现都让达尔文主义者开始激动不已。这种盲目的乐观建立在肯·米勒对不可简化的复杂性那辞藻华丽的重新定义的基础之上。米勒认为，不可简化的复杂性系统的构成部分不可能具有其他功能。既然鞭毛的子结构看起来似乎是三型分泌系统（TTSS）的一个构成部分，那就违反了米勒的定义，于是某些不假思索的达尔文主义者就开始欢呼了。

但是，正如我在上文指出的，没有理由认为不可简化的复杂性系统的构成部分或子部件不能具备一个或多个其他功能。文字游戏无法伪装成真正的解释。还没有哪篇专业的科学文献对三型分泌系统、鞭毛或是它们两者之间的任何过渡物在达尔文的框架内进行严肃的探索。最近有一篇题为"非鞭毛三型分泌系统的生物信息学、基因组学和进化：从达尔文主义的角度来看"的论文，从中我们可以清楚地看出这一点。在这篇论文中，我们看到"三型分泌系统是一个**构造精巧的**（此处强调）分子泵，利用 ATP 的水解来让蛋白质从细菌的细胞质中输出并穿过内外膜以及细胞周质……"这样的叙述。

然而，这篇论文只是对某些基因组测序项目中得出的 DNA 序列数据进行了研究。尽管根据它们可以得出一些有趣的发现，正如我在第 8 章中说过的，即使是从原理上来讲，序列比较也无法证明某个结构是否是随机突变或是自然选择的产物。我们知道，这些数据是根据"三个达尔文主义公理：（1）**进化很重要**……；（2）**变异很重要**……；（3）**预期不完善**……"（原文加以强调）来研究。然而，语义模糊的格言并不是数据，并且如果科学将这两者混为一谈，就无法取得进步。

《达尔文的黑匣子》第 6 章描述了复杂的免疫系统和它给达尔文主义框架带来的挑战。2005 年，一篇题为"通过渐进进化引起的基于抗体的免疫系统的下降"的论文得到发表，这个标题看似给达尔文主义者带来了一丝希望。不管它谈到了关于渐进进化的什么有趣的事情，它根本没有谈到达尔文进化论。[43]实际上，论文中没有出现达尔文的名字或是任何相关词语。"自然选择"这个词语也没有出现，"选择"仅仅出现了一次。"突变"出现了二次，但并没有对所设想的突变做具体描述。经常出现的词语包括"可能"、"设想"、"也许有"、"可能有"等等。在论文的结尾，作者提出，在将来的某个时间点可以进行几种实验，要不然他们描绘的情景将"仍然无助地停留在纯粹的猜想之中"。换句话说，作者自己也承认，他们的论文是猜想出来的。所有的科学解释可能都是从猜想开始的，但没有一个是以猜想结束的。

第4章讨论了凝血串联蛋白质链。2003年，罗素·杜利特尔（Russell Doolittle）和他人合著发表了一篇题为"从河豚和海鞘的基因组比较来看脊椎动物血液凝结的进化"的论文。就像标题反映出的，它只对基因序列进行了比较。就像我十年前在第4章中指出的，序列比较可以揭示很多有趣的概况，包括蛋白质出现的先后顺序、它们之间的关系等，但是绝不会告诉我们到底是什么推动了这些过程的发生。同年发表的另一篇论文的题目更为有趣，"脊椎动物血液凝结网络的分子进化"，这篇论文也不过是对序列进行了一些比较，还给出了几段猜想。

现在的情况和十年前相比依然没有改变。正如我在第8章中写道的：

> 科学文献中没有一个出版物——无论是著名期刊、专业期刊或是书籍——描述过哪个真实的、复杂的生物化学系统的分子进化确实发生或本该如何发生的过程。人们断言这种进化确实发生过，但是完全没有相关的实验或是计算能证实这种断言。

子黑匣 "还债"问题

我在这里引用的关于纤毛、鞭毛、血液凝结和免疫系统的论文都是1996年以来发表的，它们是我所能找到的达尔文主义者对复杂的分子机器的起源进行论述的几篇最好的科学文献了。在最近发表的面向普通大众的文章中，设计的论据普遍遭到漫画式讽刺，并且"还债"这一问题：有什么证据可以证明自然选择的威力？[44]留给我们的解决时间很短。在2005年，芝加哥大学的进化生物学家杰瑞·科因（Jerry Coyne）为《新共和》（*The New Republic*）杂志撰写了一篇题为"案例反对智能设计论"的14 000字的文章。在该文中，科因旁征博引，从斯科普斯猴子审批案到科学中"理论"一词的用法，到亨利·莫里斯（Henry Morris）和美国创造

251

研究院，再到新西兰不会飞的几维鸟（kiwi bird）。在如此大的篇幅当中，他只有两句话提到了"还债"问题——给随机突变和自然选择的威力提供了证据：

> 现在生物学家已经观察到了几百种自然选择的实例，包括著名的细菌对抗体的抵抗、昆虫对 DDT（滴滴涕）的抵抗以及 HIV（艾滋病）病毒对抗病毒药物抵抗的例子。自然选择可以解释为什么鱼类和鼠类通过伪装来逃避掠食者，以及为什么植物能适应土壤中的有毒矿物质。

然而，对抗体的抗性、对 DDT（滴滴涕）的抗性以及 HIV（艾滋病）对药物的抗性，在十多年前就已经为人们所了解。在《达尔文的黑匣子》十多年前出版的时候，科因列举的所有例子都已是众所周知的。这些例子都涉及到微小的、简单的分子变化，根本无法解释我在书中给出的任何一个例子。在篇幅足够的情况下，他还是没有对智能设计的真正论据进行讨论。关于精密的分子机器，科因教授又说了些什么呢？当然，他勉强承认："毫无疑问，许多生物化学系统具有令人生畏的复杂性。"但不要匆忙下任何结论，因为"生物学家正在**开始**提供**可行的方案**以揭示'不可简化的复杂性'生物化学路径**可能**是如何进化而来的（此处强调）"。

可行的方案——就像我在前面引证过的论文中的那些关于纤毛、鞭毛以及免疫系统的方案一样。在《达尔文的黑匣子》于 1996 年出版后不久，芝加哥大学生物学家詹姆斯·夏皮罗（James Shapiro）发表了一篇书评。据他称："达尔文主义对任何基本的生物化学或细胞系统的进化都没有做出具体的解释，只有几种一厢情愿的猜想。"[45] 十年后，情况依然如故。将它们称为一厢情愿的猜想或是貌似合理的方案——两者都意味着真实的答案尚未出现。

未来的前景

智能设计的未来前景一片光明，因为它并非基于任何人或是任何群体的喜好，而是建立在数据的基础之上。智能设计假说的出现不是因为我或其他任何人所写或所说的任何事物，而是因为科学在理解生命方面已经取得了伟大的进步。在达尔文的时代，细胞被认为是如此简单的事物，以至于像托马斯·赫胥黎（Thomas Huxley）和恩斯特·黑克尔（Ernst Haeckel）这样的一流科学家都认真地认为，细胞可能是从海底泥土中自发出现的，这种观点正好和达尔文主义相吻合。甚至就在50年前，人们也会很轻易地相信达尔文进化论可以解释生命的基础，因为他们所了解的东西比现在少得多。但是，随着科学的迅速发展，细胞具有的惊人的复杂性日益明显，智能设计的观点越来越令人信服。每当科学又在生命的基础水平上发现新的精巧复杂的分子机器或系统时，智能设计的结论就得到了强化。1996年，人们已经可以清楚地认识到这种精巧，并且在过去的十年中（即1996—2006年），它表现得越来越明显。没有理由认为这种趋势在短期内会终止。

支持智能设计假说的科学实例越来越有力，这是一个不容争辩的事实。然而，一个更加具有不确定性的话题却是人们对智能设计的反应。在将来，公众和科学界将如何看待智能设计这一观点？这个问题更多地牵涉到社会学和政治学，而不仅是科学。一方面，尽管报纸的社论员可能会持反对态度，民意调查显示大部分的民众已经对设计观点深信不疑。另一方面，因为它是在达尔文主义的基础上提出来的，大部分的科学界人士更习惯于专门用达尔文主义的术语来思考这一观点。尽管看似如此，时间会改变一切。近期在《自然》杂志上刊登的一篇新闻对一次仅对受邀者开放的会议进行了报道。崭露头角的学生们可以和诺贝尔奖获得者近距离交流。今年的会议主办方公告：

> ……邀请全球的科学院所和其他机构为年轻科学家提供参加公开竞争的机会，随后得到了一个将近1万人的申请名单。2005年，最后获邀请的720人代表了一群新的参加者形象：学术表现出色者，他们非常清楚自己的研究对社会的影响力，并能娴熟地使用英语。他们一般不到30岁，但是大部分现在正处于博士或是博士后阶段。

但学生们提出了令人吃惊的问题。

> "听到来自不同文化背景的学生们提出的问题很让人好奇。"京特·

布洛贝尔（Günter Blobel，1999 年诺贝尔医学奖获得者）在克里斯蒂安·德迪韦（Christian de Duve，1974 年诺贝尔医学奖获得者）领衔召开的一次关于进化生物学的研讨会上这样表示。当布洛贝尔发现一些学生对智能设计的"创造的指导之手"如此感兴趣时，他大吃一惊。

附录：生命的化学

　　附录为感兴趣的读者展现了构成生命基础的生物化学原理的一幅概况。大可不必为了理解书中提出的论据来阅读这个附录。但它可以将那些论据包括在一个大的框架内。在这里，我将讨论细胞和几种主要类别的生物分子的结构——蛋白质、核酸和主要的脂类与碳水化合物。接下来我会集中讨论遗传信息是如何得到表达和传递这个问题。当然，在这么简短的篇幅里只能简略地讨论一下，所以我希望那些想要了解生命机制的读者到图书馆去借一本入门性的生物化学教科书。令人着迷的微观世界在等着你。

细胞和膜

　　人体是由好几百兆（几百万亿）个细胞组成的。其他的大型动物和植物也是由无数细胞组成的团块。然而，随着生物体的体积减小，细胞的数量也会减少。例如，秀丽隐杆线虫（*C. elegans*）这种小蠕虫仅仅包含大约1 000个细胞。当我们沿着体积的标尺一路向下时，我们最终会到达单细胞门，如酵母和细菌。在这个级别以下不存在独立的生命。

　　对它们的结构加以研究之后，人们会明白为什么细胞是生命的基本单位。细胞的主要特征就在于它是一个膜状的化学结构，将外部世界同细胞内部分离开来。在膜的保护下，细胞的内部可以维持不同于外部的状态。例如，细胞可以将它们内部的营养素集中起来，以便用于能量生产，还可以防止新制造的结构材料被细胞液冲走。如果没有膜，维持生命所需的一系列代谢作用就会很快地消散。

　　细胞膜是由两性分子组成的，这种分子在很多方面与日常家庭清洁使用的肥皂和清洁剂相似。"两性"（*amphiphilic*）这个单词来自于希腊语，

255

意思是"两个都喜欢"。一个两性分子"喜欢"两种不同的环境：油和水。分子的形状大致类似于一个棒棒糖。这种糖有两根棍子从糖球的同一侧伸出来。它的棍子通常是由碳氢化合物（由碳原子和氢原子构成）组成的，并且就像其他碳氢化合物比如汽油一样，它不溶于水，这就是分子的亲油部分。分子的这一部分被称为疏水区（*hydrophobic*），这个词来源于希腊语中对"怕水"的表达。与之相反的是"棒棒糖"分子的球体部分，它通常有一个化学组，就像盐或糖一样易溶于水，这一部分叫做亲水区（*hydrophilic*），源自希腊语"爱水"的表达。膜分子的这两种特性截然相反的部分通过化学方式维系在一起，就像连体婴儿一样，虽然性质迥异，但必须共同进退。但是，如果分子的某一部分想要亲近水，另一部分却想远离水，分子该怎么办呢？

两性分子通过和其他的两性分子联合在一起来解决这一难题。当大量的两性分子联合在一起时，疏水的尾部全都挤作一团将水排出，而亲水的头部则与水接触。有一种办法可以有效地让尾部避开水同时让亲水群接触到水，这就是形成二张薄片（图 A-1）。这种薄片被称为双分子脂膜。然而，如果这两层薄片一直保持平整，那么薄片边缘的碳氢化合物就会接触到水。因此，薄片会闭合，就像肥皂泡一样。

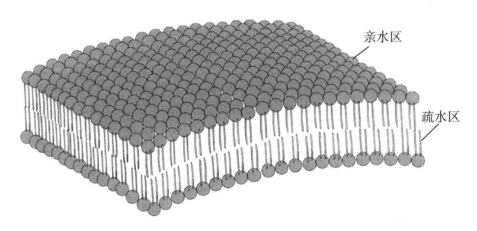

图 A-1　一段双分子脂膜

因为双分子脂膜的中间是油性的，许多具有强烈亲水性的分子（比如食盐和糖）不能穿过膜。因此，我们可以得到一种内部封闭且不同于外部环境的结构。这就迈出了制造细胞的第一步。

生命世界包含两种根本不同的细胞类型：真核生物细胞和原核生物细胞。在前者中，还有不同于细胞膜的另一种膜将细胞核包围起来，后者则不具有这种特性。[46]原核生物始终是单细胞，并且从许多方面来说，它要比真核生物简单。

在原核生物的图片上，除细胞膜之外，只有几个突出的特征。[47]一个是拟核，大部分的细胞 DNA（脱氧核糖核酸）"舒适"地待在细胞质（细胞可溶内含物）中央。除了膜外，原核生物还有围绕着细胞的第二种结构，被称为细胞壁。不同于膜的是，细胞壁是由多糖组成的固态物，营养素和小分子可以来回地自由穿透。它具有一定的机械强度，可以防止细胞在受力时破裂。在许多原核生物细胞中，会有一些结构从细胞膜中突出来。我们对像毛发的菌毛所具有的大部分功能还不清楚。细胞的鞭毛一般用于移动；鞭毛飞快地旋转，就像一个螺旋桨推着原核生物向前移动。

第二种细胞类型是真核生物细胞，它构成了所有的多细胞生物，以及包括酵母在内的一些单细胞生物。真核细胞包含一些亚细胞空间。它们自身的膜将这些空间与细胞质隔开。这些空间叫做细胞器，因为它们和在动物体内发现的某些器官相似。细胞器使真核细胞可以在专门的分隔空间中实现特殊功能。

第一个专门的细胞器是细胞核。它含有细胞的 DNA。包围着细胞核的膜是一种非常专门化的结构，带有巨大的、八边形的孔，这些孔叫做核膜孔。它们不是被动被穿透的。相反，它们是主动发挥作用的"守门员"。大分子（例如蛋白质或 RNA［核糖核酸］）如果没有正确的"口令"是不能通过这些圆形核孔的。这使得细胞质中的分子不能进入细胞核，反之亦然。

细胞质能够对其他一些细胞器起到螺柱作用（stud）。线粒体是细胞的"发电厂"。它们专门进行化学反应，从而将装满高热量的营养分子转变成细胞可以直接利用的化学能形式。线粒体有内外两层膜。营养分子在得到控制的情况下进行"燃烧"，使内膜包围着的空间内的酸度和内外膜夹层包围着的空间内的酸度之间产生差异。这两个小隔室之间酸的流动会产生能量，正如水流过大坝会产生电力一样。

溶酶体是单层膜包围着的小型细胞器。本质上，它们是一些酶袋，可以将无用的分子降解。将要被降解的分子先被包裹在被膜小泡中，再运送到溶酶体中降解（见第 5 章）。溶酶体中的酸度比细胞质中的酸度大 100 倍至 1 000 倍。增加的酸度使得紧紧折叠在一起的蛋白质链被打开，于是开放的结构将更容易受到降解酶的攻击。

内质网（ER）是一个宽广、扁平、回旋形的膜系统，被分成两个不同的部分：粗糙型内质网和光滑型内质网。前者之所以外表粗糙，是因为大量的核糖体附着在它表面。核糖体是进行蛋白质合成的细胞机器。光滑型内质网对脂类——脂肪分子进行合成。高尔基体（以首先发现这种物质的意大利细胞学家卡米洛·高尔基［Camillo Golgi］的名字命名）是一叠扁平的膜，许多在内质网中制造的蛋白质都需要借助这些膜来完成转化。

细胞可以呈现出与球形完全不同的形状（例如精子细胞），并且可以根据环境的变化而改变形状。细胞的形状是由细胞骨架来支撑的。正如名称所暗示的那样，它是细胞的结构框架。细胞骨架是由三种主要的结构材料组成：微管、微丝和中间丝。微管发挥着一些功能，其中之一是形成有丝分裂的纺锤体。这种纺锤体在细胞分裂期间会将各个染色体的复本推入各自的子细胞。微管也是真核细胞纤毛的骨架。就像桨一样，它可以帮助细胞穿过它的外部环境。最后，微管还可以充当"铁路轨道"，让分子"汽车"将货物运输到细胞中比较远的地方。微丝比微管更细，是由肌动蛋白组成的。这种蛋白也是肌肉的主要成分。微丝彼此抓合在一起，一边滑动一边收缩。通过让细胞膜在合适的地方折叠来对细胞进行塑形。中间丝比微丝要粗，比微管要细。它似乎仅仅充当着支撑结构（就像钢梁一样）。中间丝是细胞骨架中最富于变化的结构。

几乎所有的真核细胞都含有如上所述的细胞器。然而，植物细胞还包含几种其他的细胞器。叶绿体是进行光合作用的场所。从许多方面来看，叶绿体和线粒体都有类似之处，因为它们都负责产生能量。叶绿体含有叶绿素，它能像天线一样捕捉光线。光线的能量被传送到极为复杂的分子机器。分子机器导致叶绿体的内外膜的酸度产生差异。植物细胞还有一个大的、清澈的、被膜围闭的空间叫做液泡。液泡是一个储存废物、营养素和色素的仓库，并且发挥着结构性的作用。在某些植物细胞中，液泡占据了大约百分之九十的空间，并且承受着高渗透压。高渗透压会对坚固的植物细胞壁进行推压，并让细胞变硬。

子黑匣 蛋白质的结构

虽然按照日常生活的标准来衡量，上面描述的细胞和细胞器都极为微小，但是比起构建它们的结构材料来说就非常大了。细胞和亚细胞结构的构成材料归根到底是由联结分子的原子组成的。当 2 个原子中的任意 1 个献出 1 个电子来共享时，就会形成化学键，又叫做共价键。通过共享负电子，原子可以更为有效地掩护它们带正电子的原子核。分子就是 2 个或 2 个以上原子共用电子对而形成的。

令人惊讶的是，在生物分子中发现的原子种类却很少。几乎所有的生物分子都是由 6 种元素的原子构成：碳（C）、氧（O）、氮（N）、氢（H）、磷（P）和硫（S）。一些其他元素（例如氯、钠、钙、钾、镁和铁）在生物系统中是以离子的形式存在的。（离子是在水中以不同程度自由漂浮的带电粒子。）

碳、氢、氧、氮、磷和硫原子可以相互结合。碳原子可以同时与最多 4 个不同的原子立刻结合，并且生物磷原子还可以与 4 个不同的原子结合（大部分情况下都是 4 个氧原子）。氮原子可以形成 3 个键（特殊情况下达到 4 个键），并且氧原子和硫原子可以形成 2 个键。氢原子只能和其他原子形成 1 个键。在这些元素中，碳原子最为独特。它可以和其他碳原子形成稳固的键，以构成长链。因为长链中的某个碳原子只用到了 2 个键：1 个键用于和它右侧的碳结合，另 1 个键和它左侧的碳结合，那么它还可以形成 2 个键。它可以利用 1 个键来与氮原子结合，而另 1 个键也许可以用来和另 1 个碳原子链结合。

碳原子和其他生物元素可以构成的分子数量实际上非常庞大。然而，生物系统不需要用到这么多完全不同的分子。实际上，它们只制造了数量有限的分子，巨大的"微观"生命分子诸如蛋白质、核酸和多糖，都是通过将数量有限的组合中的分子以不同的重组方式串联得来的。这可以被看做是用字母表中的 26 个字母组成无数单词和句子。

蛋白质的构成材料被称为氨基酸。实际上组成所有蛋白质的 20 种不同的氨基酸都有一个共同的结构。在分子的左边是 1 个被称为氨基的含氮基团，分子的右边是 1 个 羧酸基团，通过 1 个中心碳原子连接到氨基上（因此它被叫做氨基酸）。此外，除 1 个氢原子外，还有 1 个叫做侧链（图 A-2）的基团也被附着在中心碳原子上。不同种类的氨基酸的侧链都不一样。正是侧链的不同导致各种氨基酸具有不同的特性。

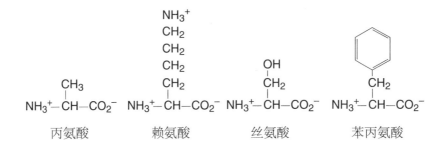

丙氨酸　　　　　赖氨酸　　　　　丝氨酸　　　　　苯丙氨酸

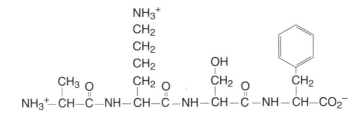

图 A-2　氨基酸链的构成

（上图）4 种氨基酸。氨基酸之间的唯一不同是它们的侧链。

（下图）4 种氨基酸已经用化学方式进行了结合。蛋白质就是许多氨基酸用化学方式结合构成的长链。

　　氨基酸可以被归为几类。第一类包含碳氢化合物侧链（只包含碳原子和氢原子的侧链）。这些侧链像汽油那样是油性的，并且往往具有疏水性。第二类是带电的氨基酸，有 3 个带正电的氨基酸和 2 个带负电的氨基酸。带电的侧链具有亲水性。第三类是极性氨基酸。极性分子虽然不完全带电，却含有部分带电的原子。当在化学键中一个原子比其他原子对某个电子的拉力更强以至于电子离这个原子更近时，就会发生这种情况。获得电子份额最大的原子多少会表现出带负电的特性。而获得电子数量不足的原子就会带有部分正电荷。带正电和带负电的侧链之间的交互作用，以及极性侧链中带部分正电和部分负电的原子之间的交互作用，对蛋白质的结构具有重要的影响。

在蛋白质合成期间，通过让一种氨基酸的氨基和另一种氨基酸的羧基发生反应以形成一个叫做肽键（图 A-2）的新基团，从而让两种氨基酸化学结合在一起。新的分子仍然在一端有 1 个自由氨基，在另一端有 1 个自由羧基，所以另一个氨基酸可以通过提供氨基端来形成另一个肽键，从而与其结合。这个过程可以无限重复，直到一个包含成千上万个氨基酸"残基"（在将两个氨基酸结合的化学反应后留下的那一部分）的高分子形成了。这种高分子被称为多肽或者蛋白质。

一个普通蛋白质包含的氨基酸残基数量可以介于 50 个到大约 3 000 个之间。蛋白质的氨基酸序列被称为它的一级结构。完全蛋白质仍然在某一端有 1 个自由氨基，人们称之为 N 末端，在另一端有 1 个自由羧基，称为 C 末端。蛋白质的氨基酸序列通常是按照从 N 末端到 C 末端的顺序来书写的。按照从 N 末端到 C 末端的顺序来结合的蛋白质的原子被称为蛋白质骨架，它包括除侧链原子以外的所有原子。

一个新合成的蛋白质不会像一条松散的链子一样到处漂浮。在某个特别的过程中，实际上所有的生物蛋白质都会折叠形成不连续的、非常精确的结构（图 A-3）。不同蛋白质的结构也截然不同。这是通过相互作用自动完成的，例如一个带正电的侧链吸引一个带负电的侧链，二个疏水的侧链挤作一团把水挤出，大的侧链被赶出小空间等等。折叠过程一般要花上一秒钟至一分钟不等。在折叠过程结束时，两种不同的蛋白质可以被折叠成如同 3/8 英寸扳手和竖锯那样精确而又彼此迥异的工具。并且，就像这些家庭工具一样，如果它们的形状发生明显的翘曲，那就不能发挥作用了。

当蛋白质折叠时，它们不会像握在你手中的弹簧那样一起散落后坍塌掉。折叠是有规律的。在蛋白质折叠前，它的极性骨架原子——各个肽键中的氧、氮和氢原子和水分子结合形成"氢键"。当一个部分带负电的肽键氧原子或氮原子与水中带部分正电的氢原子紧密结合时，就会形成氢键。然而，当蛋白质折叠时，它必须挤出全部的（或者接近全部的）水，这样亲油性侧链才能被密实地包埋起来。这就造成了一个问题：极性肽键原子必须在折叠蛋白质中找到带相反电荷的"伙伴"，否则蛋白质就无法折叠。

蛋白质有两种方法来解决这个问题。首先，蛋白质的各个部分可以形成一个 α 螺旋结构。在这个结构里，蛋白质的骨架呈螺旋形。螺旋的几何

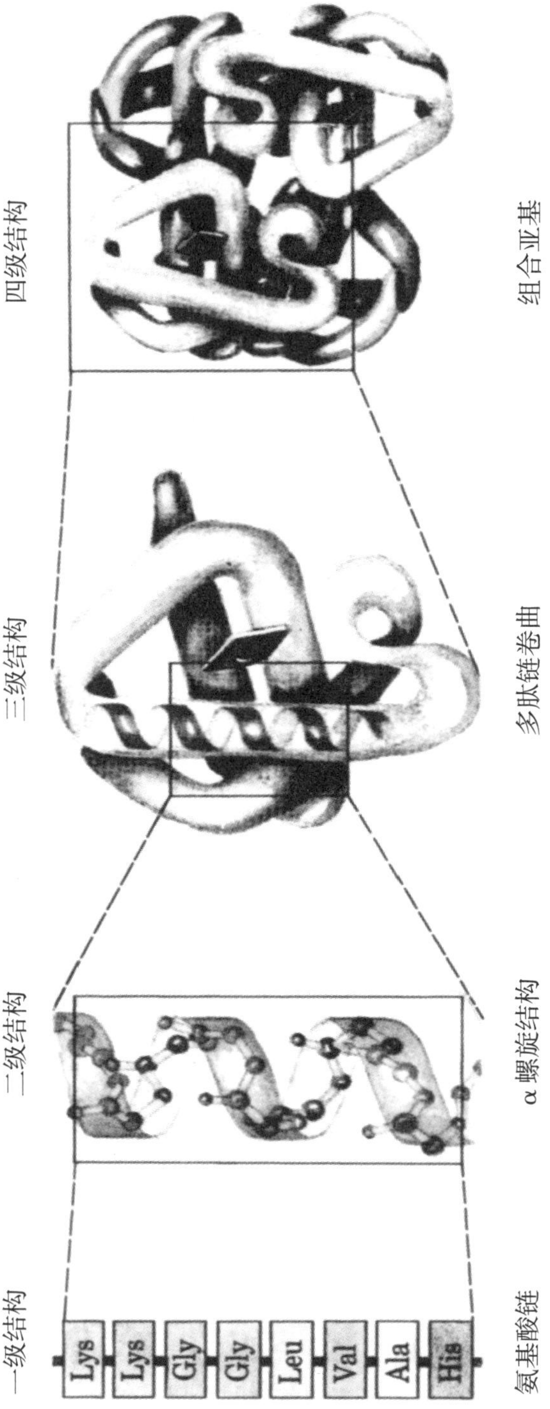

一级结构　氨基酸链

二级结构　α 螺旋结构

三级结构　多肽链卷曲

四级结构　组合亚基

Lys　Lys　Gly　Gly　Leu　Val　Ala　His

图 A-3　蛋白质结构的四级层次

形状使肽基的氧原子直接指向蛋白质链上距离它 4 个氨基酸残基长度的肽基的氢原子，并与之形成氢键（图 A-3）。下一个残基与随后的第四个残基形成氢键，依此类推。通常，一个 α 螺旋结构从开始到末端（并非一定是蛋白链的末端）会包含 5～25 个氨基酸残基。α 螺旋结构可以使蛋白质折叠成一个密实的形状，同时仍然能形成与肽键原子结合的氢键。使肽键原子中氢键能规律形成的二级结构叫做 β 片层折叠结构，简称为 β 折叠。在该结构中，蛋白质的骨架上下运动，就像床单上的褶皱，并且肽键原子沿着垂直于蛋白质链的方向伸出来。接着，蛋白质链卷曲起来，恢复原样，并且在返回链氢键的肽基上的氧原子可以与第一条链上的肽基结合。如同 α 螺旋结构一样，β 折叠结构允许极性骨架原子形成氢键。

我们知道，α 螺旋和 β 折叠是蛋白质的二级结构。普通蛋白质中有 40%～50% 的氨基酸残基都位于 α 螺旋和 β 折叠中。剩余的残基依次参与到二级结构的不同部分中。否则它们就会形成不规则的结构。大部分时候，螺旋和折叠会彼此挤压以形成密实的球状蛋白质。二级结构中的各个组成部分互相挤压的确切方式被叫做蛋白质的三级结构（图 A-3）。螺旋和折叠互相挤压的动力来源于多个蛋白质侧链的亲油性特性。正如油会和水分离以形成一个清晰的层状结构一样，亲油性的疏水侧链挤作一团以在蛋白质内部形成一个无水区。然而，请回忆一下，一些蛋白质的侧链，要么是有极性的要么就是带电荷，并且它们喜欢接触到水。亲油性侧链和极性侧链在氨基酸序列上的排列模式，以及对蛋白质链折叠的需求（这样大部分的疏水基都位于蛋白质内部，并且大部分的亲水基都位于蛋白质外部），这两者都能提供信息以促使某种特定的蛋白质折叠成某个特定的结构。

另一个因素也创造出了蛋白质折叠的独特性。在所有的折叠蛋白质中，一些极性侧链会不可避免地被埋在里面。如果被埋的极性原子找不到与之形成氢键的“伙伴”，那么蛋白质就会变得不稳定。在大多数蛋白质中，大概有百分之九十的被埋的极性侧链原子实际上是通过氢键键合到另一个侧链上或是其他方法键合到蛋白质骨架上。一个普通蛋白质的折叠需要同时容纳疏水基和亲水基，并且还要形成一个氢键网络。这种折叠可以被比做是一个立体的拼图玩具。

通常，几个单独的多肽以某种特定的方式黏结在一起以形成一个整体发挥作用的复合结构。这样的话，通常我们将联结在一起的多肽看做是含有几个"亚基"的单一蛋白质。例如，携带氧的血红蛋白是由 4 个多肽组成，并且合并后的蛋白质具有单个多肽所缺乏的与氧结合的特性。这样，起作用的生物蛋白质是四个多肽的集合体。几个单独的多肽在蛋白质中形成的特定排列被称为蛋白质的四级结构（图 A-3）。

核酸的结构

就像蛋白质一样，核酸是由少量叫做核苷酸的基础材料所构成的聚合体。一个核苷酸本身包含几个部分。第一个部分是碳水化合物，要么是核糖（在 RNA 中），要么是脱氧核糖（在 DNA 中）。核糖上附着有 4 个碱基中的某一个，即腺嘌呤（A）、胞嘧啶（C）、鸟嘌呤（G）或尿嘧啶（U）。如果这个碳水化合物是脱氧核糖，那么尿嘧啶（U）就会被一种叫做胸腺嘧啶（T）的类似碱基所替代。A、C 和 G 也被用在脱氧核糖中。一个磷酸基附着在碳水化合物环的另一个不同的部分上（5′-OH 基，叫做 5-羟基）。核苷酸的糖-磷酸部分与氨基酸骨架部分相类似，而碱基则与氨基酸侧链相类似。核苷酸之间的不同仅仅在于碱基中的区别。

两个核苷酸可以通过化学方式结合。即一个核苷酸的磷酸盐和第二个核苷酸的碳水化合物部分的 3′-OH 基发生反应（图 A-4）。但这仍然会在一端留下一个自由磷酸基，并在另一端留下一个自由 3′-OH 基（叫做 3-羟基）。这些物质可以进一步与其他核苷酸发生反应。通过对这一过程进行重复实际上可以生成非常长的多核苷酸。细胞 RNA 的长度从大约 70 个到大约 5 万个核苷酸不等。单个 DNA 分子中的核苷酸数量从数千个到大约 10 亿个不等。一个多核苷酸的序列通常是以从 5′端到 3′端的顺序开始书写的。

人们发现，细胞 RNA 是一条单一的多核苷酸链。有几种不同生物类别的 RNA。第一种叫做信使 RNA（mRNA）。这一类别的成员是作为 DNA 基因的可靠复本而制造的。mRNA 传送的遗传信息随后通过蛋白质合成器进行翻译，从而制造出蛋白质。第二种 RNA 叫做核糖体 RNA（rRNA）。这个类别的多核苷酸和很多不同的蛋白质相结合以形成核糖体，也就是蛋白质合成的主要机器。最后一种主要类别的 RNA 叫做转运核糖核酸（tRNA）。这个类别的成员相对较小，长度为 70 ~ 90 个核苷酸，还充当

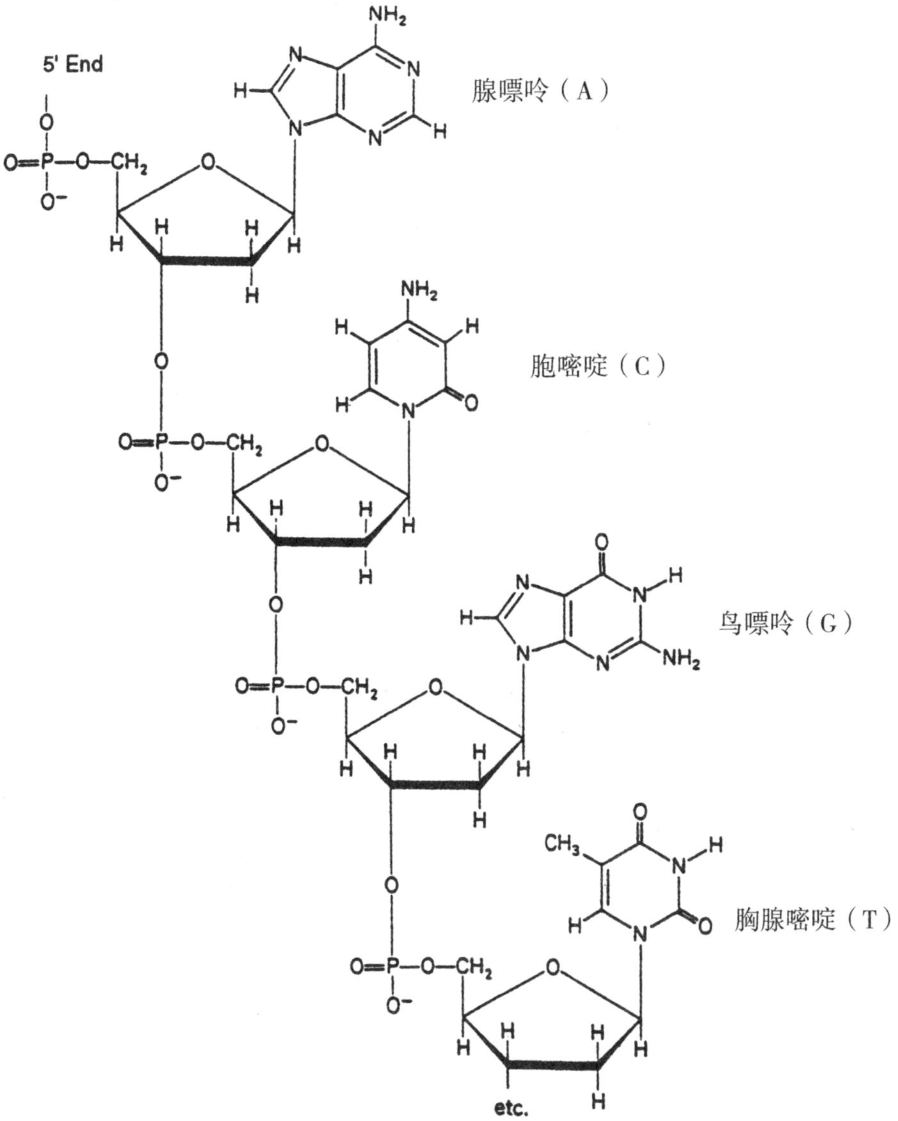

图 A-4　含有 4 个核苷酸的 DNA 片段

mRNA 和在核糖体作用下制造的生长蛋白质之间的"适配器"。

人们发现，细胞的 DNA 是一种双链分子——通过氢键的结合紧紧合并在一起的两条相互缠绕的多核苷酸链（著名的双螺旋）。为了弄明白其中的原因，我们必须看看核苷酸碱基的基础结构（图 A-4）。核苷酸可以被分成两种——嘌呤（A 和 G）和嘧啶（C 和 T）。嘌呤传送大的碱基（由 2 个稠环组成），嘧啶只有一个环。如果 A 和 T 得到正确的定位，它们可以互相结合形成 2 个氢键，并且 G 和 C 可以形成 3 个氢键。在细胞中，如果某个地方的 DNA 链上有 1 个 G，那么在同一地方的第二条 DNA 链上就会有一个 C，反之亦然。并且，如果在某个地方的 DNA 链上有 1 个 A，那么在同一地方的第二条 DNA 链上就会有 1 个 T，反之亦然。这样，第二条蛋白质链被称为彼此"互补"。为了得到正确的导向以便完成氢键合，这 2 条蛋白质链必须指向不同的方向，一个从左至右（从 5′ 到 3′），另一个从右至左（从 5′ 到 3′）。真核生物的 DNA 包含 2 种互补的线性链，但令人惊讶的是，许多细菌的 DNA 是由 2 种互补的环形链组成的。

细胞中 DNA 的数量大致随着生物体复杂性的不同而变化。细菌有大约几百万个 DNA 核苷酸。真核细胞 DNA 的数量从最少几千万个核苷酸（在真菌中）到最多几千亿个核苷酸（在一些开花植物中）。人体差不多有 30 亿个核苷酸。

子黑匣 脂类和多糖

另外两种主要的生命分子类型是脂类和多糖。多糖是糖类分子及其衍生物的聚合体。它发挥着各种各样的作用。它们可以被用作建筑原料，例如在木本植物和树中发现的纤维素，还可以用作能量贮藏室，例如肝脏中储存的糖原。脂类则不同于蛋白质、核酸和多糖，脂类不是由非连续的基础材料构成的聚合体。相反，每个脂类分子必须根据最基础的材料合成获得。脂类不是高分子，但它们可以结合起来形成像膜这样的大结构。

子黑匣 转录

遗传信息的储藏室 DNA 是一个多核苷酸，但是它携带的信息可以告诉细胞该如何制成多肽——蛋白质。信息是如何从一种聚合物"语言"被译成另一种聚合物"语言"的呢？DNA 的双螺旋结构被发现不久，物理学家乔治·伽莫夫（George Gamow）提出一个非化学的概念，即遗传信息是以编码形式储存的，信息的表达涉及到了多核苷酸的解码，将信息转化成蛋白质的多肽语言。虽然他对密码的具体特性的认识是错误的，但他的直觉却是颇有预见性的。

在 20 世纪 60 年代初期，遗传密码得到破译。诺贝尔奖获得者马歇尔·尼伦伯格（Marshall Nirenberg）、塞韦洛·奥乔亚（Severo Ochoa）、H. 戈宾德·霍拉纳（H. Gobind Khorana）和他们的同事证明，在遗传密码中，3 种相邻的核苷酸对应着 1 个氨基酸（图 A-5）。既然从 4 个碱基中每次挑选 3 个的话总共存在 64 种可能的组合，对于总共 20 种氨基酸来说可以利用的编码排列就显得绰绰有余了。所形成的 3 个碱基"密码子"都会得到细胞的利用，因此遗传密码存在冗余，这意味着几个不同的密码子可以指代同一个氨基酸。例如 ACU、ACC、ACA 和 ACG 都能为苏氨酸指定遗传密码。大多数氨基酸有 2 个或 2 个以上的密码子来对其进行指代。然而，有几个氨基酸只有 1 个密码子来指代它们。在可能的 64 个密码子中总共有61 个用于标示氨基酸，剩余的 3 个被用作"停止"密码子。当解码器遇上这种专用信号时，它就会立即停止蛋白质的生产。

提取 DNA 含有的信息所涉及的大量步骤可以从概念上分为转录和转译两个种类。简而言之，在转录过程中，一个细胞根据为它的蛋白质进行编码的 DNA 的某一小部分（术语上称为基因）制作 RNA 副本。在转译过程中，RNA 中的遗传信息被用来生产蛋白质。

在基因的转录过程中，需要做出某些决定。第一个决定就是应该从巨大的 DNA 链的什么地方开始。起始位置一般带有几个特定的 DNA 序列标记，叫做"启动区"。在原核生物中，DNA 核苷酸的一个叫做"－35 区"的序列（通常是 TCTTGACAT），一般在一个基因之前大约 35 个核苷酸的地方出现；另一个叫做"普里布诺框"（Pribnow box）的序列（通常是

UUU	苯丙氨酸	UCU		UAU	酪氨酸	UGU	半胱氨酸
UUC		UCC		UAC		UGC	
UUA		UCA	丝氨酸	UAA	停止	UGA	停止
UUG		UCG		UAG		UGG	色氨酸
CUU	亮氨酸	CCU		CAU	组氨酸	CGU	精氨酸
CUC		CCC	脯氨酸	CAC		CGC	
CUA		CCA		CAA	谷氨酰胺	CGA	
CUG		CCG		CAG		CGG	
AUU	异亮氨酸	ACU		AAU	天冬酰胺	AGU	丝氨酸
AUC		ACC	苏氨酸	AAC		AGC	
AUA		ACA		AAA	赖氨酸	AGA	精氨酸
AUG	蛋氨酸	ACG		AAG		AGG	
GUU	缬氨酸	GCU		GAU	天冬氨酸	GGU	甘氨酸
GUC		GCC	丙氨酸	GAC		GGC	
GUA		GCA		GAA	谷氨酸	GGA	
GUG		GCG		GAG		GGG	

图 A-5　64 个遗传密码子（The genetic code）

TATAAT），则在转录开始地点之前 5～10 个碱基对的地方出现。除了类似的信号之外，真核生物还有一种叫做"增强子"（enhancers）的 DNA 序列，它位于距离初始地点数千个碱基对的位置。增强子能对基因转录的速度产生巨大的影响。

为了启动转录，在原核生物中一种叫做"RNA 聚合酶"的多亚基酶附着到 DNA 上。RNA 聚合酶由 5 个多肽链组成。最初，RNA 聚合酶松散地附着到 DNA 上，就像滑行索道上的小车一样沿着 DNA 移动，直到它找到某一个基因的启动子区。这时，被称为"σ"（读音"西格马"）的蛋白质亚基识别出启动子区的 DNA 序列。RNA 聚合酶找到启动子区序列后，"σ"就会漂走，它的任务就结束了。如果没有"σ"，聚合酶就会非常紧密地附着在 DNA 上，而且不能再自由移动。现在 RNA 聚合酶的工作开始了。RNA 聚合酶"溶解"大约 10 个 DNA 碱基对，将该区域中的两条多聚核苷酸链相互分离。只有这样，要制成的 RNA 链才能通过与其键合的氢"读取"DNA 模板。这时，聚合酶将和一个活化形式的核糖核苷酸结合，这个核糖核苷酸与转录开始处的第一个 DNA 碱基呈互补关系。接着，聚合酶又和与第二个 DNA 碱基呈互补关系的第二个核糖核苷酸结合。

一旦头 2 个核糖核苷酸与 DNA 模板配对，RNA 聚合酶就会以化学方式将其结合。接着，聚合酶沿着 DNA 模板向下移动 1 个位置，在移动的过程中使 DNA 链分开。聚合酶让相应的活化核糖核苷酸与 DNA 模板中的第三个位置的碱基配对，并将其与不断增长的 RNA 链相结合。这几个步骤沿着 DNA 上的基因以极快的速度不断重复，每秒钟以大约 20 ~ 50 个核苷酸的速度移动。

转录会导致一个问题：聚合酶穿过相互缠绕的螺旋形 DNA 双链的运动会使得位于聚合酶之前的 DNA 缠绕得过于紧密。[48]这会导致转录的速度慢下来或完全停止，除非另一种叫做局部异构酶的蛋白质能够通过一种复杂的办法来松开 DNA 双链——切断 1 条缠绕的 DNA 链，让未经切割的 DNA 链绕过被切开的 DNA 链，然后重新封住切口。

当 RNA 聚合酶碰上某个特别的 DNA 序列时，转录会停止。在原核细胞中，这个特别的序列是一个旋转对称（回文结构）[49]的区域，含有大约 6 或 7 个 GC 碱基对，后面还有 1 个长度相同的、富含 AT 碱基对的区域。有些（不是所有的）基因需要一种叫做 ρ（读音"柔"）的额外蛋白质才能让聚合酶从 DNA 链上掉下来。

基因调控

一个普通的细菌细胞含有数千个基因，一个普通的哺乳动物的细胞则含有数万个基因。细胞是如何知道什么时候需要转录基因，细胞又是如何能从数千个备选基因中挑选出某个特定基因的呢？"基因调控"这一问题是研究的焦点。许多细节已经得到揭示，但仍有许多问题尚未解决。一个最简单的基因调控例子就是噬菌体 λ 生命周期的调控。噬菌体是病毒的原核类似物，是包裹在蛋白质"外壳"中的 DNA 小片段。为了制造自身的复本，噬菌体必须找到一个合适的细菌细胞，将自身依附于细菌细胞上，然后将它的 DNA 注入寄主。来自于噬菌体的 DNA 非常小，只能为大约 50 个基因指定遗传密码。这个数量还不够噬菌体制成自己的复制机器，因此噬菌体很聪明地劫持寄主的复制机器。因此，噬菌体是一种寄生生物，无法实现完全的自给自足，也无法独立生存。

有时候，当噬菌体 λ 侵入某个细菌细胞时，这个细胞会由于制造了太多的噬菌体 λ 副本而迸裂。这就叫做溶菌周期（*lytic* cycle）。不过，在其他时候，噬菌体 λ 会将它自身的 DNA 插入细菌的 DNA 中，使两个分子变成一个。在这里，λDNA 能够静悄悄地停留，在细胞分裂时与细菌 DNA 的其余部分一起得到复制，并等待时机的到来。这个过程被称为溶源周期（*lysogenic* cycle）。当细菌（也许很多代以后）遇上麻烦（例如碰上大剂量的紫外线），细菌 DNA 中的 λDNA 会转换到溶菌模式。只有这时噬菌体才制成其自身的数千个复本，让细菌细胞迸裂，释放出新的噬菌体。

是什么将噬菌体 λ 从溶源周期转换成溶菌周期的呢？当噬菌体的 DNA 进入细胞时，RNA 聚合酶与噬菌体 λ 的转录启动区结合。最初得到表达的基因中有一个是指代一种叫做"整合酶"的酶，这种酶能以化学方式将噬菌体 λ 的 DNA 插入细菌 DNA。整合酶会在某个点将环状 λDNA 切断，而它同样也会将寄主 DNA 中某个与这个点具有相似序列的点切断。这样两个 DNA 片段就会形成可以互补的、带有"黏性"的两个末端，可以结合成氢键。整合酶接着将 DNA 片段连接起来。

另一个为蛋白质指定遗传密码的噬菌体 λ 基因叫"阻遏物"（repressor）。阻遏物紧密地与 1 个 λDNA 序列结合在一起。RNA 聚合酶又必须与 λDNA 联结才能启动溶菌循环。但是，当 λ 阻遏物在场时，RNA 聚合酶又无法结合，因此溶菌循环被中止。阻遏物实际上有 3 个排成一条线的结合点。阻遏物与第一个点的结合比第二个点更为紧密，而第二个点又比第三个点紧密。第三个点与为阻遏物本身指定遗传密码的基因的启动区重叠。这种排列可以让阻遏物不断得到合成，直到第三个点被填满，这时合成就会停止。如果阻遏物的浓度下降到某个临界点，以至于它从第三个点脱离，那么阻遏物的基因就会再次得到启动。

通过这种机制，λ 阻遏物可以对自身的基因复制进行调控。如果存在某些化学物质、紫外线或是其他具有破坏性的化学制剂，则专门破坏 λ 阻遏物的一种酶的基因就会得到启动。当阻遏物从第一个点得到移除时，一种叫做 Cro（交联）蛋白质的基因得到激活。Cro 蛋白质紧密地结合在第三个 λ 阻遏物结合点，将其永远关闭，并将噬菌体的溶菌循环启动。制造 λDNA 副本以及将它们挤入蛋白质外壳的所有必需的基因现在都得到了转录。

噬菌体 λ 生命周期的控制是基因调控的最简单的例子之一。其他基因系统的调控，特别是在真核细胞内，可能涉及到十几个蛋白质。然而，人们认为，大部分基因是由类似噬菌体 λ 系统的系统通过反馈控制和多个因子来共同决定单个基因是否得到启动来进行调节的。

转译

一旦信使 RNA（mRNA）制造出来，任务就变成了将信息转译成蛋白质。这个过程在原核生物中表现得最为清楚。

得到转录的信使 RNA 被一个叫做核糖体的粒子结合。核糖体（rRNA）是一些巨大的集合体，由 52 个单独的蛋白质（其中有几个存在于多个副本中）和 3 个长度分别为 120、1 542 和 2 904 个核苷酸的 RNA 组成。核糖体可以容易地分解为被称为"30S 亚基"和"50S 亚基"的两大部分。[50]不可思议的是，核糖体是自我组合的。实验表明，当核糖体被分解成几个部分然后再混合时，在合适的条件下各个部分会自发地重新组装成核糖体。

核糖体有着和 RNA 聚合酶相似的问题：核糖体必须确定应该从信使RNA 中的哪个点开始进行转译。在原核生物中，这个点会带有一个叫做夏因-达尔加诺（Shine-Dalgarno）序列的标记，大约在距离启动位点 10 个核苷酸的上游位置。启动发生在随后的第一个 AUG 序列（AUG 为氨基酸中蛋氨酸的指定遗传密码）。在真核生物中，起点通常就从信使 RNA 的 5′端开始的第一个 AUG 序列开始。

核糖体自身不能直接和信使 RNA 结合，还需要一些其他的因素。在原核生物中，还需要 3 种叫做起始因子的蛋白质（分别标记为 IF-1、IF-2 和IF-3）。要想开始转译，IF-1 和 IF-3 要和 30S 核蛋白体亚基结合。然后这个复合物继续和（1）一个之前形成的携带蛋氨酸的转运 RNA（tRNA）分子与 IF-2 结合的复合体，并且（2）在起动位点和信使 RNA 分子结合。接下来，50S 核蛋白体亚基结合到不断增长的复合体上，导致 IF-1、IF-2和 IF-3 掉下来。在真核生物中，转译的开始会经历类似的步骤，但是启动因子的数量可以多达 10 个或以上。

在接下来的步骤中，第二个转运 RNA 分子和一个叫做不耐热蛋白质延伸因子（EF-Tu）的蛋白质联合，携带着合适的氨基酸进入核糖体并与之结合。被固定在核糖体上的这2个氨基酸之间形成1个肽键。第一个转运RNA分子这时已经失去它的氨基酸，并且2个共价键联结的氨基酸残基被连接到第二个转运RNA上。此时，第一个转运RNA和核糖体分离开，第二个转运RNA移入核糖体上之前被第一个转运RNA所占据的点，核糖体则精确地在信使RNA上往下移动3个核苷酸。为了实现某种我们还不清楚的功能，这个易位过程还需要另一个叫做延伸因子G的蛋白质（EF-G，移位酶）。

这些步骤不断重复，直到核糖体到达一个与终止密码子对应的3个核苷酸序列。另一个叫做释放因子的蛋白质和终止密码子结合起来，以防止核糖体移动到那里。此外，释放因子改变了核糖体的形态。核糖体会将完全多肽链从它仍然附于其上的最后一个转运RNA分子上割除，蛋白质自由地漂入溶液中，而不是简单地待在信使RNA上等着释放因子的移动。随后，无活性的核糖体从信使RNA上分离开来，漂走，随时可以开始新一轮的蛋白质合成。

其他的因素太多，因篇幅的限制不在这里一一提及。它们也是转译系统发挥功能所必需的。这些因素包括：通过化学方式将合适的氨基酸放置在合适的转运RNA上的酶，各种对转译加以"校对"的机制，以活性核苷酸GTP形式出现在转译各阶段的化学能的作用。尽管如此，这个概述也许不仅能让读者了解遗传信息的表达过程，而且还能让你们认识到表达过程所涉及到的错综复杂的细节。

子黑匣 DNA 复制

在每个细胞的生命中，总会有某个时候它会倾向于分裂。细胞分裂的一个主要考虑就是为了保证遗传信息得到复制和完好无损的传递。细胞付出了许多努力来完成这一任务。

1957年，美国生物学家亚瑟·科恩伯格（Arthur Kornberg）证明，不管将什么"模板"的DNA丢到反应混合物中，某种特定的酶都可以将脱氧核苷酸的活化形态聚合成一个新的DNA分子，而这个分子就是模板DNA的精确副本。他将这种酶叫做DNA聚合酶Ⅰ（PolⅠ）。这一发现让科学界为之欣喜若狂。但是，多年来，事实证明 Pol I 的主要功能不是在细胞分裂期间合成 DNA，而是对因暴露在紫外线、化学诱变剂或者其他环境下遭到破坏的 DNA 进行修补。另外两种 DNA 聚合酶——Pol II 和 Pol III——后来又得到了发现。Pol II 的作用我们尚不清楚。缺乏这种酶的变异细胞没有表现出任何明显的缺点。Pol III 已被确定是原核生物中参与 DNA 复制的主要酶种。

DNA 聚合酶 Pol III 实际上是几种不同亚基的集合体，长度从约 300 ~ 1 100 个氨基酸残基不等。其中只有一个亚基负责以化学方式对核苷酸进行连接的功能，其他亚基则发挥着关键的附属功能。例如，在仅仅连接 10 ~ 15 个核苷酸后，起聚合作用的亚基就可能会从模板 DNA 上掉落下来。如果在细胞中发生这种情况，聚合酶就会不得不在复制完成之前多次跳回去，在很大程度上减慢了复制的速度。然而，完整的 Pol III——以及所有的 7 个亚基——在整个模板 DNA（长度可以超过 100 万个碱基对）复制完成之前都不会掉下来。

具有不可思议的是，除了聚合作用外，Pol III 还具有一种 3′→5′核酸酶活性。这就意味着它能够将已经聚合的 DNA 链降解成自由核苷酸，从一个自由的 3′端开始，然后朝着 5′端进行。那么，聚合酶为什么还会使 DNA 链降解呢？原来，细胞核 Pol III 的核酸酶活性在确保复制过程的精确度方面非常重要。假如错误的核苷酸被连接到生长的 DNA 链中。Pol III 的核酸酶功能会让它后退回去并将错误配对的核苷酸移走。正确配对的核苷酸可以抵抗核酸酶活性。这一活性被称为"校对"。如果没有这种活性，在 DNA 的复制中，将会悄悄地发生成千上万个乃至更多的错误。

DNA 复制从某一特定的 DNA 序列开始，然后马上沿着亲本 DNA 链往前后两个方向继续进行。一般将这个 DNA 序列称为"复制起点"。在复制期间和转录一样，要着手处理的第一个任务就是将两个亲本 DNA 链分离。这个任务由 DnaA 蛋白质完成。在分离之后，另外两个叫做 DnaB 和 DnaC 的蛋白质和单个的 DNA 链结合起来。还有两个蛋白质——单链结合蛋白（SSB）和促旋酶——被吸收到开放的 DNA 的不断生长的"泡状物"中。在 DNA 复制期间，SSB（单链结合蛋白）一直让两个亲本的 DNA 链保持分离，而促旋酶负责将集合体穿过双链 DNA 时产生的扭结解开。

此时，DNA 聚合酶可以开始合成了。但出现了几个问题。DNA 聚合酶不能通过像 RNA 聚合酶开始转录时那样将 2 个核苷酸结合到一起开始合成。DNA 酶只能将核苷酸加到先前存在的多核苷酸的端部。这样，细胞会使用另一个酶来在暴露的 DNA 模板上形成一小段 RNA。这个酶可以从 2 个核苷酸开始 RNA 的合成。一旦 RNA 链达到大约 10 个核苷酸的长度，DNA 聚合酶就可以将 RNA 当做"引物"并把脱氧核苷酸添加到它的端部。

第二个问题是在复制"叉"打开时出现的。DNA 的一条新链的合成可以毫无困难地进行。聚合酶从 3′→5′ 方向读取模板时，会生成一条 5′→3′ 方向的新链，所有聚合酶都是这么做的。但是如何合成第二条链呢？如果直接合成，聚合酶就需要从 5′→3′ 的方向来读取模板，并由此以 3′→5′ 的方向来合成新 DNA 链。尽管从理论上并不能否定发生这种情况的可能性，但根据我们已有的认识，还没有聚合酶是从 3′→5′ 的方向来合成 DNA 链的。相反，在一段 DNA 链被打开后，在复制"叉"附近会产生一个 RNA 引物，DNA 合成往回进行，从 5′→3′ 方向离开复制"叉"。在这一"延迟"链上的进一步合成必须等到复制叉打开另一段 DNA 后才能开始。这时必须制造另一个 RNA 引物，并且 DNA 合成往回朝着之前合成的那一段继续进行。这时 RNA 引物必须被移除，移除后的缺口由 DNA 来填充，DNA 片段的端部得到"缝合"。这还需要另一些酶来发挥作用。

多年来，通过许多实验室的不懈努力，以上描述的原核生物 DNA 复制过程已经被人们"拼接"完整。真核生物 DNA 的复制似乎更为复杂，因此人们对它的了解要少得多。

注　释

[1]（第 3 页）我使用生物化学这个名称来指代研究分子层面生命的所有学科，即使在某些学科它们被冠以其他名称，例如分子生物学、遗传学或是胚胎学。

[2]（第 20 页）例如，就像是被隔离的种群内发生的物种形成事件所留下的预期模式。

[3]（第 62 页）这个系统中还有其他的连接器。例如，由微管构成的动力蛋白臂也可充当连接器。正如之前所提到的，一个系统可以比想象得到的最简单的系统更复杂，纤毛就是一个例子。

[4]（第 78 页）如果研究中的某个物质的特性还没有得到确定，不论它是蛋白质、脂肪、碳水化合物或其他物质，我们常使用"因子"这个词。然而，即使其特性得到了确定，原名有时也会延续使用。在血液凝结过程中，所有的"因子"都指代蛋白质。

[5]（第 86 页）基因是 DNA（脱氧核糖核酸）的某一个部分，指示细胞该如何制造蛋白质。

[6]（第 89 页）参与血液凝固过程的蛋白质经常用罗马数字来表示，例如凝血因子 V 和凝血因子Ⅷ。杜利特尔在他发表于《血栓形成和止血法》的论文中使用了这类术语。为了保持清楚和一致，我在引文中使用蛋白质的通用名称。

[7]（第 90 页）TPA 总共有 5 个结构域，但有 2 个属于同一类型。

[8]（第 90 页）如果结构域在不同的时间钩连在一起，例如先是域 1 和域 2 连在一起，过一会儿域 3 再和它们连接，以此类推，那么这个几率并没有降低。想象从一个装有黑球和白球的桶里拿出 4 个黑球的几率。如果你一次性拿 4 个，或者第一次拿 2 个，下两次每次拿 2 个，最终拿到 4 个黑球的几率是一样大。

[9]（第 90 页）这个计算量非常大。它仅仅假定这四种结构域必须依照正确的线性次序。然而，为了能起作用，这个组合必须位于基因组的活跃区域内，必须有一些正确的标志以便各个部分能够得到正确拼接，四个结构域的氨基酸顺序必须彼此配对，其他的因素也会影响到最终结果。这些因素只会让这项任务变得更加不可能。

[10]（第 92 页）必须记住，一个"步骤"很可能要历经数千代的时间。变异一定是从某一单个的动物开始，然后扩展到整个种群。为了能

做到这一点，变异动物的后代必须取代种群内所有其他动物的后代。

[11] （第 117 页）这些细胞实际上被称为 B 细胞，因为它们最初是在鸟的黏液囊中发现的。

[12] （第 122 页）细胞在将基因片段连接在一起时遇到了巨大的困难——采用非常复杂的机制将各基因片段两端对准，并拼接在一起。然而，除了在抗体基因中，在其他情况下"中断基因"存在的原因仍然是个谜。

[13] （第 123 页）不包含那些可以形成特殊种类抗体的细胞。对此我不再深入讨论。

[14] （第 137 页）RNA 由 A、C、G 和 U 这 4 种核苷酸组成。

[15] （第 140 页）将用到其他几个简化式。在图 7 - 1 中对分子的氢原子将不做讨论或标注。氢原子通常在 AMP 合成中只是与其他一些原子共同作用，因此要讲清楚这个观点，实际上并不需要关注它们。此外，由于我们仅对连接感兴趣，所以不对双键或单键的区别加以讨论。

[16] （第 142 页）尽管之前人们认为，这一步骤并不需要 ATP，但最近的一些研究工作表明，ATP 是进行碳酸氢盐生理浓缩反应所必需的。

[17] （第 144 页）应该记住，只有碱基腺嘌呤是通过氨与氢氰酸发生反应而生成的。核苷酸 AMP 在早期的地球条件下是很难生产出来的。

[18] （第 144 页）不包含因 ATP 的降解生成。ATP 必须首先从 AMP 开始制成。

[19] （第 148 页）为了与其他描述保持一致，我已对霍洛维茨论文中的 A 和 D 字母进行了改动。

[20] （第 160 页）现在人们认为，早期地球的大气环境和米勒所设想的有很大区别，更不可能通过大气的变化过程产生氨基酸。

[21] （第 164 页）切赫因其卓越的表现获得了诺贝尔奖。颁奖词中暗示了他的工作对生命起源研究的影响。然而，切赫自己很少在他的研究工作中提到生命起源。

[22] （第 165 页）尽管科学界的期刊和书籍上存在着许多悲观的看法，通过新闻媒体反映出来的公众看法倾向于"任何事情都在控制之中"的态度。孟菲斯大学修辞学家约翰·安格斯·坎贝尔（John Angus Campbell）观察到："像实证主义这样的一些思想从未真正死亡。有思考力的人们渐渐抛弃甚至嘲弄这些思想，但却保留下一些有说服力的、有用的部分来吓退那些无知者。"这种看法当然也适用于科学界对待生命起源问题的态度。

[23] （第 167 页）实际上，本书中我们讨论过的一些蛋白质的序列和形状

与其他蛋白质类似。例如，抗体的形状和一种叫做过氧化物歧化酶的蛋白质相似，这种蛋白质有助于保护细胞免受氧的破坏。还有，用于视力所需要的视紫红质，与在细菌中发现的和能量产生密切相关的叫做菌视紫红质的蛋白质相类似。不过，这种相似性并不能帮助我们理解视力或是免疫系统是如何渐进进化的。

也许有人会希望，找到具有相似顺序的蛋白质将有助于建立模型，用来解释复杂的生物化学系统是如何形成的。正好相反，序列类似这一事实并不能帮助我们理解复杂的生物化学系统的起源。这一事实会对渐进进化理论带来巨大的负面影响。

[24]（第169页）我已经将本文中列举的一些论文归在"分子进化"、"蛋白质进化"和其他一些不同的标题下面。

[25]（第175页）值得称赞的是，沃伊特-沃伊特（Voet and Voet）编著的教科书在按照惯例开始讨论类似斯坦利·米勒提出的生命起源设想时，对此提出了否定，声称可以对"该方案提出有根据的科学的反对"。

[26]（第185页）发现掷硬币的模式或是其他并没有发生物理接触的系统内部的设计原理，是通过其他方式来完成的。（杰姆斯基"设计推论：通过小概率排除必然性"。）

[27]（第186页）这需要自己做出判断。我们永远无法证明某个特定的功能是得到设计的，或证明这一功能是得到设计的唯一功能。但是我们现有的证据却是很有说服力的。

[28]（第189页）很难对设计进行量化，但这并非不可能。并且下一步的研究应该朝着这个方向进行。比尔·杰姆斯基在他的论文中开了一个好头。在文中，他试图用他称之为系统"概率来源"的术语对设计推论进行量化。

[29]（第225页）再次阐明的规则基本上和一位名叫迈克尔·鲁斯（Michael Ruse）的喜欢四处讲学的科学哲学家所证明的东西一样。1981年，为了解释科学的特性，为了证明阿肯色州"协调处理创造科学和进化科学案"的合法性而举行了一次审判。威廉·奥弗顿（William Overton）法官推翻了相关法律，他的观点主要依据鲁斯的看法。其他科学哲学家认为这一观点极为愚蠢并予以强烈批评。相关的多个审判卷宗被收集在鲁斯编著的《但这是科学吗？》一书中。

奥弗顿法官对鲁斯的观点表示赞成。他对科学做出如下解释："（1）受自然法则的指导；（2）必须可以用自然法则来解释；（3）可以用实验来检验；（4）结论是暂时的，而非终结性的；（5）它是可证伪的（鲁斯的证明和其他科学证据）。"奥弗顿法官的观点遭到了其他科学哲学家的嘲讽。菲利普·奎因（Philip Quinn）写道："鲁斯的看法无法代表科学哲学家中的一致意见。更糟糕的是，他们中的一些人显然是错误的，而且有些是基于明显站不住脚的论据。"拉里·劳丹（Larry Laudan）简单地描述了问题："有些科学理论经过了检验，有些则没有。有些科学分支的发展速度很快，有些则不然。有些科学理论对一些惊人的现象作出了许多成功的预言，有些就算作出过预言，次数也是寥寥无几。有些科学假象是特定的，有些则不是。"劳丹引用了很多例外的证据来反驳奥弗顿法官的观点："这种（能用自然法则来解释的）要求对于确定某个主张是否科学来说，完全是一个不合适的标准。几个世纪以来，科学家们已经认识到确立一种现象的存在和用一种正式的方式来对其进行解释这两种行为之间的区别……伽利略和牛顿就已经证实了万有引力现象的存在，而很久之后，人们才能够对万有引力给出一个具有因果关系的或是解释性的说明。而达尔文证实了自然选择，差不多半个世纪之后，遗传学家们才能够发现自然选择所依赖的遗传规律。"劳丹认为情况不容乐观："阿肯色州案例没有意义，因为它是以永远认可错误的陈规陋习为代价的，并没有搞清科学的定义和作用。"（鲁斯《但这是科学吗？》）

[30]（第225页）当然，"进化"和"宗教"是否一致取决于你对两者的定义。如果有人认为进化不仅仅是根据不受干扰的自然法则，而且从形而上学的角度来讲这一过程是"无目的"和"不可预见的"，那么就将"进化"置于与许多宗教教义相冲突的境地了。菲利普·约翰逊（Phillip Johnson）做了一项令人钦佩的工作，他指出了"进化"这个词的许多使用方法，以及正在变化的定义是如何混淆公众对这个主题的讨论的。（约翰逊《审讯达尔文》）

[31]（第237页）"智能设计"到底是什么？在2001年刊载于科学哲学期刊《生物学和哲学》（Biology and Philosophy）上的一篇论文中，我做出了一个重要的区分：

"有些人可能用'智能设计'来表示自然法则本身是经过设计用于制造生命和支持生命的复杂系统。且不论这一观点的优点是什么，我只是说这不是我想要表达的意思。我所说的'智能设计'（ID）指的是自然法则之外的设计。就是说，如果将自然法则看做是既定的，就像除了自然法则之外还有理由相信某个捕鼠器是经过设计的，还有其他理由能推出生命及其相关的复杂性系统是经过刻意的安排的结论吗？除非特别声明，我所说的智能设计就是指超越自然法则之外的较强意识的设计。"

[32]（第 238 页）"不可简化的复杂性"（irreducible complexity）这个术语是我自己想到的。然而，我后来已经发现这个术语在凯斯西储大学的生物学家迈克尔·J. 卡茨（Michael J. Katz）所著的《模板和复杂性模式的解释》（*Templets and the Explanation of Complex Patterns*）一书中被使用过。他所指代的现象似乎和我的一致。

[33]（第 241 页）彭诺克并没有费心去解释那些极为复杂的、呈哑铃形状的平衡杆和弹簧是如何被加上去的。不用说，航行表是一种非常复杂的仪器。如需要获得约翰·哈里森（John Harrison）所制造的几种早期航行表的照片，可以访问 rubens. anu. edu. au/student. projects97/naval/h1. htm。甚至可以尝试通过"无数的、连续的、细微的修改"将一种航行表变成另一种东西。彭诺克并没有这样做。

[34]（第 241 页）"针对不可简化的复杂性假设的最重要的推论，就是具有不可简化的复杂性的结构组成部分不应该具备自然选择可能倾向于选择的功能。"然而，这个"推论"是米勒编造的。

[35]（第 242 页）假设独立的挡棒被用作牙签，捕鼠器的剩余部分被用做镇纸，这些被组合起来制成一个可以发挥作用的捕鼠器。这是不是表明，我们可以将用于其他目的的部件组合起来获得一个具有不可简化的复杂性捕鼠器？答案是否定的。这个例子是人工的。就像彭诺克的航行表被拆开来变成了一只表，这并不能反映出达尔文进化论将要面临的问题。这个例子忽视了一个事实，即这些部件原本是从捕鼠器上取下来的，它们的形状是为了完成它们在捕鼠器中要发挥的功能。但是进化并不会提前对用于某个目的的部件进行改造，以让它适应另一个完全不同的复杂目的。为了对复杂性有所认识，设想试图用你从打折店购买的一个真正的牙签和镇纸来组成一个捕鼠器（在不进行深入的重新组装和改造的情况下）。随着系统的复杂性超过了相对简单的捕鼠器并不断增加，难度越来越大。

[36]（第 243 页）实际上，"微管"这个词比"微小结构支撑物"（mere structural supports）听起来要酷一些。

[37]（第 243 页）一定要记住我讲过的一个细微但却关键的区别。见《有争议的设计：从达尔文到 DNA》（*Debating Design：From Darwin to DNA*）一书中收录的我的文章"不可简化的复杂性：达尔文进化论面临的障碍"。

　　"考虑到一个假设的例子，蛋白质和某个具有不可简化复杂性的分子机器的所有组成部分都同源，这些部件在细胞中最初具有其他的独立功能。那么随后这些原本独立运行的单个部分能否组成了一个不可简化的复杂系统，正如某些达尔文主义者提出的那样呢？不幸的是，这种设想对困难性进行了极大的简化，正如我在《达尔文的黑匣子》一书中谈论过的。这里，捕鼠器的类比不太适用，因为在细胞中分子系统的组成部分必须自行找到彼此。它们无法像在捕鼠器中那样得到某个智能体的安排。为了在细胞中找到彼此，发生相互反应的各个部分的表面形状必须能让它们互相匹配，正如图2-2所示。然而最初，单独作用的部分不可能具有互补的表面形状。因此，所有互相作用的表面必须得到调整，然后才能一起发挥作用。只有这样，综合系统的新功能才能发挥出来。因此，我着重强调，如果系统的组成部分原本都具有各自不同的功能，即使单个蛋白质和这些组成部分同源，不可简化的问题仍然存在。"

[38]（第245页）罗伯特·彭诺克是达尔文主义众多支持者中的一员。在《巴别塔》一书中，他赞许性地引用了奥尔关于假想的"部分（A）"和"部分（B）"的推理，但是他同样没有说清楚，应该如何将这种推理应用到真正的捕鼠器或是生物化学的例子上面去。

特拉华大学的生物学家约翰·麦克唐纳（John McDonald）向网络上传了一系列采用漫画形式表现的步骤，说明了他如何尝试渐进构建一个捕鼠器，同时还要让它从一开始就具备能抓住老鼠的功能。然而，正如我在一次回复中提到的，这种尝试是在智能的指导下进行的，而这正是对达尔文主义的致命威胁。我们还可以提问，如果很难通过一系列不受指导的微小步骤来组装成功一个简单的捕鼠器，那么组装一个极为复杂的细胞分子机器的难度又要高多少啊？具有动画效果的版本可访问 http：//udel. edu/～ mcdonald/mousetrap. html。他的原始版本可以访问 http：//udel. edu/～mcdonald/oldmousetrap. html。我在回复中详细说明了智能设计在其中发挥的作用：arn. org/docs/behe/mb_ mousetrapdefended. htm。

[39]（第245页）"但是生物学家已经证明，通过直接的路径同样可以得到不可简化的复杂性。假设将某个部件添加到某个系统中，只能是因为这个部件可以提高系统的性能。在这个阶段，这个部件不是功能所必需的。"（奥尔"退化：为什么智能设计不是"）显然，考虑到该杂志的读者群并非专业人士，他省去了技术术语"部分（A）"和"部分（B）"。

[40]（第248页）当然，除了证据的质量，其他因素如社会压力，也会影响个人的判断。在整个科学界和学术界，存在着一种巨大的社会压力，对从设计的角度对生命进行解释抱着一种排斥态度。而公众所面对的社会形势截然不同。

[41]（第248页）美国国家科学教育中心是一个亲达尔文主义的群体。它

们在 www. ncseweb. org 上列出了一个综合性名单，对各个群体逐一加以指责。

[42]（第 249 页）在 1999 年出版的《发现达尔文的神》（*Finding Darwin's God*）一书中，肯尼思·米勒对智能设计提出了反驳。他指出，纤毛比第 3 章中描述的普通"9 + 2"纤毛更为简单。意思就是，也许这种结构可以在成为普通纤毛的路径上充当某种媒介物。除了极为含糊、满纸猜测之外（毕竟，纤毛包括 200 个组成部分），他所描述的故事甚至和数据都无法保持一致。正如米切尔在论文中所说的：

"现在所有的纤毛和（真核生物的，不是细菌的）鞭毛，不管有没有活动性，都显然是从'9 + 2'纤毛进化而来。很少见到具有活动性的 14 + 0, 12 + 0, 9 + 0, 6 + 0 或 3 + 0 鞭毛轴丝的 1/4，以及普遍存在的非活动性的多细胞动物的 9 + 0 鞭毛轴丝，都是通过对原始的 9 + 2 细胞器加以去除和修改后衍生而来。

"换句话说，就像罗伯特·彭诺克的那个从更为复杂的航行表衍生而来的相对简单的表一样，相对简单的纤毛变体似乎是从标准的更为复杂的纤毛种类衍生而来。不用说，达尔文主义的解释，即便是模糊的说法，也是无法假定未经解释的功能复杂性可以衍生出用途的单一性。"

[43]（第 250 页）许多作者对"渐进"（gradual）的理解非常宽泛，他们认为任何种类的蛋白质首次表现出的性态，都足以用来说明该种类中任何成员所参与的任何活动。这就像是认为，床垫中的弹簧可以用来说明闹钟中的弹簧。

[44]（第 251 页）有些评论者声称，进化理论已经超出了达尔文主义的范畴，并且自然选择以外的机制在生物学中是具有操作性的。然而，其他机制与此并不相关。在试图对明显的设计做出解释时，只有自然选择才有意义。杰瑞·科因（Jerry Coyne）自己在下文中也表明了这个观点：

"自 1859 年以来，达尔文的理论已经得到了拓展，并且我们现在知道一些进化改变可能是因为自然选择以外的因素导致的。例如，不同基因的变异体在频率上出现的随机改变和非适应性改变——这些变异体就相当于掷硬币时会扔到正反两面——已经造成了 DNA 序列上的进化改变。然而，自然选择仍然是我们知道的唯一的进化力量，可以让生物和环境（或是生物和生物）相匹配。正是这种匹配让大自然显得好像是经过'设计'的。"

[45]（第 252 页）夏皮罗的判断得到了科罗拉多州立大学退休生物学教授富兰克林·哈罗德（Franklin Harold）的支持。哈罗德在他的《细胞

的方式》（*The Way of the Cell*）一书说道："……我们必须承认，现代达尔文主义没有对任何生物化学系统的进化做出详细的说明，只有一些一厢情愿的猜想。"

[46]（第 257 页）原核生物可细分为两类：古细菌和真细菌。它们两者之间的不同对于目前描述细胞的内部结构这一目的影响不大。

[47]（第 257 页）既然细胞如此之小，将它们显现出来就需要高倍数显微镜。大部分清晰的细胞"照片"是通过电子显微镜获得的，在电子显微镜中，电子代替可见光被用于照明。

[48]（第 269 页）下面这个例子可以帮助我们理解这个问题：将一根鞋带绕着另一根鞋带缠上几圈，然后请人用两手紧紧地握住鞋带的两端。这时用一支铅笔在一只手的附近插入两根鞋带之间，然后将铅笔推向另一只手。移动的铅笔前面的鞋带会缠绕得越来越紧，铅笔后边的鞋带会变得起来越松，用生物化学的术语来表达就是"溶解"（melted）。

[49]（第 269 页）回文是指顺着读和倒着读都一样的词或句子。例如："A man, a plan, a canal—Panama."（一个男人，一个计划，一条运河——巴拿马。）应用在 DNA 上，回文指的是按照 5′→3′ 方向来读时，双螺旋结构的两条链上的核苷酸序列是一样的。

[50]（第 271 页）缩写 S 代表斯韦德贝里单位（Svedberg units，即沉降系数单位），可以用来衡量粒子在液体中的沉降速度。

致　谢

　　我曾和多位人士进行过对话，这些对本书的完成有着极大的帮助。非常感谢汤姆·贝瑟尔和菲尔·约翰逊的鼓励，他们还让我这个只知道整天待在实验室忙碌的科学家懂得了该如何出版一本书。我要感谢本书的编辑布鲁斯·尼科尔斯，他没有让这本书沦为一本充斥着专业术语的教科书，还告诉我该如何安排一段段的论据，让它们更为通俗易懂。我还要感谢戴尔·雷切和保罗·纳尔逊，是他们帮助我充实了论据，尽可能地引导我避开许许多多的哲学陷阱。感谢我在里海大学的同事琳达·洛-克伦茨和琳恩·卡西梅里斯，是她们对实例章节的科学内容进行了检查。我还要感谢比尔·登布斯基、史蒂夫·迈耶、沃尔特·热米内、彼得·范因瓦根、迪安·凯尼恩、罗宾·柯林斯、阿尔·普兰丁格、约翰·安格斯·坎贝尔和乔纳森·威尔斯的付出。这本书如果有什么可取之处，都要归因于他们给予我的帮助。如果书中还有什么不足之处，那是我自己的原因所致。

　　我非常高兴能有机会向我的妻子西莱斯特公开致谢，是她予以我不懈的支持和鼓励，并独自承担了照顾孩子们这一幸福而又累人的工作，在此期间，我晚上和周末的时间都待在静悄悄的办公室里敲打键盘。我要向我们的孩子格雷丝、本、克莱尔、利奥、罗斯、文森特、多米尼克、海伦和杰拉德表示深深的歉意，我没有带他们去过游乐场，也没有玩过飞盘游戏。现在可以了。

门外汉都能读懂的世界科学名著。在学者的陪同下,作一次奇妙的科学之旅。他们的见解可将我们的想象力推向极限!

1	量子理论	〔英〕曼吉特·库马尔	55.80 元
2	生物中心主义	〔美〕罗伯特·兰札等	32.80 元
3	物理学的未来	〔美〕加来道雄	53.80 元
4	量子宇宙	〔英〕布莱恩·考克斯等	32.80 元
5	平行宇宙(新版)	〔美〕加来道雄	43.80 元
6	达尔文的黑匣子	〔美〕迈克尔·J.贝希	42.80 元
7	终极理论(第二版)	〔加〕马克·麦卡琴	57.80 元
8	心灵的未来	〔美〕加来道雄	48.80 元
9	行走零度(修订版)	〔美〕切特·雷莫	32.80 元
10	领悟我们的宇宙(彩版)	〔美〕斯泰茜·帕伦等	168.00 元
11	遗传的革命	〔英〕内莎·凯里	39.80 元
12	达尔文的疑问	〔美〕斯蒂芬·迈耶	59.80 元
13	物种之神	〔南非〕迈克尔·特林格	59.80 元
14	抑癌基因	〔英〕休·阿姆斯特朗	39.80 元
15	暴力解剖	〔英〕阿德里安·雷恩	68.80 元
16	奇异宇宙与时间现实	〔美〕李·斯莫林等	59.80 元
17	垃圾 DNA	〔英〕内莎·凯里	39.80 元
18	机器消灭秘密	〔美〕安迪·格林伯格	49.80 元
19	量子创造力	〔美〕阿米特·哥斯瓦米	39.80 元
20	十大物理学家	〔英〕布莱恩·克莱格	39.80 元
21	失落的非洲寺庙(彩版)	〔南非〕迈克尔·特林格	88.00 元
22	量子纠缠	〔英〕布莱恩·克莱格	32.80 元
23	超空间	〔美〕加来道雄	预估 59.80 元
24	量子时代	〔英〕布莱恩·克莱格	预估 39.80 元
25	宇宙简史	〔美〕尼尔·德格拉斯·泰森	预估 68.80 元
26	不确定的边缘	〔英〕迈克尔·布鲁克斯	预估 42.80 元
27	自由基	〔英〕迈克尔·布鲁克斯	预估 49.80 元
28	搞不懂的 13 件事	〔英〕迈克尔·布鲁克斯	预估 49.80 元
29	阿尔茨海默症有救了	〔美〕玛莉·纽波特	预估 49.80 元
30	超感官知觉	〔英〕布莱恩·克莱格	预估 39.80 元
31	科学大浩劫	〔英〕布莱恩·克莱格	预估 39.80 元
32	宇宙中的相对论	〔英〕布莱恩·克莱格	预估 42.80 元
33	构造时间机器	〔英〕布莱恩·克莱格	预估 42.80 元
34	哲学大对话	〔美〕诺曼·梅尔赫特	预估 128.00 元
35	血液礼赞	〔英〕罗丝·乔治	预估 49.80 元

欢迎加入平行宇宙读者群·果壳书斋。QQ:484863244

邮购:重庆出版社天猫旗舰店、渝书坊微商城。各地书店、网上书店有售。

迈克尔·J.贝希指出，生物化学提供了众多的自然界中"不可简化的复杂性"例子，不能用达尔文的渐进进化理论解释它们的进化和生存。他认为，只有智能设计可以提供答案。他提出了一个现代版的、在一个世纪前就举出的反对达尔文学说的论点：像脊椎动物的眼睛这样复杂的器官怎么可能通过渐进的随机突变产生呢？显然，必须有一个设计师，一个眼睛的制作者在工作，就像有一个钟表匠在制作手表一样。他的当代例子：纤毛是一些众多的细毛，从肺部细胞伸出来清扫杂物，或附着在一个细菌上使细胞游动，纤毛的精细结构和发动纤毛的分子马达是难以想象的。

贝希认为，每个分子演员都必须按照精确的顺序上台和下台，否则这个分子运行过程就不能继续。与鲁布·戈德堡动画片相比，这些发明不足为奇。但是由于科学尚不能解释生命复杂现象的起源，那么唯一的答案是智能设计吗？科学的历史充满了难以理解的谜，需要新的概念、新的工具、新的范式。复杂性理论还处在起步阶段；达尔文理论经历了修正，正离开渐进主义。非线性系统理论、自组织系统、新发现的发育和调控基因，为我们提供了进一步了解复杂器官和复杂性系统进化的深刻见解。